工业软件丛书

慧 聚

基于知识工程的
工业技术软件化

史晓凌 高艳 谭培波 茹海燕◎编著

机械工业出版社
CHINA MACHINE PRESS

图书在版编目（CIP）数据

慧聚：基于知识工程的工业技术软件化 / 史晓凌等编著 . —北京：机械工业出版社，2023.6
（工业软件丛书）

ISBN 978-7-111-73474-1

Ⅰ. ①慧… Ⅱ. ①史… Ⅲ. ①工业技术 – 软件开发 Ⅳ. ① TP311.52

中国国家版本馆 CIP 数据核字（2023）第 164112 号

机械工业出版社（北京市百万庄大街 22 号 邮政编码 100037）
策划编辑：王 颖 责任编辑：王 颖
责任校对：贾海霞 张 薇 责任印制：刘 媛
涿州市京南印刷厂印刷
2023 年 10 月第 1 版第 1 次印刷
170mm×240mm · 21 印张 · 1 插页 · 409 千字
标准书号：ISBN 978-7-111-73474-1
定价：129.00 元

电话服务 网络服务
客服电话：010-88361066 机 工 官 网：www.cmpbook.com
010-88379833 机 工 官 博：weibo.com/cmp1952
010-68326294 金 书 网：www.golden-book.com
封底无防伪标均为盗版 机工教育服务网：www.cmpedu.com

COMMITTEE

丛书
前言

PREFACE

当今世界正经历百年未有之大变局。国家综合实力由工业保障,工业发展由工业软件驱动,工业软件正在重塑工业巨人之魂。

习近平总书记在 2021 年 5 月 28 日召开的两院院士大会、中国科协第十次全国代表大会上发表了重要讲话:"科技攻关要坚持问题导向,奔着最紧急、最紧迫的问题去。要从国家急迫需要和长远需求出发,在石油天然气、基础原材料、高端芯片、工业软件、农作物种子、科学试验用仪器设备、化学制剂等方面关键核心技术上全力攻坚,加快突破一批药品、医疗器械、医用设备、疫苗等领域关键核心技术。"

国家最高领导人将工业软件定位于"最紧急、最紧迫的问题",是"国家急迫需要和长远需求"的关键核心技术,史无前例,开国首次,彰显了国家对工业软件的高度重视。机械工业出版社此次领衔组织出版这套"工业软件丛书",秉持系统性、专业性、全局性、先进性的原则,开展工业软件生态研究,探索工业软件发展规律,反映工业软件全面信息,汇总工业软件应用成果,助力产业数字化转型。这套丛书是以实际行动落实国家意志的重要举措,意义深远,作用重大,正当其时。

本丛书分为产业研究与生态建设、技术产品、支撑环境三大类。

在工业软件的产业研究与生态建设大类中，列入了工业技术软件化专项研究、工业软件发展生态环境研究、工业软件分类研究、工业软件质量与可靠性测试、工业软件的标准和规范研究等内容，希望从顶层设计的角度让读者清晰地知晓，在工业软件的技术与产品之外，还有很多制约工业软件发展的生态因素。例如工业软件的可靠性、安全性测试，还没有引起业界足够的重视，但是当工业软件越来越多地进入各种工业品中，成为"软零件""软装备"之后，工业软件的可靠性、安全性对各种工业品的影响将越来越重要，甚至就是"一票否决"式的重要。至于制约工业软件发展的政策、制度、环境，以及工业技术的积累等基础性的问题，就更值得予以认真研究。

工业软件的技术产品大类是一个生机勃勃、不断发展演进的庞大家族。据不完全统计，工业软件有近2万种之多[⊖]。面对如此庞大的工业软件家族，如何用一套丛书来进行一场"小样本、大视野、深探底"的表述，是一个巨大的挑战。就连"工业软件"术语本身，也是在最初没有定义的情况下，伴随着工业软件的不断发展而逐渐产生的，形成了一个"用于工业过程的所有软件"的基本共识。如果想准确地论述工业软件，从范畴上说，要从国家统计局所定义的"工业门类"[⊖]出发，把应用在矿业、制造业、能源业这三大门类中的所有软件都囊括进来，而不能仅仅把目光放在制造业一个门类上；从分类上说，既要顾及现有分类（如CAX、MES等），也要着眼于未来可能的新分类（如工研软件、工管软件等）；从架构上说，既要顾及传统架构（如ISA95）的软件，也要考虑到基于云架构（如SaaS）的订阅式软件；从所有权上说，既要考虑到商用软件，也要考虑到自用软件（in-house software）；等等。本丛书力争做到从不同的维度和视角，对各种形态的工业软件都能有所展现，勾勒出一幅工业软件的中国版图，尽管这种展现与勾勒，很可能是粗线条的。

工业软件的支撑环境是一个不可缺失的重要内容。数据库、云技术、材料属性库、图形引擎、过程语言、工业操作系统等，都是支撑各种形态的工业软件实现其功能的基础性的"数字底座"。基础不牢，地动山摇，遑论自主，更无可控。没有强大的工业软件所需要的运行支撑环境，就没有强大的工业软件。因此，工业软件的"数字底座"是一项必须涉及的重要内容。

⊖ 林雪萍的"工业软件 无尽的边疆：写在十四五专项之前"，https://mp.weixin.qq.com/s/Y_Rq3yJTE1ahma30iV0JJQ。

⊖ 参考《国民经济行业分类》（GB/T 4754—2019）。

长期以来，"缺芯少魂"一直困扰着中国企业及产业高质量发展。特别是从2018年以来，强加在很多中国企业头上的贸易摩擦展现了令人眼花缭乱的"花式断供"，仅芯片断供或许就能导致某些企业停产。芯片断供尚有应对措施来减少损失，但是工业软件断供则是直接阉割企业的设计和生产能力。没有工业软件这个基础性的数字化工具和软装备，就没有工业品的设计和生产，社会可能停摆，企业可能断命，绝大多数先进设备可能变成废铜烂铁。工业软件对工业的发展具有不可替代、不可或缺、不可估量的支撑、提振与杠杆放大作用，已经日益为全社会所切身感受和深刻认知。

本丛书的面世，或将揭开蒙在工业软件头上的神秘面纱，厘清工业软件发展规律，更重要的是，将会激励中国的工业软件从业者，充分发挥"可上九天揽月，可下五洋捉鳖"的想象力、执行力和战斗力，让每一行代码、每一段程序，都谱写出最新、最硬核的时代篇章，让中国的工业软件产业就此整体发力，急速前行，攻坚克难，携手创新，使我国尽快屹立于全球工业软件强国之林。

丛书编委会
2021 年 8 月

由于人类改造自然界采用的手段和方法以及目的的不同，形成了各种形态的工业技术。例如，研究矿床开采设备和方法的采矿工程，研究金属冶炼设备和工艺的冶金工程等。工业技术是系统化的工业知识和规则体系，包括功能需求、机理模型、概念设计、详细设计、生产制造、工艺工装、检测实验、设备操作、现场安装、维护维修、运营服务、仓储物流、企业管理、市场销售、回收报废以及标准规范等产品/工厂全生命周期各个环节的系统知识。

脱离了工业技术，也即工业知识的支撑，企业几乎无法生存。因此，工业技术的知识转化与传承尤为重要。工业知识的软件化是工业技术、工艺经验、制造知识和方法的显性化、数字化、模型化的过程，对推动新工业的发展有着重要的作用。从某种程度上说，工业知识的软件化是我国制造业走向强大的必由之路，它的成熟度直接代表了一个国家工业化的能力和水平。

但是，工业知识的表达和复用一直是工业软件研发中的难题。如何依托大数据、人工智能等技术，将工业技术、经验和最佳实践等工业知识软件化，从而在更广泛、更深入、更全面的范围内构建一个知识发掘、知识重构、知识传播、知识复用的新体系，以带来全新的效率和价值，这是工业软件领域的一个重要课题。

知识工程（Knowledge Engineering，KE）由美国斯坦福大学的爱德华·费根鲍姆教授在1977年提出。起初，它是人工智能的重要分支之一，通常也称为"专家系统"。费根鲍姆希望在机器智能与人类智慧（专家的知识经验）之间构建桥梁，通过建立某种"专家系统"（一个已被赋予知识和才能的计算机程序），使该程序所起到的作用能够达到专家的水平。随着时间的推移，知识工程的理论、方法、技术和实践也在不断发展。新一代的知识工程被定义为：依托IT技术，最大限度地实现信息关联和知识关联，并把关联的知识和信息作为企业的智力资产，以人机交互的方式进行管理和利用，在使用中提升其价值，以此促进技术创新和管理创新，提升企业的核心竞争力，推动企业可持续发展的全部相关活动。

自2007年开始，笔者及其所在团队有幸成为我国最早专业从事创新方法推广研究的团队之一。我们始终与各行业的企业、政府组织、高校探索如何推进创新方法的落地应用。在这个过程中，我们发现，创新的成果必须由创新的方法和创新的知识共同产生。创新方法的研究与推广是笔者及其所在团队一直从事的工作，但是创新的知识从何而来？如何管理？如何产生业务效果？如何保持知识的持续创新和增值？这些问题，不仅是客户经常问我们的问题，也是我们在实践中不断思考的问题。因此，从那时起，我们开始进行面向业务创新的知识工程研究与实践。

2013年劳动节前后，在深圳闷热的天气里，基于这几年的探索和思考，我们希望给出一个关于如何为企业或组织实施知识工程的方案，于是实施知识工程的方法论DAPOSI诞生了。

2020年6月，我们将13年研发实践的浅显认识再一次进行了梳理和凝练，出版了《AI时代的知识工程》一书，有幸得到了积极的反馈，同时也收到了宝贵的意见和建议。

两年后，我们又有幸借由机械工业出版社组织"工业软件丛书"的机会，再次出发。这两年，有很多新的认识、新的技术、新的实践，特别是在与工业软件和工业场景的结合方面。我们希望通过本书，能够为工业知识软件化以及工业软件的发展，提供相关方法、技术和实践的有益借鉴与参考。

本书分为基础篇、体系篇、技术篇和实践篇，主要介绍了基于知识工程的工业知识软件化的背景、框架体系、技术体系以及落地实践方法。

在基础篇中，本书首先提出了对"新工业"的认识和理解，指出工业知识与工业软件是"新工业"重要的生产要素与生产工具，同时又是生产产物的重要组成部分，而知识工程则是连接工业知识与工业软件的桥梁。

在此背景下，体系篇进一步介绍了认知"知识"，特别是工业知识的"金字塔模型"，知识工程的体系，特别是知识体系的内涵，以及对其进行评估的知识工程成熟度模型。

对工业知识的基础概念和体系架构进行清晰阐述之后，技术篇从技术层面介绍工业知识的采集、加工和表达，以及软件化、模型化和平台化。这形成了面向工业应用的知识工程平台。最后，本篇对各个阶段所用到的技术、工具和相关方法展开了详尽的介绍，包括基于知识平台进行工业知识的应用与创新的整个过程。

实践篇围绕如何为企业或组织实施知识工程的问题，提出了实施知识工程的方法论 DAPOSI。该方法论的介绍充分融合了近两年我们自身的经验总结和实践。此方法论包括六个阶段：定义阶段（Define）、分析阶段（Analyze）、定位阶段（Position）、构建阶段（Organize）、模拟阶段（Simulate）、实施阶段（Implement）。DAPOSI 方法论在不同行业和企业落地，需要根据其业务现状、信息化程度等形成适合本行业、本组织的落地实践方案，因此在本篇中同时提出了知识工程落地实践的基本策略，以及在各行业落地的典型案例，以期为读者提供有益借鉴。

知识工程"让工业植入软件基因，让制造装上知识引擎"！本书旨在能够为更多人了解工业软件发展和企业数字化转型尽绵薄之力。希望读者能够在阅读后提出宝贵的意见和建议。

最后，衷心感谢赵敏老师、郭朝晖老师、王美清老师、冯升华老师、杨春晖老师等为本书提供素材和宝贵建议。他们对于工业知识软件化的核心观点也在本书中有所体现。

目录

CONTENTS

体系篇

基础篇

　　传统工业中加入语言就构成了新工业。语言是新工业的基本特征，新工业是传统工业或者一般工业发展的一个新阶段。语言从低到高的发展过程也代表了新工业的发展过程，比如语言从形态上经历一个从硬到软的过程，即从 PLC 到嵌入式再到高级程序语言并最终到自然语言的过程，预示着新工业也将经历从静止不动到能理解人的意图并产生相应行为的过程；语言表达的是工业知识，从获取工业知识的过程看，工业知识的发展是一个从受约束到自由获取的过程，如从记录数据到大数据以及异构数据的过程，预示着新工业也将经历从单台设备向全域设备、互联设备发展的过程。

　　本篇描述了新工业与工业语言的特征、工业软件的特点，以及知识工程化、工业知识软件化的过程。

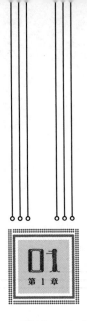

传统工业与新工业

传统工业和新工业的区分主要体现在物质和信息。传统工业是对物的整合，而新工业是对信息的挖掘。从工业发展阶段看，可以按照无机体—有机体—生命体几个阶段进行划分。第一次工业革命主要是对无机体的改造，第二次工业革命主要产出物为有机体，如塑料、化肥等。第一和第二次工业革命是对物的改造。

生命体阶段又包括仿生阶段和基因阶段。仿生阶段的一个特征是控制理论的发展，可以看成是第三次工业革命的标志。仿生阶段主要是从人的外部特征行为上对人进行模仿，这构成了人工智能最基本的定义。基因阶段主要指对基因资源本身的开发利用。比较特别的是，语言属于基因范畴，对语言资源的开发利用和基因工程构成表里，成为工业革命的新特点。我们称之为新工业，属于第四次工业革命的范畴。

1.1 传统工业的特征

传统工业包括对无机物和有机物这些无生命物质形态的改变，如冶炼行业对金属元素聚集状态的改变，化工行业对有机分子聚合状态的改变等，传统工业为人们提供了丰富的工业品。传统工业的特征是对物质形态的改变。

1.1.1 工业是按照人的意志对自然资源进行整合

工业是产业的一部分，产业的分类遵循国际规范。联合国在 1948 年 5 月成立了"产业分类委员会"，形成了国际标准产业分类体系（ISIC）。该委员会的使命就是推进产业分类的国际化、标准化进程。

ISIC 的一般原则是 ISIC1.0 就确定的，以后都遵循这个分类原则，具体包括以下四条：

（1）分类体系对所有经济活动的分类是按照产业来划分，而不是按照职业或商品划分的。

（2）该体系的分类基础是多数国家现存的产业结构，而不是任何单一的原则，诸如工作方法、原材料特性或产品用途等。

（3）各机构是按照产业进行分类，与该产业的所有制形式等无关。

（4）该体系的分类单位应最小化，对于有多种业务的机构，按其主要产品的类型对该机构予以分类。

2008 年联合国颁布了《所有经济活动的国际标准产业分类》第四版（ISIC Rev.4）的分类标准，它与前三次产业分类法保持着稳定的联系，从而有利于对产业结构的分层次深入研究。中国国家标准《国民经济行业分类》(GB/T 4754-2017)就是依据 ISIC Rev.4，同时结合中国自身特点制定的。

按照国家统计局提出的《国民经济行业分类》，工业包括农、林、牧、渔业，采矿业，制造业，电力、热力、煤气及水生产和供应业四个门类，涵盖了 46 个大类、69 个中类和 690 个小类。

工业的参照是农业，农业和工业最大的区别是农业来自大自然，而工业产生于人脑，所有的工业品都是人创造出来的人造物（Artifact）。

工业是人对自然资源的开采、采集和对各种原材料进行加工，工业是社会分工发展的产物，经过了手工业、机器工业几个发展阶段。工业是第二产业的组成部分，分为轻工业和重工业两类。

轻工业和重工业是工业的另外一种划分维度。在过去的产业经济学领域中，往往根据产品单位体积的相对重量将工业划分为轻工业和重工业。产品单位体积重量重的工业部门就是重工业，重量轻的就属于轻工业。属于重工业的工业部门有钢铁工业、有色冶金工业、金属材料工业和机械工业等。化学工业在近代工业的发展中居于十分突出的地位，因此，在工业结构的产业分类中，往往把化学工业独立出来，同轻工业、重工业并列。这样，工业结构就由轻工业、重工业和化学工业三大部分构成，也有人常常把重工业和化学工业放在一起，合称重化工业，同轻工业相对。

国家统计局对轻工业和重工业的划分接近于后一种标准，《中国统计年鉴》中定义重工业是为国民经济各部门提供物质技术基础的主要生产资料的工业，轻工业主要是提供生活消费品和制作手工工具的工业。

重工业按其生产性质和产品用途，可以分为下列三类：

（1）采掘（伐）工业，指对自然资源开采的工业，包括石油开采、煤炭开采、金属矿开采、非金属矿开采和木材采伐等。

（2）原材料工业，指向国民经济各部门提供基本材料、动力和燃料的工业，包括金属冶炼及加工、炼焦及焦炭、化学、化工原料、水泥、人造板以及电力、石油和煤炭加工等。

（3）加工工业，指对工业原材料进行再加工制造的工业，包括装备国民经济各部门的机械设备制造工业、金属结构、水泥制品等工业，以及为农业提供的生产资料如化肥、农药等。

轻工业主要是提供生活消费品和制作手工工具的工业。

从以上各种描述中，可以看出，工业的特点是：

- 按照人的意志创造出来的；
- 以物质形态为最终产品。

软件也是工业的组成部分，硬和软是工业这枚硬币的两面，互为表里，不可分割。

1.1.2　传统工业发展的理论极限

传统工业是产业革命以来所建立的进行大规模生产的工业总称。传统工业以常规能源为动力，以机器技术为重要特征，一般包括纺织、钢铁、造船、汽车、电力等工业，多为劳动密集型或资金密集型。采用先进技术改造传统工业，提高传统工业的生产技术水平，对于促进工业及国民经济的发展具有重要的意义。

传统工业大多是工业革命后机器大工业发展的鼎盛标志。随着现代科学技术和经济结构的发展需要，新兴工业不断兴起，发展迅速，如石油化工、合成材料、电子技术、原子能、宇航等工业，极大地冲击和改变了原有的工业结构，使传统工业发展停滞不前，甚至衰退。但传统工业在经济发达国家的经济中仍占主要地位，在较短时间内还不可能被新兴工业所取代。在发展中国家，传统工业仍处于兴起、兴盛时期，尚待大力发展。故传统工业只是一个相对概念。通过引入、采用新技术，对其进行改造，提高其生命力，是传统工业继续发展、适应工业现代化要求的重要途径。在区域工业发展规划中，必须重视对传统工业的技术改造与引导，重视其在现代工业结构中的地位与特点。在许多落后的地区，传统工业仍将是工业发展的主体。

传统工业发展的理论极限包括数学和物理两个方面。

从数学上看，人工智能并没有取得数学上的突破，只是随着芯片容量的发展，充分释放了硬件算力的潜能。这从侧面印证了数学发展对现代工业的贡献，所以人工智能时代数学远不如以微积分为基础的数学分析对热力学、电磁场等理论的支撑那么给力。数学是人类高度抽象的、超越常识的认识，但它代表了对世界最彻底、最深刻的认知，数学的结论往往是超越常识的。比如狄拉克的原子方程解出的负能量和负物质，在当时都是颠覆人们认知的。华为公司在 3G 到 4G 的发展中所取得的成绩也得力于数学上的突破。

从物理上看，光刻机的芯片制程已经接近量子力学的极限，芯片的线宽达到了几个原子的宽度。当芯片线宽接近 1 个原子宽度时，量子效应使得芯片不仅无法被加工，其性能也没有合适的数学理论进行描述。

由于传统工业中对物的挖掘和描述已经走到了尽头，因此必然有新工业孕育出来。新工业的基本特点就是反传统，即不以物质为基础。按照物质熵和信息熵两熵理论的划分，既然物质走到了尽头，未来必然是以信息为基础的发展。

1.2　新工业的标志

信息就是"序"，用于描述对象之间的关系，奠定了信息社会的基础。用文字描述的自然语言也是"序"，挖掘语言背后的信息用于工业，是人工智能的基本内涵，也是新工业的主要技术路线。新工业的标志是对语言资源的挖掘。

1.2.1　PLC 是新工业的起点

以物质为基础的工业发展到 1946 年，计算机出现了，这标志着工业进入了一个新时代。这个时代的特点是语言的特点，语言的特点就是复制，这也是文化传承的基本方式。

新工业就是指 1969 年 PLC（可编程控制器，Programmable Logic Controller）应用于机器之后带来的工业新形态，又叫新兴工业、新工业革命、第四次工业革命等。

PLC 嵌入机器、控制机器，改变了机器原来纯物质的、刚性的、硬件的形态，而成为一种软硬兼施、时序的、语言的形态，使工业发展进入了一个新时代，因此 PLC 的应用成为新工业的标志起点。

PLC 的发展历程如下：

1968 年，美国通用汽车公司提出取代继电器控制装置的要求；

1969 年，美国研制出世界上第一台可编程控制器 PDP-14；

1971 年，日本研制出第一台 DCS-8；

1973 年，德国研制出第一台 PLC；

1974 年，中国研制出第一台 PLC。

20 世纪 70 年代初出现了微处理器。人们很快将其引入 PLC，使 PLC 增加了运算、数据传送及处理等功能，完成了真正具有计算机特征的工业控制装置。

20 世纪 70 年代中末期，PLC 进入实用化发展阶段，计算机技术已全面引入 PLC 中，使其功能发生了飞跃。更高的运算速度、超小型体积、更可靠的工业抗干扰设计、模拟量运算、PID 功能及极高的性价比奠定了它在现代工业中的地位。

20 世纪 80 年代初，PLC 在先进工业国家中已获得广泛应用。世界上生产 PLC 的国家日益增多，PLC 产量日益上升。这标志着 PLC 已步入成熟阶段。

20 世纪 80 年代至 90 年代中期，是 PLC 发展最快的时期，年增长率一直保持 30% ~ 40%。在这时期，PLC 在处理模拟量能力、数字运算能力、人机接口能力和网络能力方面取得突破，PLC 逐渐进入过程控制领域，在某些应用上取代了在过程控制领域处于统治地位的 DCS 系统。

20 世纪末期，PLC 的发展特点是更加适应于现代工业的需要。这个时期发展了大型机和超小型机，诞生了各种各样的特殊功能单元，生产了各种人机界面单元、通信单元，使应用 PLC 的工业控制设备的配套更加容易。

微处理器由于体积小、功能强、价格便宜，很快被用于 PLC，美、日、德等国的一些厂家先后采用微处理器作为 PLC 的中央处理单元（CPU），使 PLC 的功能增强、工作性能加快、体积减小、可靠性提高、成本下降。

1.2.2　复制是新工业的手段

机器有了程序，就和计算机有了软件一样，工业的方式就变成了软件操作，其中最重要的就是装系统、灌程序，本质上就是一个复制功能，这从根本上改变了工业化的方式。

传统工业是一个个组件装配调试，而新工业的方式是批量生产之后直接灌程序，由程序来控制系统并维护系统。

随着硬件设备的可靠性越来越高，由硬件引起的工业故障越来越少，但由于 PLC 的引入，由工业软件导致的故障却越来越多，也越来越严重，因为信息具有长程关联的特性。很多严重的工业故障都是由计算机软件引起的，如 2019 年 3 月 5 日美国西部一家未具名的公用事业公司"电力系统运行中断"，对加利福尼亚州、犹他州以及怀俄明州造成了影响，虽然没有造成电力供应的任何中断，但该事件涉及受影响组织所使用的防火墙的 Web 界面中的漏洞。而解决该问题的办法不是把计算机卸下来进行清洗和修理，而是重装防火墙软件，也就是解决问题的方式是复制一段计算机代码。

新工业的发展首先是要提升产品竞争力。在物质领域提升产品竞争力的空间有限，因此需要提高产品的科技水平，使得在满足同样功能的前提下，产品的质量更好、价格更便宜。只有这样，发展中国家的工业化才有可能实现。中国工业化的成功也证明了这一点。很多高端设备大幅降价，背后靠的是自主可控的科技，尤其是软件所承载的科技水平。

新工业的核心是信息化。发达国家都是在工业化之后推行信息化的，由于这些年信息化发展迅速，因此可以在工业化的过程中同时推进信息化，以信息化带动工业化，以工业化促进信息化，从而发挥后发优势，实现生产力的跨越式发展。信息化与物质化最根本的区别在于，信息是序，而物质不是序，比如顺序、秩序、程序、次序等；一样的物质不一样的排列顺序决定了物质的存在形式，比如同样的水分子，按照固定顺序排列的水分子所对应的物质是固态水，水分子顺序能够改变所对应的物质是水蒸气；与复制是生命信息基因存在的主要方式一样，复制也是工业信息信息化最重要的实现方式。

中国的复制不仅仅是一种学习方法，中国对传统文化的传承和尊重，本质上就是一种复制和在复制基础上的创新，因此复制还是中国文化传承的基本方式。这种方式应用在工业领域，就是学习和创新，就是站在前人的肩膀上实现超越。

1.2.3　工业系统是新工业的进化路径

2015 年 10 月 14 日，国务院常务会议上强调"互联网＋双创＋中国制造2025，彼此结合起来进行工业创新，将会催生一场'新工业革命'。"

从形态上看，手工业—工业革命—新工业革命的进化路径是按照点—线—面—体的结构进化趋势演进的，因此新工业革命的出现将使人们生活的各个方面发生根本性的变化。如互联网的加入，使原来分立的各工业节点长程关联起来，构成了一个更庞大的复杂的工业系统，这个系统具有非线性跃迁的能力，将使得人们的生活进入一个新状态。比如互联网的移动支付、大数据行程给人们带来的极大的生活便利和安全保障，都是一种新的生活形态；未来工厂的生产方式也将向远程的、智能的、无人的、语言的方式发展，使得生产的方式也发生质的改变。

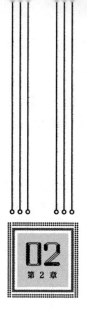

02
第 2 章

工业语言

传统工业给人的印象就是工厂里机器轰鸣、灯火通明、工人忙碌，这是空间实体的印象。从时间维度看，生产过程从开始到结束是个时间序列，这个时间序列如果体现在设备之间的互联上就是信息和通信。但是从设备内部看，指挥设备运行的是设备的 PLC 程序，是计算机语言。计算机语言是语言的一部分，而且最终将发展为机器能理解的自然语言，从而成为工业的一部分。

2.1　工业知识是对工业的语言描述

2.1.1　新工业的语言对象

19 世纪与 20 世纪之交出现的哲学研究"语言转向（Linguistic turn）"不仅对 20 世纪的人文社会科学研究产生了深刻影响，而且也对自然科学研究产生了深刻的影响。"语言转向"强调以语言为对象的科学研究过程，而研究得出的结果、某种理论或体系往往就是某种语言学或者某种知识体系。

哲学、科学技术哲学、学科之间是一个递次包含关系，如图 2-1 所示。在哲学的语言转向之前，学科研究的都是现实世界，但是转向之后，语言成为每个具体学科的研究对象。科学技术哲学包含计算机哲学、人工智能哲学、系统哲学等，按照继承关系，语言是 AI 的研究对象，AI 主要研究的是与人有关的语言、声音和图像语言背后的意义。

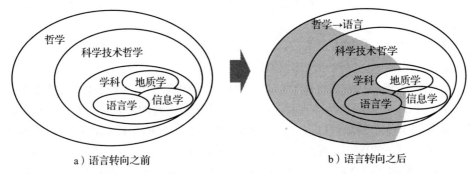

图 2-1　哲学与具体学科间的关系

具体到每个学科实践，比如石油领域的勘探开发，在语言转向之前主要研究的是现实世界的油气规律，一般用数学表达式、数学方程等方法实现。在语言转向之后，非结构化的自然语言文本、信号描述的声音等，和传统理论研究的数学手段一样，也成为每个学科的研究对象。把语言当作学科的研究对象，这是以自然语言为基础的知识加工的哲学基础。

当代社会是一个语言及其丰富的社会，随着手机的普及，除了各种文字的自媒体之外，各种视频、语音阅读之类的语言信息也大量涌现，极大地丰富了人们的生活，也必将推动人们思维模式的转变。

中国过去 40 年的工业化主要是在物质层面的工业化，也就是本体层面的工业化，而未来要以语言为对象实现工业化。

2.1.2　工业知识是一种语言模式

知识用语言来表达，工业知识用工业语言来表达；更进一步，从语言的角度看，工业知识就是工业语言本身，工业知识和工业语言互为表里。

最早的工业知识的语言形式是产品的各种规范，如需求规格说明书、产品规范、测试规范以及产品使用手册等。但随着产品越来越复杂，产品知识越来越多，文字资料汗牛充栋，已经没有人愿意完整地读完哪怕一个小部件的产品说明书了。因此，现在的产品说明书更多的是以影像、图像、视频的方式呈现。

工业语言和日常交流语言的不同之处在于，工业语言是物质能听得懂的，机械设备能够根据其指令运动的。也就是说，携带着工业知识的工业语言是和物质交流的语言，其交流的对象是物质。物质最大的问题是有惯性，有时延，不像与人交流反应特别快。另外，工业语言还要反应工业的系统性，因为机器设备是一个部件间相互联系的整体。牵一发而动全身，每一个部件的动作都涉及相关部件的协同，因此，工业的语言一般都会比较长。

视觉语言是一种新的表达形式，随着自媒体的流行，人们认识世界的方式在发生根本性的变化，对知识体系系统性、整体的认知，需要采用简短的、视觉的方式实现。

在工业领域，将融入更大范围的语言，最终机器将理解自然语言，并按照人的语言自如地运动，实现所想即所得的工业理想。

新工业以 PLC 为标志，践行的是语言即行动的理念，它和硬件紧密结合在一起，因此 PLC 的编程和器件或者设备的运动是同时进行的，软件和硬件之间没有明确的界限。PLC 的编程过程，与画硬件原理图是一样的，只是 PLC 的硬件本身提供了软件定义的连接，可以实现软件规定的功能。

C 语言脱离了设备的硬件，专门从数字的角度来看系统，实际上是用二进制对整个系统进行描述的尝试。由于进制可以互相转换，因此，有了二进制则所有进制都能实现，如八进制、十进制、十六进制等都可以顺利实现。其中进制数，可以用字母代替，由此语言便和数字对系统的描述对接起来了。

由于计算机和计算机语言成了一种学科，离现实世界也越来越远，因此面向对象的设计技术和思想的提出，本质上是解决思想和实践结合的问题。面向对象的问题在于，对象的属性和活动都是人定义的，而人的认识是有限的，因此，语言成了工业附属品，工业是主角，语言只是配角，语言只是工业的功能和属性的录音器，其自身的潜力并没有得到充分发挥。

如图 2-2 所示，按照语言发展的过程，语言可以分为以下几种。

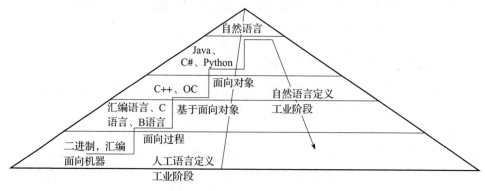

图 2-2　计算机语言发展的历史阶段

- 面向机器的语言：二进制、汇编。
- 面向过程的语言：汇编语言、C 语言、B 语言。
- 基于面向对象的语言：最典型的就是 C++ 语言、OC 语言。

● 面向对象的语言：Java、C#、Python 等。

随着计算机技术的发展，计算机面临的需求越来越多，解决的问题也越来越复杂，更高的封装才能解决更加复杂的问题，开发效率才会更高，也更易于学习和开发。如汇编做一年的工作，C 语言可能只需要半年，C++ 只需要三天，Python 只需要一天。离机器越远的语言，运行效率越低，开发效率越高，一般称为高级语言；离机器越近的语言，运行效率越高，开发效率越低，一般称为低级语言。低级和高级仅仅指的是语言距离机器的远近。早期由于计算机硬件性能低，大家对程序的要求比较严格，但随着计算机的不断发展，硬件性能得到了大规模提升，程序本身对运行效率产生的影响也越来越轻微，随着项目越来越大，开发效率成了很重要的指标，而且由于高级语言更易于学习，可读性也远远高于低级语言，因此面向对象的语言得到了广泛流行。

计算机语言发展阶段的基本走向是离硬件、离现实越来越远，最终将走向自然语言，因此，自然语言是计算机语言发展的终级阶段。这个过程是一个线性的不断递进的过程，至今还未停止。

但是一旦计算机语言发展到自然语言阶段，人工语言的性质就会发生根本改变。此时不是人为地构造符合工业习惯的语言，而是反过来，工业要实现语言的意图，语言为主，工业为辅，工业为语言提供佐证，因为人的语言是先验的。

自然语言里蕴含了人类最伟大的思想。比如对于某个领域或者某一项技术而言，其最早的那篇开山之作，里面蕴含的思想是对世界最深刻的认知，如果这些文字作品能直接通过软件看见，甚至能够通过机器将这些思想演示出来，那人类认识世界的能力将会得到极大的提升。

所以，人工语言一旦发展到自然语言，则计算机语言的性质就发生了质的改变，自然语言蕴含的巨大能量也将释放出来。

2.1.3　计算机语言发展的终点是自然语言

计算机语言发展的终点会是什么？我们认为是自然语言。

自从软件诞生之后，计算机语言就在不断地发展当中。计算机思想和计算语言是一体两面，每种语言的出现都有其解决当时困难的因素，但同时随着应用的发展，计算机语言的缺陷也会暴露出来，然后一种新的语言又将诞生，取代过去受限制的语言。

计算机语言有几十种，其发展如图 2-3 所示，终点可以按照 C → C++ → C# 的发展轨迹来探求，遵循从人工到全自动化的发展路径。因此，我们可以认为，计算机语言发展的终极目标就是非人工的语言，也就是自然语言。未来，计算机能听懂人类的语言，按照人的自然语言进行各种操作。现在的智能设备正是朝着这个目标在迈进。

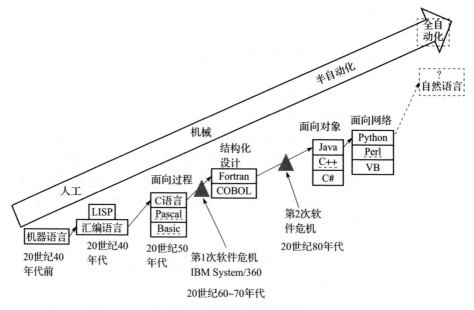

图 2-3   计算机语言的发展

与任何技术最终都是为了改善人们的生活一样，计算机语言的好坏也必须经得起用户的检验，才能成为真正服务于社会的技术。

2.2   工业技术是语言的机器化

同样，在新工业之前，人们只能看见空间中有形的机器，但其实机器的工作流程在创造机器时就已经确定了，时间序列也是一种语言，从基因角度看，语言或者时间序列也是机器的一部分。因此，反过来，通过语言、文本、时间序列这些瞬态的数据，我们也可以研究物质的平衡态特征。

当有形的工业发展到极限时，工业必然向无形的语言方向发展。因此，语言也是工业固有的部分。

2.2.1   语言定义工业

语言定义工业是软件定义工业的升级，因为从更大的范围看，软件只是一种语言，但是软件是人造的，是后天的，而语言源自基因，是人先天拥有的能力，因此更能体现出对工业的决定意义。

近几年，软件定义不仅在互联网圈被屡屡提起，在工业制造领域也成了热词。软件定义将重塑传统工业，工业已经进入软件定义时代。目前，软件定义正在从互联网领域不断外延和泛化，开始向物理世界延伸，并已经渗透到了制造业，以软件定义为特征，以工业互联网平台为核心，以生态建设为目标的工业互联网时代正在到来。

软件定义的本质就是赋能。据了解，宝马 7 系列汽车内置的软件代码超 2 亿行，波音 787 客机中的代码超 10 亿行。由此可见，软件已经无处不在。

工业互联网是新工业的一个标志性基础建设。国内外大型企业纷纷将工业互联网平台作为战略重点。工业互联网平台是面向制造业数字化、网络化、智能化的需求，通过构建具有海量数据的采集、汇集、分析和服务功能的体系，支撑制造资源泛在的连接、弹性的供给、高效的配置的开放式的云计算平台。工业互联网平台的核心要素，包括数据的采集、管理和服务平台（PaaS）以及应用服务（工业App）。

工业互联网平台将是一个语言定义的平台，因为只有自然语言才能使得所有人都参与到工业互联网的建设中，才能形成全民参与、全民提升的新局面。

人类文明是用语言来记录的，语言定义工业，就是将自然语言里蕴含的知识用工业来实现，这将是一个巨大的人类智慧宝库。

2.2.2　技术是多维知识的最小物质系统

任何一种技术，都是融汇了某种新的知识，然后将这个多维的知识用一个最小的物质系统进行承载，做成一种大众的日常工具，供人们在生活中随时随地采用；人们通过对产品的应用也间接地接受了产品的功能，虽然未必懂得产品的全部原理，但是只要看到这个名称，就知道有这个功能，这就是知识的力量。

比如电动机和发电机，人们也许并不了解麦克斯韦方程组，但是没有人在生活中没有使用过与电磁有关的产品，而且人们相信这个产品的功能而无须知道产品的数学以及物理原理。

最能代表技术的就是最小系统，因为它抛开了产品或者商品的那些装饰成分，纯粹从物理机理上演示新的物理效应，以及物理效应可能给人们生活带来的影响。对于技术而言，演示效应是主要的，应用是产业化的任务。

《科技日报》刊登过一个故事。曾有一个贵妇人质问发电机的发明者法拉第："电有什么用呢？"法拉第机智地反问道："新生婴儿有什么用呢？"在 100 多年前，汤姆森发现电子的时候，他不会想到这一发明会应用到我们现在的电视、手机和电脑中。20 世纪 60 年代，科学家发明激光器时也不会想到激光居然会应用到商店货物的条形码、身份证上的防伪标记。

最小系统是技术的底线思维，能把复杂的问题简单化。如图 2-4 所示，法拉第最小圆盘发电机是所有应用电磁感应发电的最小原型。最小原型也是一种技术思想，比如排除计算机故障，在系统运行的情况下拔去怀疑有故障的板卡和设备，缩小故障的范围，就是一种最小系统思想的应用。

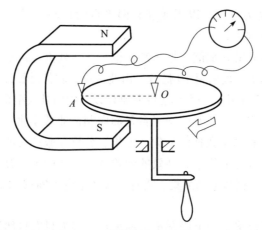

图 2-4　法拉第最小圆盘发电机

技术就是最小物质系统，而应用系统是对最小系统的扩展，是一个由下而上的综合过程。因为物质从下到上的过程相当于漫长的物种自然选择的过程，这是工业无法承受的时间长度，因此需要有一种综合的工具，所以我们说工业软件是工业发展的必经阶段。

2.2.3　工业技术智能化是工业知识累积的必然结果

对于工业领域而言，从硬的物质外形来看，工业技术是一个设备或者系统，从软的内涵来看，它具有工业知识，所以工业技术具有软硬合一的特征。

工业技术的背后是工业知识，随着知识的增多，工业技术最终走向智能化是必然趋势，只有智能化才能解决大批小企业的生存问题。如图 2-5 所示，对于长尾理论的主体部分产品而言，采用标准的自动化生产就能满足要求，但是对于大量的长尾部分产品，其每个要求都不一样。为了获得与自动化一样的生产效率，就必须使生产线具有像人一样灵活的可以配置的能力，实际上就是要求生产先需要具有智能生产的能力。

比如笔者之前调研的一家做包装的企业，产值 1.5 亿左右，行业排名 40 ～ 100。这家企业处于长尾理论的末端，要想走出困境，其基本路线就是向智能化发展，具体包括以下几个方面：

1. 大批量生产小批量产品→一种产品大批量生产和多种产品小批量拼单的智能化生产

如图 2-6 所示，按照智能制造级别划分，该公司拥有 4、3、2 各种智能级别的设备，4 级智能设备（左）通过自动机械手可以自动寻找位置，把盒子放在正中间，能够自动寻优，进行位置优化；3 级智能自动设备（中）都是大机器，几道工艺连在一起，一旦开工就按照一个姿势不间断地运转下去，这种连续大规模的生产设备是印刷行业的主流；2 级智能设备（右）就是那些单台单功能的设备，其生产主要依靠手工操作来完成。

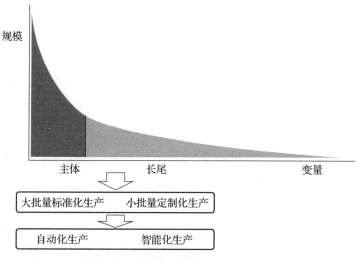

图 2-5　长尾理论和工业技术的发展

图 2-6　不同级别的智能设备

　　人的创造性是 2 级设备存在的根本原因。首先是加工量少，比如一单 100 件，而且每件的要求都不一样，当你模具还没做出来的时候，手工 100 件已经做完了，因此没有人愿意用机器；其次是用户需求的不可预知性，实际上体现了人的无限创造力；还有一些是人文因素，比如皮鞋，有些人喜欢真皮不喜欢皮革，而真皮加工和人一样是一个不可控的工业过程，因此不适合工业化的大生产，只适合 2 级的艺术品生产；最后一个是人工成本问题，中国的人力成本上升是中国工业化的必然趋势，比如人力成本是现在的 100 倍之后，人的生产效率就需要是现在的 100 倍，而这远远超越了人的能力范围。

对于该公司而言，5000 生产量是一个坎，也就是 10 万的产值会考虑用自动产线，10 万以下就考虑由手工生产。但是同样的 5000，中西方的认识是不一样的，西方的是单品 A 的量是 5000，而中国可能是 ABC 合起来 1000A+2000B+2000C 是 5000，按照西方的认识，多品种拼单的 5000 是不能生产的，因为这违反了大规模机械化模具生产的本质。中国以人为本，人人不同，为什么要用一样的产品呢？所以从文化上中国要为每人定制一份满意的产品。中国提出的方案不是大批量生产，而是小批量拼单的智能化生产。也就是说，解决小批量定制化问题，满足不同人的个性化需求，正是中国智能制造的出发点，也是最终的目标。

2. 电脑打样和实物打样→数据化工厂

小批量生产需要打样，问题是打样还没完成，100 件产品手工已经做好了，这说明打样这件事情是不可取的，但是不打样怎么知道能不能生产呢？

这就涉及打样的方法。比如以前原子弹爆炸需要真爆，但是现在原子弹却是在计算机里爆的；大桥天天在塌，却是在计算机里仿真的坍塌现场。所以在数字化时代，打样的方法变了，由真的实物打样变成了计算机里打样。

如图 2-7 所示，通过对包装进行仿真能够看到盖子之间的干涉情况，和现实生产出现的问题完全一样，这说明仿真效果是真实的，这样的好处是，可以在生产之前就发现存在的缺陷，节省了成本和时间，智能仿真对于生产具有极大的现实意义。

推而广之，设备数字化→工厂数字化，然后在计算机里先生产一遍，这就是现在智能时代最被推崇的数字孪生的生产图景。如果计算机里生产的过程和真实的生产过程一

图 2-7　包装仿真图

样，则只需要在计算机里打样之后，直接驱动生产线生产，就完全解决了实际生产中可能会遇到的问题。把所有的实体进行数据化，实时采集数据，不断更新模型，使得计算机生产的过程和实际生产过程完全一样，用数据来生产，这就是数据工厂、数据孪生、数据仿真这一系列技术的核心。数据生产的好处在于，可以提前预生产，把可能出现的异常情况预先做好防范措施，并根据历史信息进行自学习，越学越智能，就和在百度地图上要去一个地方可以先模拟走一遍是一个道理。凡事预则立，不预则废。数字工厂或者智能工厂，最大的价值在于解决了预的问题，消除了对未来不确定性因素的影响。

2.2.4　工业技术的分形复制过程

工业生产本质上是一个复制系统，这个复制与人通过细胞分裂不断长大成为人体是一样的过程，复制首先需要有第一个细胞，同样技术也要具有工业复制的第一个细胞。

有人说复制结果应该是相同的，但是技术为什么可以复制出不同形态的产品呢？在复制的过程中，可以生成很多新的功能组件，这就是分形的原理，生物是一个分形系统，大自然也是一个分形系统，生物的复制就是按照分形的原理进行个体复制，因此个体组成系统之后会呈现出不同的功能和结构，整体和细胞具有相似性，而不是相等性。

如图 2-8 所示，最小计算机系统通过自我复制，就可以实现整体上的计算机和部分的计算机是一样的，所以可以看到现在的智能化就是更多计算机技术的复制，比如对智能汽车的控制，至少是对 100 个小计算机进行自主控制来实现的，而每个计算机的基本功能是一样的，因此是计算机的复制实现了对智能汽车的控制。

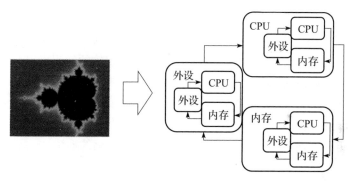

图 2-8　分形理论

硬件系统在构造上遵循分形理论，不断复制构造出越来复杂的系统，比如整个互联网和一台计算机功能是相似的，它们之间是一个分形相似的关系。对于软件而言，静态看虽然完全是相等的，因为每台机器上的软件都是通过复制而来，但是从动态的角度看，软件运行时还是一个分形相似的状态，因为软件的整体功能是一样的，只是由于对每台硬件的适应性不同而产生了不同的细节。

2.3　工业知识和工业技术构成新工业的生产力

2.3.1　工业知件的发展

"知件"是由中科院陆汝钤院士提出的将知识模块化的一个全新概念。如图 2-9

所示，所谓知件，就是从软件中分离出来的领域知识的商品化形式。许多年来，人们一直对软件开发和其中所含的知识开发不加区分，对软件开发队伍和知识开发队伍不加区分，对软件产业和知识产业不加区分；人们只把硬件作为软件的运行基础平台，而软件才是实现用户需求的工具。这种混沌状态不仅拖慢了软件产业的发展，也使知识产业不能获得腾飞的机会。

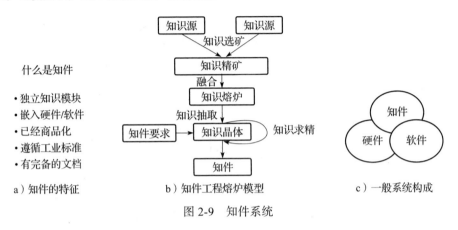

图 2-9　知件系统

知件将知识用一个有形的"件"来描述，突出了知识软、硬两方面的意义。知识是一种信息描述，这是"软"的一面，但是这个软的知识可以和现实中的实体对应，即知识可以转化为生产力，这就是"硬"的一面了。

工业知件指工业领域的知识组件，是工业基因的另一种描述。

借用知识硬化的思想，按照系统复杂性看，知件未来将发展为知器（将知识转化为物质运动的设备）、知统（将知识转化为物质运动的系统）。

2.3.2　承载工业知识的新技术

机器人、CPS、VR/AR 等都是承载工业知识的新技术。其中机器人虽然较早出现，但是具有人类智慧、能像人一样活动的机器人，和一般只会完成重复动作的机器人相比完全处于不同的层次。

CPS 本质就是构建一套信息空间与物理空间之间基于数据自动流动的状态感知、实时分析、科学决策、精准执行的闭环赋能体系，解决生产制造、应用服务过程中的复杂性和不确定性问题，提高资源配置效率，实现资源优化。状态感知就是通过各种各样的传感器感知物质世界的运行状态，实时分析就是通过工业软件实现数据、信息、知识的转化，科学决策就是通过大数据平台实现异构系统数据的流动与知识的分享，精准执行就是通过控制器、执行器等机械硬件实现对决策的反馈响应。该体系要点有四——"一硬"（感知和自动控制）、"一软"（工业软件）、"一网"（工业网络）、"一平台"（工业云和智能服务平台），与中国制造 2025

提出的"四基"(核心基础零部件、先进基础工艺、关键基础材料和产业技术基础)共同构筑制造强国之建设系统。

CPS 讲的也是物理和信息结合的问题,对应工业的嵌入式操作系统。CPS 的信息、物质和系统 3 个要素放在一起就构成了一个新的产品层次,这个层次强调主动感知的决策能力,其中 CPS 的主动性、自主性,正是和人一样的特征。

虚拟现实技术(Virtual Reality,VR)是 20 世纪发展起来的一项全新的实用技术,囊括计算机、电子信息、仿真技术。其基本实现方式是计算机模拟虚拟环境,从而给人以环境沉浸感。随着社会生产力和科学技术的不断发展,各行各业对 VR 技术的需求日益增长,VR 技术也取得了巨大进步,并逐步成为一个新的科学技术领域。

增强现实(Augmented Reality,AR)技术是一种将真实世界与虚拟信息巧妙融合在一起的较新的技术。它将原本在现实世界的空间范围中比较难以进行体验的实体信息进行模拟仿真处理,并叠加将虚拟信息内容,然后在真实世界中加以有效应用。而且这一过程能够被人类感官所感知,从而实现超越现实的感官体验。真实环境和虚拟物体重叠之后,能够在同一个画面以及空间中同时存在。

VR/AR 的实质是制造数据虚拟体,从而在数字领域研究物质的运动,这是所有数字化的基础。VR/AR 提供了事物信息化的方法,但是事物之上人的知识是需要额外补充的,AR/VR 的知识是外界赋予的,在客户使用中产生。

2.3.3 工业互联网必然是一个生态系统

由于新工业时代的机器能够像人一样工作,因此可以称为机器人。当多个这样的机器人组合在一起共同完成一个目标时,这个机器人系统就是一个生态系统。

全部由机器组成的系统和全部由机器人组成的系统是有本质区别的。由再多的机器组织起来的系统也只是一个线性系统,而由机器人组织起来的系统却是复杂系统。复杂系统的能力会极大地超越构成其的个体的能力,在用途和使用价值上实现"1+1>2"的效果。例如,在邮寄包裹中嵌入一个小小的 RFID 芯片,使得包裹具有了传递位置和其他信息的功能,每一个包裹变成了智能物联网的一个机器人节点。物流公司的物联网就是一个由包裹机器人和智能识别机器人组成的复杂系统。它能帮助物流公司对货物进行实时追踪,防止遗失;对物流资产实时监控,洞察资产使用率;实时跟踪存货量,减小浪费。它还能帮助物流公司预测需求,发现瓶颈,制定计划,提高效率,平衡负载,优化人员配置。工业互联网是一个由人和智能机器人组成的、能够实现人机自由交互、能实现与环境自适应的工业生态"大系统"。

工业互联网作为智能机器与人及智能机器之间互联互通的生态系统,诞生之初就具有与时俱进的能力。在互联的智能机器世界里,每一个机器都具有交流能力，知道该与谁（其余机器和人）互通有无。比如未来的火力发电厂，锅炉可以主动寻求和蒸汽轮机打交道，蒸汽轮机会自动地联系发电机，发电机则会默契地和变压器沟通交流，而变压器又会寻找电网中的其余输配电设备，最终将电力提供给用户。这些智能电力设备和人（运营商、用户等）相互融合，组成了智能电网，这就是一个典型的工业互联网系统。

工业互联网涵盖了智慧园区、智能工厂、智能电网、智慧能源、智慧农业等各类工业社区或生态系统，它将具有"使命感"和"自我意识"的智能机器融合在一起。

能够预见的是，一旦通过工业互联网将目前全世界500多亿台机器连接在一起，各个工业行业都会发生翻天覆地的变化。智能机器具备思维能力，知道如何减小零部件的磨损来延长寿命，同时尽可能提高产出。它是智能的，有目标导向的，而且具有"协助社会持续发展"的"自我"意识。一个自适应的工业互联网系统会最大限度地减小人的干预，并且经过机器之间有针对性的交流来实现服务全局的目标。将分析和思考能力"植入"传感器、执行器、组件、子系统、系统和边缘设备等工业互联网的节点中，它们就能够相互交换信息并采取相应行动来优化工业生态系统。

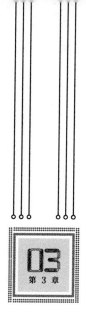

知识工程与工业软件

知识工程的基本任务是从非结构化文本中挖掘最佳思想，寻找最佳方案，从而改进人们的思维模式。传统工业软件如 CAD、CAE、EDA 等，只能获得一种理想状态下的最佳解。但在现实中有很多的限制条件，相当于一个有约束条件的最优解，而且这些约束条件无法完全用表达式来描述，需要采用更加自由的自然语言对现实问题进行描述。将更多的解决现实问题的经验、知识、洞见等融入工业软件，使得工业软件更加智能化，是未来工业软件发展的必由之路。

3.1 知识工程是发现和创造知识的过程

3.1.1 为什么会出现知识工程

专家系统的困难在于无法用有限的变量去描述专家知识，本质上是说专家知识是非线性的、突变的、不确定的。如果说专家系统是将专家知识变为确定性知识，这在出发点上显然是不切实际的。

自爱德华·费根鲍姆教授在 1977 年提出知识工程以来，知识工程一直在不断演进，其演进路线如图 3-1 所示。知识工程在不同阶段强调的重点虽然不同，但是目标是不变的，都是对知识的挖掘，现在已融入人工智能的大潮之中，成了实现人工智能的基础工程。专家系统和知识工程是费根鲍姆教授在不同阶段提出的，区别在于知识工程更加强调计算机的作用，这里的工程主要是指计算机软件工程。

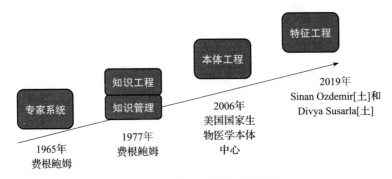

图 3-1　知识工程的演进路线

知识工程一般相对知识管理（Knowledge Management，KM）来进行对比研究。如图 3-2 所示，KM 关注的是企业知识管理平台的搭建、知识体系的构建、知识全生命周期的管理，从而为各业务系统提供知识相关的服务；而知识工程是针对具体业务流程，识别需要的知识及时机，与 KM 平台建立获取和反哺知识的服务关系，进而提高业务绩效。

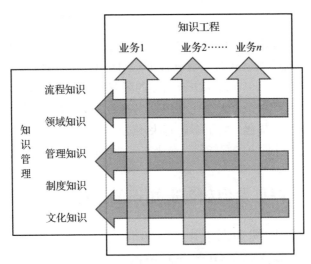

图 3-2　知识管理与知识工程的关系

在实践中，知识工程强调在运营业务流程中如何获取知识，创造知识，积累知识，并在业务绩效中体现应用知识达到的效果。因此，KE 针对的是具体业务场景中目标性很强的知识辅助业务的活动，而 KM 关注的是企业整体知识平台的搭建，包括知识的采集、存储、挖掘、模式提炼、共享交流，企业级知识的管理效率与效果评测，以及制度与文化的变革等。由此可见，相比 KM，KE 聚焦在业务流程中具体的创造价值环节，从知识管理平台中精准获取所需的知识，在运用过程中创造出新的知识，并将这些知识返回到知识库中，纳入全生命周期的管理。横纵叠加，使知识能够有效地支撑各阶段的业务应用，才能全面覆盖企业在"知识资本"的管理、应用、增值方面的需求。

从企业的长远发展和总体协同看，知识管理和知识工程其实是不可分的。KM 重在基础建设，KE 重在联系业务实践，这本身也是知识管理的最终目标。因此，也有人说，知识工程是知识管理的新阶段，或者知识管理是知识工程的初级阶段。

知识工程的一种典型应用场景是为某个工程软件提供实时的智能知识关联。比如在 CAD 画图过程中，可以在一个悬浮窗里出现与所画零件对应的过去项目的信息，这种知识工程相当于知识管理的实时应用，而工程的含义在于实现知识管理的过程。

3.1.2　知识工程的进化

知识工程的进化目的是最大限度地开发人类大脑的智慧，释放人类思想的力量。这些力量一般表现为那些专家们的思想，比如牛顿、爱因斯坦的思维模式，这并不为大多数人所拥有。

知识工程的目标就是制造一台机器，使它能够像专家一样思考，这样我们就能源源不断地释放人类经过几亿年沉淀在基因里的知识。但即使是爱因斯坦也只开发了 5% 的大脑资源，因此，一台机器的开发能力远远超过人类本身。人们从铁路、机械臂等延伸人体力的机械设备的经验中得到了机器拥有的远胜于人的机械力，那么同样采用机械的信息工具如计算机及其知识挖掘系统，也能获得更高的智力挖掘效率。

本体工程是知识工程的基础，旨在明确特定领域的那些隐含在软件应用程序以及企业机构和业务过程当中的知识。本体工程为解决各种语义障碍所造成的互操作性问题提供了一个前进的方向。其中，语义障碍指的是那些与业务术语和软件类的定义相关的障碍和问题。本体工程是一套与特定领域之本体开发工作相关的任务。

本体工程是一个相对较新的研究领域，涉及本体开发过程、本体生命周期、本体构建方法，以及支持它们的工具和语言。本体是基于人类共同的经验和知识而来，对于需要自动解释复杂和模糊内容（例如多媒体资源的可视内容）的推动者而言是有价值的。基于本体推理的应用领域包括但不限于信息检索、自动场景解释和知识发现。

特征工程也是知识工程的一部分，是大数据领域或者深度学习领域的一个概念, 但是由于其在工程领域经常使用, 所以我们也将特征工程作为一个普适的工程来研究。以人脸识别为例, 人脸的深度学习模型参数很多, 计算时间很长, 这无法满足人脸识别在金融、社会生活中的实时应用, 为此将深度模型的千万级变量进行降维处理, 这就是特征工程的任务。特征工程的出发点就是降维处理, 人脸识别技术最终将数据处理为 72 个变量, 即 72 个特征, 通过这 72 个特征就可以识别世界上绝大部分人。

3.1.3 通过挖掘语言模式发现知识

知识工程可理解为通过语言素材去逆向挖掘人的思维模式的过程。

如前所述, 模式是从生产和生活经验中经过抽象和升华提炼出来的核心知识体系, 是解决某一类问题的方法论。模式是从不断重复事件中发现和抽象出的规律, 是把解决问题的方法归纳总结到理论高度的结果。只要是重复出现的事物, 就可能存在某种模式。

自然语言和身体语言一样, 也是以一种模式的形式存在, 是一种基因组, 这是乔姆斯基最伟大的发现。如图 3-3 所示, 语义是一种框架, 也是一种模式, $y = f(x)$ 和出差 (时间、目标地、出发地) 这个语义定义讲的就是一种模式。

自然语言	出差			
	主体	出发地	目标地	时间
我明天到北京	我		北京	明天
安排你明天去北京	你		北京	明天
王总明天从北京到公司	王总	北京	公司	明天
……				

图 3-3 语义即模式

由此可见, 对于自然语言加工, 其主要的内容就是发现语言中的模式。这个模式源自人类最底层的基因, 同时又代表人对大自然的本性的认识。

知识工程本质上是通过工程的方式方法构造一个软件平台, 以实现对具体知识的挖掘。承载具体知识的主要是各种文本文件。一个软件只要带有工程二字, 多具有反向工程的意指, 也就是通过现有的数据求背后的假设, 通过行为探知世界观。比如 AutoCAD 是正向工程, 根据 3 个参数画出一个标准的圆, 但是一个图纸的知识工程则意味着根据已有的图纸资料, 反向确定纸面上看到的圆是不是真的圆。知识工程可以根据已有的文本去探求作者背后的基本假设, 具体表现为思维模式的差别。自然语言处理 (Natural Language Processing, NLP) 中的语义分析、语法分析, 本质上都是根据已有的句子去分析反求作者背后的思维模式, 或者反过来, 假定了思维模式, 通过已有的句子去验证这个模式存在的概率大小。然后根据假设检验的原理，剔除那些小概率事件的模式，剩下的就是这个作者的思维模式，或者思维定式。当文献量足够大时就可以通过文本归纳出整个群体的思维模式。

人们认识的世界是一个大场景，远远超过了一个句子所能表达的范畴。因此，人们表达一个大的认识场景的方法是利用句子之间的连接关系，这就是连接主义的出发点，也是我们习惯于用目录篇章结构来表达知识的自然选择。

把知识工程理解为通过语言素材去逆向挖掘人的思维模式的过程，这就是一个学习思想的过程，这就是超越了看得见、摸得着的物质模仿学习阶段，而进入语言思维层面的学习阶段。我们挖掘思维模式的目的，最终还是改造我们自己的思维模式，这就是通过刻意地打破语言惯性，学习新的语言模式，从而建立起与这种语言模式相对应的神经肌肉系统，以及与这种思维相对应的潜意识。

所以，工业技术要实现软件化或者语言化，要先从改变人们的语言习惯、学习使用新术语、应用新模式开始。

3.1.4　通过状态跃迁创造知识

知识创新的过程如图 3-4 所示。从技术创新角度看，创新就是一个新的相态，按照热力学公式 $PV = nRT$，改变任何不超过 3 个变量都可以得到一个新的相态，用这个新的相态来制造新的产品就是新技术。知识创新的具体操作就是将某一个模式当作一个 $PV = nRT$ 恒等式，将其中的条件进行某种排序，这种排序具有某个数量单调的性质。然后对这个模式进行组合，虽然从数学上看组合是没有方向性的，但是在人们的认知中，有一个不断向前发展的进化方向。

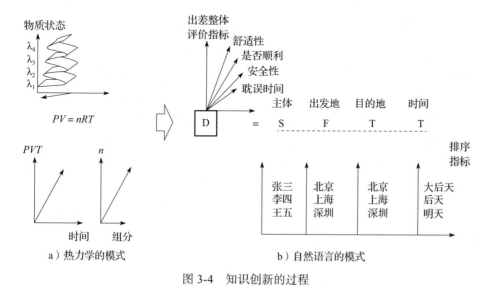

图 3-4　知识创新的过程

对自然语言而言，篇、章、节、段、句、词是一个层次结构。其中的词是语言的最小粒度，句子是语义的最小粒度。句子可以看成是词这些元素组成的整体，句子代表一个活动，它有一个整体的评价指标，比如活动满意度。句子中的各语义要素也是一个变量，这些变量按照某种顺序排序，就可以通过词的序来发现提升整体评价的方法。

知识发现的过程是一个优化的过程，每次优化的结果都是一个在样本里面没有出现的新知识。现实中一般不主动按照元素穷举模式挨个去验证，而是在已有的文献中进行挖掘。这是因为自然语言中存在则代表着现实存在，而可以排列组合的并不是活的知识，应该排除在模式之外。

3.1.5　数学上的知识和常识

在大数据和智能时代出现了一个悖论，虽然数据越来越多，但是人们却比没有数据的时候更难找到知识，这就是信息爆炸导致的知识稀缺的现状。

为了改变这一现状，很多大数据公司和互联网公司开始采用大数据算法，通过算法为人们挑出喜欢的内容。但是人们还是不买账，因为多数人喜欢的东西往往在内容上没有参考价值。比如那些头条公司和电商推荐公司，都是根据多数人的行为向人们推荐商品，不胜其烦。多数人喜欢的东西往往是人的日常行为是常识，而知识是少数专家才有的洞见。

信息是数据的变化，百年一遇、千年一遇的大洪水所蕴含的信息，远比平常不变的水位信息量要丰富。同样，知识建立在信息之上。因此，那些小概率事件的知识也是最丰富的。

卢瑟福发现原子核的故事也能说明小概率事件的重要性。卢瑟福1919年的粒子散射实验用准直的 α 射线轰击厚度为微米的金箔，发现绝大多数的 α 粒子都照直穿过薄金箔，偏转很小；但有少数 α 粒子发生了比汤姆森模型所预言的大得多的偏转，大约有 1/8000 的 α 粒子偏转角大于 90°，甚至观察到偏转角等于 150° 的散射，称大角散射，这更无法用汤姆森模型说明。

后来卢瑟福做了用 α 粒子轰击氮原子核的实验，实现了原子核的人工转变，发现了质子。为了进一步证实这个实验的结果，物理学家布拉凯特在充氮的云室重做了这个实验，拍摄了两万多张云室照片，终于从 40 多万条 α 粒子径迹的照片中，发现有 8 条产生了分叉。分析径迹的情况可以确定，分叉后的细长径迹是质子的径迹，另一条短粗的径迹是新产生的核的径迹，α 粒子的径迹在与核碰撞后不再出现。

这两个实验结果发生的概率分别是 1/8000 和 8/400 000。统计中一般 <5% 就是小概率事件了，因此这两个现象都是标准的小概率事件。但正是对这两个小概率事件的研究，推开了原子物理的一扇窗户。

　　科学发展中的转折点无一不是由小概率事件引发的，如牛顿、爱因斯坦这些科学家的伟大思想，都是小概率事件。

　　从数学上看，小概率事件由于数量少，没有统计意义，不能采用数据模型进行统计计算。但对小概率事件的解释可以采用物理机理模型的方法，因为要根据对象的物质运动特征进行推理，所以更能展示本质。从统计上看，由于异常点可能超越了所在状态，所以它的存在要用第二个状态的特征来解释，而这第二个状态正是新思想、新技术和新发明的源头。

　　知识的含金量随着时间的推移逐步被人们所接受，也逐渐成为常识。比如虽然引力的超距作用还无法解释，但是人们都认为牛顿万有引力是正确的，这已经成为人们的常识了。

　　知识挖掘和模式识别在很多时候是混为一谈的，但是涉及知识二字时，往往有以下几个特点：

　　（1）小样本事件，如专家的、异常点。

　　（2）文本描述，因为无法明确表达。

　　（3）不能计算只能解释。

　　正是由于知识的特殊性，知识的挖掘才弥足珍贵。而知识往往又以数据或者信息的方式呈现，这更增加了知识挖掘的难度。

3.2　工业软件是硅片上的工业基因

3.2.1　工业软件是工业发展不可逾越的阶段

　　由于熵增定律的约束，世界变得越来越无序，而克服这种无序的生物包括人类只能越来越有序，否则就将会被自然选择淘汰。工业化的本质是超越人所能及的范围，将更多的资源整合在一起形成一个大系统。通过系统跃迁达到一个新的状态，在这个新的状态上实现有序，从而提高人的能力。

　　正如火车延伸了人的手脚一样，工业软件延伸了人的大脑。用一个更加结实耐用的机器脑替代人的生物脑，从而提高了人的思维能力，同时弥补了人的基因无法频繁更改的生物缺陷。

　　工业软件（Industrial Software）是指在工业领域里应用的软件，包括系统、应用、中间件、嵌入式等。一般来讲工业软件被划分为编程语言、系统软件、应用软件和介于这两者之间的中间件。其中系统软件为计算机使用提供最基本的功能，但是并不针对某一特定应用领域；而应用软件则恰好相反，不同的应用软件根据用户和所服务的领域提供不同的功能。

　　工业软件大体上分为两个类型：嵌入式软件和非嵌入式软件。嵌入式软件是嵌入在控制器、通信、传感装置之中的采集、控制、通信等软件，非嵌入式软件是装在通用计算机或者工业控制计算机之中的设计、编程、工艺、监控、管理等软件。嵌入式软件应用在军工电子和工业控制等领域之中，对可靠性、安全性、实时性要求特别高，必须经过严格检查和测评。还要特别强调的是与设计相关的软件，如 CAD、CAE 等。

工业软件的发展可分为三个阶段：第一，纯软件阶段，国外企业称霸市场；第二，软件协同应用阶段，对业务流程进行串通和优化，国内厂商开始逐步追赶国外厂商；第三，"工业云"阶段，在这个阶段，软件不再是单一的软件，而是集成多种软件，并提供"软件服务"的整体解决方案。借助工业互联网平台、"工业云"的推进，国内工业软件厂商迎来历史发展良机。

传统的工业软件指 CAD、CAE、EDA 这些仿真和设计软件，后来加入 CAM 制造仿真、CPL 全生命周期管理等软件。如此，工业软件的对象就不全是工业品了，还包括人。因此，工业软件可以看成是一个人群仿真软件。传统仿真软件提供对实体的数据化能力，而管理软件提供对人的约束能力，二者共同作用形成一个人机交互的系统，从而实现系统以一个新的状态运行，并获得更高的工作性能。

国内自主工业软件的发展现状可以概括为"管理软件强，工程软件弱；低端软件多，高端软件少"。也就是说，一方面，国内自主工业软件在生产管理、客户服务和综合管理等运营管理领域发展较好，在工程研制领域发展较差；另一方面，国内自主工业软件在低端领域的竞争力相对较高，而在很多高端领域还是空白。但是从我国工业软件市场规模逐年增长的数据来看，这一现状正在得到改善。

工业软件的发展阶段遵从其服务领域的发展阶段，比如作为软件它遵从 CMMI（能力成熟度模型集成）的发展阶段，工业软件发展到今天都要求达到成熟度 4 级，也就是先在数据领域进行分析和改进，然后才是实体世界的改进。从软到硬、从虚到实、从数到物，这是工业发展的必经阶段，也是发展的设计思想。比如卫星设计，当卫星在轨道运行的时候，人们没有办法进行现场监测，所有状态都是通过数字化控制来实现的。再比如新型飞机在设计时，根本无法试错，成本和时间都不允许，因此所有试错都只能在计算机里实现。而计算机实现的准确度，是由各个分实验综合出来的。因此，工业软件是工业的一个综合平台。它将现有的数据、实验结果进行综合、补充，最终使得这些组件整合为一个新层次软件平台，从而实现工业软件系统级的跃迁。

所以，工业软件是新工业的整合器，是工业发展的必经阶段，而不是工业的花边点缀。

3.2.2　第四范式下的工业软件

人类最早的科学研究，主要以记录和描述自然现象为特征，称为"实验科学"，也就是第一范式所对应的实验归纳。从原始的钻木取火，发展到后来以伽利略为代表的文艺复兴时期的科学发展初级阶段，开启了现代科学之门。

　　但这些研究，显然受到当时实验条件的限制，难以完成对自然现象更精确的理解。科学家们开始尝试尽量简化实验模型，去掉一些复杂的干扰，只留下关键因素（这就出现了物理学中"足够光滑""足够长的时间""空气足够稀薄"等令人费解的假设条件描述），然后通过演算进行归纳总结，这就是第二范式。这种研究范式一直持续到 19 世纪末，都堪称完美，牛顿三大定律成功解释了经典力学，麦克斯韦理论成功解释了电磁学，经典物理学大厦美轮美奂。但之后出现的量子力学和相对论，则以理论研究为主，以超凡的头脑思考和复杂的计算超越了实验设计。而随着验证理论的难度和经济投入越来越高，科学研究开始显得力不从心。

　　20 世纪中叶，冯·诺依曼提出了现代电子计算机架构，利用电子计算机对科学实验进行模拟仿真的模式得到迅速普及。人们可以对复杂现象通过模拟仿真，推演出越来越多复杂的现象，如模拟核试验、天气预报等。随着计算机仿真越来越多地取代实验，系统仿真逐渐成为科研的常规方法，即第三范式。

　　而未来科学的发展趋势是，随着数据的爆炸性增长，计算机将不仅仅能做系统仿真，还能进行分析总结，并得到理论。数据密集范式理应从第三范式中分离出来，成为一个独特的科学研究范式。也就是说，过去由牛顿、爱因斯坦等科学家从事的工作，未来完全可以由计算机来做。这种科学研究的方式，被称为第四范式。

　　我们可以看到，第四范式与第三范式，都是利用计算机来进行计算，二者有什么区别呢？现在大多科研人员，可能都非常理解第三范式，即先提出可能的理论，再搜集数据，然后通过计算来验证。而基于大数据的第四范式，则是先有了大量的已知数据，然后通过计算得出之前未知的理论。在维克托·迈尔－舍恩伯格等人撰写的《大数据时代》中明确指出，大数据时代最大的转变，就是放弃对因果关系的探索，取而代之关注相关关系。也就是说，只要知道"是什么"，而不需要知道"为什么"。这就颠覆了千百年来人类的思维惯例，对人类的认知和与世界交流的方式提出了全新的挑战。因为人类总是会思考事物之间的因果联系，而对基于数据的相关性并不是那么敏感；相反，电脑则几乎无法自己理解因果，而对相关性分析极为擅长。这样我们就能理解，第三范式是"人脑＋电脑"，人脑是主角，而第四范式是"电脑＋人脑"，电脑是主角。

　　然而，要发现事物之间的因果联系，在大多数情况下总是困难重重的。人类推导的因果联系，是基于过去的认知，获得"确定性"的机理，然后建立新的模型来进行推导。但是，这种过去的经验和常识，也许是不完备的，有的甚至可能有意无意中忽略了重要的变量。

　　比如雾霾，我们想知道雾霾天气是如何发生的，如何预防？首先需要在一些

"代表性"位点建立气象站，来收集一些与雾霾形成有关的气象参数。根据已有的机理认识，雾霾天气的形成不仅与源头和大气化学成分有关，还与地形以及风向、温度、湿度等气象因素有关。仅仅这些有限的参数，就已经超过了常规监测的能力，只能人为去除一些看起来不怎么重要的，而保留一些简单的参数。那些看起来不重要的参数会不会在某些特定条件下，起到至关重要的作用？如果再考虑不同参数的空间异质性，这些气象站的空间分布合理吗？足够吗？从这一点来看，只有获取更全面的数据，才能真正做出更科学的预测，这就是第四范式的出发点，也许是最迅速和实用的解决问题的途径。

那么，第四范式将如何进行研究呢？目前在移动终端和传感器高速发展的时代，我们的手机可以监测温度、湿度，可以定位空间位置，不久也许会出现能监测大气环境 PM2.5 功能的移动传感设备。这些移动的监测终端扩大了测定空间的覆盖度，能够产生海量的数据。利用这些数据，不仅可以分析得出雾霾的成因，也可以实现对雾霾的预测。

这些海量数据的出现，不仅超出了普通人的理解和认知能力，也给计算机科学本身带来了巨大的挑战。当这些规模计算的数据量超过 1PB 时，传统的存储子系统已经难以满足海量数据处理的读写需求，数据传输 I/O 带宽的瓶颈愈发突出。而简单地将数据进行分块处理并不能达到数据密集型计算的目的，与大数据分析的初衷是相违背的。因此，目前在许多研究中所面临的最大问题，不是缺少数据，而是面对太多的数据，却不知道如何处理。目前与数据处理相关的一些技术，比如超级计算机、计算集群、超级分布式数据库、基于互联网的云计算，似乎并没有解决这些矛盾的核心问题。

科学研究范式的第四范式也是一种搜索范式，即假设只要能搜索到就得到了证实，没有搜索到就是证伪。

由于第三范式就是传统的仿真研究，第四范式是新工业的大数据研究，二者共同的认知是，计算机算出来的就是真实的，并不强调一定要实践验证。所以，在第四范式下的工业软件，也是真实的。

3.2.3 工业软件是工业的虚拟集成环境

工业软件越来越具有集成功能，就和建筑用的脚手架一样，是保证各施工能够顺利进行而搭设的工作平台，用完即拆。

传统的工业软件主要用于画图和仿真，而工业管理软件如 SAP、MES 等的出现，实现了设备之间、工厂之间的相互连接，扩大了工业软件的能力。

与架桥一样，工业也是由多个部分组合而来。由于条件的限制，比如实验条件、环境条件，通过实验获得的工业数据一般都是局部的、有限的，无法得到真实环境下的系统性能数据。因此，需要有一个脚手架一样的整合设备，将系统的各个部分整合起来，根据部分数据来计算和仿真整个系统的数据。实体世界无法完成的任务，就需要数据世界来进行弥补。

所以，工业软件是工业的无形脚手架。它将有限的局部工业知识整合起来形成更高层次的知识，是系统论的工具。

除了整合之外，工业软件还可以对系统性能进行优化，这是 CAE 优化性能在整个工业软件上的体现。比如 APS（高级排程系统），就能根据实际工况对产线产能进行最佳配置，这是一个优化问题。

3.2.4　工业软件是基因化的工业

工业软件是基因化的工业，这是根据人的基因可以预测人的智慧和疾病类比得到的。人的基因里存储了人成长的所有信息，包括人的疾病信息。

最常见的基因预测方法主要有两种，一种是理论遗传预测，另一种是经验遗传预测。对于服从遗传规律的遗传疾患，可以利用"理论遗传预测"估算其预测值；而当遗传不规则时，则可利用"经验遗传预测"通过大量调查患者的近亲，把实际存在的罹病率作为该病的遗传预测值。

上述描述可以发现，根据一条基因，也即一条信息序列，就能预测最终产品的性能，如人的颜色和身高，也能预测人的缺陷。于是人们可以做出预测措施，即根据基因可以做出有关最终产品的完整 FMEA（失效模式及后果分析）表，通过基因序列就可以预测未来。

基因只是一串信息就能预测未来，同样，工业软件也是一个信息串，也能预测工业的信息。人都是通过后来的成长来验证基因的正确性，同样的，工业也是通过未来建立的实体工业生产线进行生产来验证软件的正确性。人类通过进化和自然选择实现了繁衍生息，同样，工业软件也通过实体和虚拟的进化，选择出合理的基因，最后实现工业品类的繁衍生息。每个行业都有那些老字号、头部企业，它们拥有经过选择留下来的最好的基因，也就是通过工业软件固化下来的工业设计模板。

计算机的计算硬件从硅基发展到碳基，是按照尺寸大小自然演化而来。如图 3-5 所示，大的趋势有两条，体积向微观进化和数量向宏观累积。其中还有很多小的局部进化规律，比如控制方式的进化，从手工到机械再到自动化。

16 世纪的算盘是中国最古老的计算工具。到了 17 世纪，法国数学家 Blaise Pascal 发明了齿轮驱动的机械机器，能够进行整数的加法和减法运算，这是从手工到机械的必然选择。之后计算进入自动化的真空管阶段，1959 年的晶体管是一个标志性事件，正式确立了硅基的主流地位。

硅基到碳基是由于体积的限制导致的，因为 2nm 制程的硅基芯片技术很难过关，而 1nm 时量子理论就会失效。因此从原子量上看，需要寻找一种与硅同族的轻量元素替代它，这就是碳。由于碳同时又是人的组成元素，因此可以说人就是碳基的。这也意味着，在碳基上，工业基因向人类基因又近了一步。

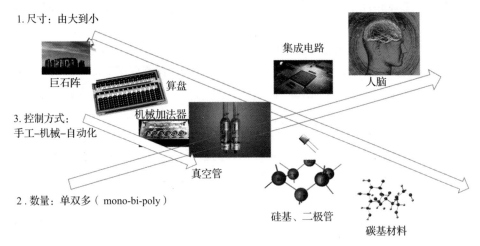

图 3-5　计算机的计算硬件历史演进

3.3　新工业是一项融入工业软件的知识工程

3.3.1　新工业推动社会进入新时代

由于中国工业没有得到充分的发展，因此，在相当长的一段时间里，需要弥补工业发展的缺陷，这是社会发展阶段不可逾越的必然要求。所以，在生产力发展也就是技术发展的过程中，中国要大力发展基础设施建设，如加快完善电力、交通、通信、轻工业等。

新工业推动中国社会进入新时代，重点是政府要主动作为、主动探索，培育新技术发展的土壤，为新技术发展留够空间。中国必然需要发展高科技，而在高科技里面，工业软件不是作为一种软件出现，而是作为工业发展的一个必然阶段而存在。因此，工业超越了人们可感知的范围，人们对工业的设计，只有在计算机里才能实现。

3.3.2　新工业塑造新人才

任何技术都是由人发展而来的，现在的工程师就是为了满足工业的需要而出现的。同样，以数字化为主要内容的新工业也需要一批懂数据的新人，才能实现以数字化为主体的社会变革。

但是需要一批数字工程师，并不意味着别的人才就不需要。人才是一个金字塔结构，如图 3-6 所示，随着层次的增加，底座也要相应增加，也就是底层的工人数据也应该随着增强。否则，就会出现人才结构的不稳定，甚至出现人才断层，这些都会影响新技术的社会变革。但是一个地区的人口是有限的，而且人口的变化并不是完全由工业的需求决定的。因此，能够随时增加人口的解决办法只有一个，就是制造足够多的机器人，用机器来取代人的工作。未来我们的身边充满很多与人类身份一样的机器人，将不再是科幻，比如现在在酒店、饭店的送餐机器人已经普及，一般生活中的咨询比如电信业务办理，基本上都是机器人在回答人们的提问。

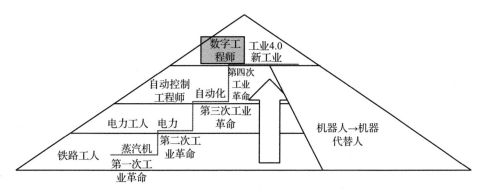

图 3-6 新技术的人才需求

新工业不仅选择人，也塑造人，也必将给社会带来巨大的变化。

体系篇

　　获取工业知识是一项高度组织化、程序化的过程。这个过程又可以从两个方面来看，一是知识本身有一个按照 DIKW 的有序程度从低到高不断发展的过程，二是获取知识的过程也有一个从无组织到高度组织、效率提升的过程。

　　本篇描述工业技术软件化的知识工程体系以及知识工程成熟度模型，为系统化获取、挖掘、应用工业知识奠定工程基础。

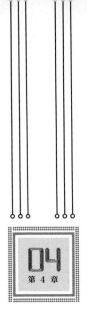

04

第 4 章

知识金字塔模型

知识在科学上并没有明确的定义，因为至今为止还没有定义出知识的度量指标，没有测量就没有科学。所以，知识的含义主要是解释性的，通过对其他理论进行扩展而来，而知识金字塔是从层次上对数据和信息进行扩展得到的。

4.1　知识金字塔的形式

最常见的知识金字塔是指 DIKW（Data Information Knowledge Wise，数据—信息—知识—智慧）形式的金字塔，如图 4-1 所示。

DIKW 金字塔模型最先是来自诗人艾略特的一首诗，并不是来自严谨的科学研究领域。这说明自然科学和社会科学之间是相通的，就和质量领域的帕累托分布来自经济领域一样。

运筹学、系统思维学专家阿科夫（Ackoff）认为 DIKW 是认识的过程，因此增加了 U（Understanding，理解）阶段。U 和 K 阶段一起构成了 DIKW 的 K 阶段，如图 4-2 所示。

显然，U 阶段更接近现在的知识工程理念，因为有了人才有知识。U 不仅在 K 阶段需要通过标注来固化人的知识，还在于计算出来的结果需要得到解释才能应用。

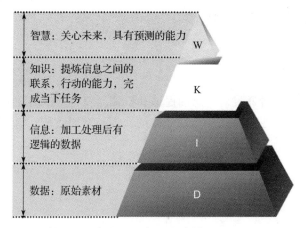

图 4-1　知识金字塔

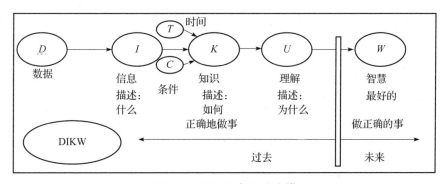

图 4-2　DIKUW 知识金字塔

MIT（麻省理工学院）的詹姆斯·马丁（James N. Martin）博士将 DIKW 转换为 SDIKW，解释了 DIKW 在企业知识挖掘方面的应用，如图 4-3 所示。

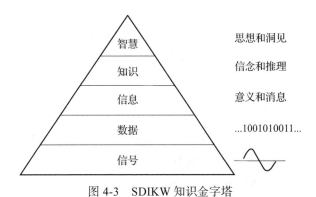

图 4-3　SDIKW 知识金字塔

SDIKW 金字塔模型很好地表达了企业知识挖掘的过程。知识挖掘是从信号采集开始，通过编码传输才能形成数据。

4.2　知识的分层结构

知识是信息接收者通过对信息的提炼和推理而获得的正确结论，是人对自然世界、人类社会以及思维方式与运动规律的认识与掌握，是人的大脑通过思维重新组合和系统化的信息集合。

经过国内外学者的共同努力，目前已经有许多知识表示方法得到了深入的研究，使用较多的主要有以下几种。

1. 逻辑表示法

逻辑表示法以谓词形式来表示动作的主体、客体，是一种叙述性知识表示方法。利用逻辑公式，人们能描述对象、性质、状况和关系。它主要用于自动定理的证明。逻辑表示法主要分为命题逻辑和谓词逻辑。

2. 产生式表示法

产生式表示又称规则表示，有的时候被称为 IF-THEN 表示。它表示一种条件 – 结果形式，是一种比较简单的知识表示方法。IF 后面的部分描述了规则的先决条件，而 THEN 后面的部分描述了规则的结论。规则表示方法主要用于描述知识、陈述各种过程中知识之间的控制以及相互作用的机制。

3. 框架表示

框架是把某一特殊事件或对象的所有知识存储在一起的一种复杂的数据结构。其主体是固定的，表示某个固定的概念、对象或事件，其下层由一些槽组成，表示主体每个方面的属性。框架是一种有层次的数据结构，框架下层的槽可以看成一种子框架，子框架本身还可以进一步分层次为侧面。槽和侧面所具有的属性值分别称为槽值和侧面值。槽值可以是逻辑型或数字型的，具体的值可以是程序、条件、默认值或一个子框架。相互关联的框架连接起来组成框架系统，也称框架网络。

4. 面向对象的表示法

面向对象的知识表示法是以对象为中心按照面向对象的程序设计原则组成的一种混合知识表示形式，把对象的属性、动态行为、领域知识和处理方法等有关知识封装在表达对象的结构中。在这种方法中，知识的基本单位就是对象，每一个对象是由一组属性、关系和方法的集合组成，包括知识的获取方法、推理方法、消息传递方法以及知识的更新方法等。

5. 语义网络表示法

语义网络是知识表示中最重要的方法之一，是一种表达能力强而且灵活的知识表示方法。它是通过概念及其语义关系来表达知识的一种网络图。从图论的观点看，它是一个"带标记的有向图"。语义网络利用节点和带标记的边构成的有向图来描述事件、概念、状况、动作以及客体之间的关系，而且带标记的有向图能十分自然地描述客体之间的关系。

6. 基于 XML 的表示法

在 XML（eXtensible Markup Language，可扩展标记语言）中，数据对象使用元素来描述，而数据对象的属性可以描述为元素的子元素或元素的属性。XML 文档由若干个元素构成，数据间的关系通过父元素与子元素的嵌套形式体现。在基于 XML 的知识表示过程中，采用 XML 的 DTD（Document Type Definitions，文档类型定义）来定义一个知识表示方法的语法系统，并通过定制 XML 应用来解释实例化的知识表示文档。在知识利用过程中，通过维护数据字典和 XML 解析程序将特定标签所标注的内容解析出来，以"标签"＋"内容"的格式来表示具体的知识内容。知识表示是构建知识库的关键，知识表示方法选取得合适与否不仅关系到知识库中知识的有效存储，而且直接影响着系统的知识推理效率和对新知识的获取能力。

7. 本体表示法

本体是一个形式化的、共享的、明确化的、概念化的规范。本体论能够以一种显式、形式化的方式来表示语义，提高异构系统之间的互操作性，促进知识共享。因此，最近几年，本体论被广泛用于知识表示领域。用本体来表示知识的目的是统一应用领域的概念，并构建本体层级体系用于表示概念之间的语义关系，实现人类、计算机对知识的共享和重用。本体层级体系的基本组成部分包括五个基本的建模元语，分别为：类、关系、函数、公理和实例。通常也把 Class（类）写成 Concept（概念）。将本体引入知识库的知识建模，建立领域本体知识库，可以用概念对知识进行表示，同时揭示这些知识之间内在的关系。对领域本体知识库中的知识，不仅能通过纵向类属进行分类，而且能够通过本体的语义进行组织和关联，推理机再利用这些知识进行推理，从而提高检索的查全率和查准率。

还有适合特殊领域的一些知识表示方法，如概念图、Petri、基于网格的知识表示方法、粗糙集、基于云理论的知识表示方法等，在此不做详细介绍。在实际应用过程中，一个智能系统往往包含了多种表示方法。

综合来看，知识表示有两种形式，表达式和网状结构。网状结构是一种理解机制而不是计算机处理机制，因此从更广义上看，知识是一种分层结构，如图 4-4

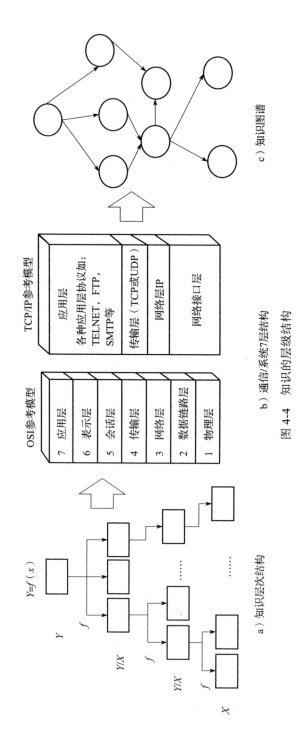

a）知识层次结构

b）通信/系统7层结构

c）知识图谱

图 4-4   知识的层级结构

所示。更高的层次代表一种更高的能量状态，由更多的下层元素协同构成，比如通信或者系统的七层结构。

从本体上看，实体和概念属于两个层面或者两个世界（物质和意识），实体没有层次结构而概念有层次结构。地球和一个水分子是一样的，它们之间没有关系，只要谈论关系，就一定是大脑思考的概念层次的问题，而不是物质层面上的真实状态。所以，无论是多么复杂的计算，比如深度学习，最终都是转换为一维数据进行处理的，也就是最终都是在实体层面而不是概念层面上进行处理的。因此，从计算机处理层面上看，层次结构建立了知识的处理框架。

知识图谱是谷歌 2012 年提出的。由于谷歌将知识和图谱两个词组合在一起，人们以为知识就只有图谱一种表达方式，实际上谷歌的知识图谱主要是实体图谱，也就是描述平等实体之间的关联。但是在工程问题中，在分析现实问题时基本上都要划分出问题的复杂层次关系，因此知识图谱就很难直接用来解决工程问题。谷歌的知识图谱主要是用在扩散思维的领域，例如搜索，而在需要收敛思维的工程领域，例如寻找最优的钻井钻头和钻井液，知识图谱的应用有很大的局限性。

4.3　知识和本体的统一结构

知识能够表达人的思想与现实世界之间的关系，是人脑世界和现实世界之间的映射。狭义的知识就是人脑中的那些正确的直觉，与现实世界没有关系。但是，这些直觉本质上是人们在长期实践生活中不断验证的正确结论，这个不断验证强化知识的过程，本质上也是在现实世界对知识进行检验的过程。因此，人们应用知识看似是直觉，是从基因中来的，但是也是基因选择的。所以，直觉也是有一个假设检验的过程，而且这个过程永远不会结束。

无论什么形式的知识，本质上都是一种语言。因此，知识和本体的关系，就是一个层次关系。知识构建语言的层次关系，而本体构建现实中的实体关系。现实中的实体和知识体系的连接通过概念来实现。

知识体系包含人们大脑对现实的认知部分，也就是假设，以及认知落实到具体的实体部分，也就是检验。知识的目的就是验证所作的假设是否正确，就和牛顿万有引力一样，要通过特定的实验证明假设的正确性。

随着时间的推移，正确的结论不断被验证并得到强化，于是这个知识变成了一种先验正确的信仰，也就是变成了常识。所以，构建知识体系的时候需要考虑分层的概念和现实两个方面。

如图 4-5 所示，知识是通过验证形成的。但人们在应用时往往只引用最后的结论，或者把最后的结论当作知识，而忽略了结论之前的概念假设过程和实体验证过程，这是因为在知识的不同阶段人们关注点不同导致的。

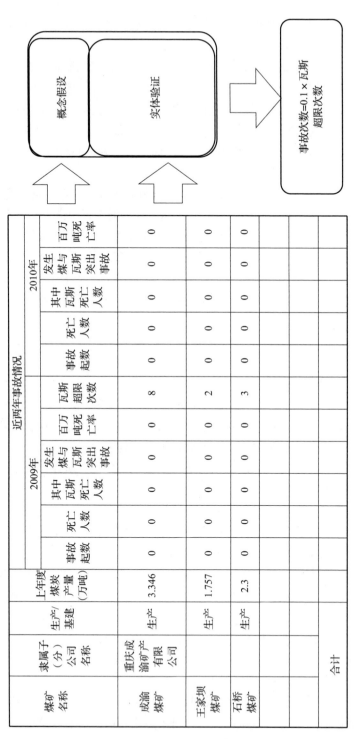

图 4-5 知识形成过程

近两年事故情况

煤矿名称	隶属子（分）公司名称	生产/基建	上年度煤炭产量（万吨）	2009年					瓦斯超限次数	2010年				
				事故起数	死亡人数	其中瓦斯死亡人数	发生煤与瓦斯突出事故	百万吨死亡率		事故起数	死亡人数	其中瓦斯死亡人数	发生煤与瓦斯突出事故	百万吨死亡率
成渝煤矿	重庆成渝矿产有限公司	生产	3.346	0	0	0	0	0	8	0	0	0	0	0
王家坝煤矿		生产	1.757	0	0	0	0	0	2	0	0	0	0	0
石桥煤矿		生产	2.3	0	0	0	0	0	3	0	0	0	0	0
合计														

概念假设

实体验证

事故次数=0.1 × 瓦斯超限次数

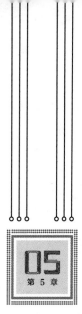

知识工程体系

体系，是指由若干相关事物或某些意识相互联系的系统构成的一个有特定功能的有机整体，如工业体系、思想体系、作战体系等。

关于体系，往大里说，宇宙是一个体系，各个星系是一个体系。往小里说，社会是一个体系，人文是一个体系，甚至每一学科及其内含的各分支均是一个体系，一人、一草、一字、一微尘，也是一个体系。大体系里含有无穷无尽的小体系，小体系里含有可以无穷深入的更小体系。

知识工程也是一个体系，它是以提高个人与组织竞争力，提升业务效率与质量为目标，由围绕业务过程进行智能化知识汇聚、发现与服务，并保证其持续运营的方法、技术、工具、管理机制等构成的有机整体。其中，知识体系是知识工程体系中基础的、关键的、核心的内容。本章在对知识工程体系进行介绍后，也会单独对知识体系进行阐述。

5.1 知识工程体系设计原则

5.1.1 整体性原则

整体性原则就是把研究对象看作由各个构成要素形成的有机整体，从整体与部分相互依赖、相互制约的关系中揭示对象的特征和运动规律，研究对象的整体性质。

整体性质不等于形成它的各要素性质的机械之和，对象的整体性是由形成它的各要素（或子系统）的相互作用决定的。因此它不要求人们事先把对象分成许多简单部分，分别进行考察，然后再把它们机械地叠加起来；而是把对象作为一个整体来对待，从整体与要素的相互依赖、相互联系、相互制约的关系中揭示系统的整体性质。

知识工程体系的整体性特征表现在两个方面，其一是确定性。知识工程体系的组成部分应是确定的。如果一个事物所包括的各个部分没有确定下来，即没有固定的组成部分，没有固定的边界，没有完整的形态，没有固定的特性，那么也就不具备整体性特征。当然，事物是永远在发展变化着的，任何事物都可看作是一个无穷集，但当事物运行至某一特定阶段时，事物的构成应是确定的，此时它又为一个有穷集。

知识工程体系的整体性特征所表现的第二个方面是完整性。如果一个事物所被确定的部分不能充分地代表事物整体，存在明显缺陷，那么该部分将不能反映事物的性质或者不具备应有的功能，也不能达到该事物运行的预期效果。很多企业在提到对知识的管理和应用时，要么侧重信息化技术和软件平台的作用和建设，要么将关注点完全放在"管理"上，这都是片面的、不完整的。因为知识工程体系涉及人、组织、技术、流程和工具等多方面。

5.1.2　相关性原则

事物不是孤立存在的，事物之间是存在关系的。在人们认识事物时，不仅要认识一个一个单一的事物，还要认识事物之间的相互联系和相互作用，即认识事物之间的相互关系。

建立知识工程体系时如果不能认识体系要素间的相互关系，就可能会忽视某些要素的存在，认为某些要素以及包括运作这些要素的组织不必规划在体系里。这将导致体系的不完整，也会影响体系整体性特征的表现。

5.1.3　有序性原则

序是事物的一种结构形式，是指事物或系统的各个结构要素之间的相互关系以及这种关系在时间和空间中的表现，即事物发展中的时间序列及排列组合、聚类状态、结构层次等空间序列。当事物结构要素具有某种约束性，且在时间序列和空间序列呈现某种规律性时，这一事物就处于有序状态；反之，则处于无序状态。

英国情报学家布鲁克斯指出：情报学的任务就是探索和组织客观知识。我国情报学学者刘植惠认为知识序化大致在三个层次上展开：初级序化、中级序化和高级序化。知识的初级序化是指对现有知识进行表面加工处理（分类、编目、文献检索）；知识的中级序化指对现有的知识进行分析研究、综合、预测以及建立知识信息模型；知识的高级序化指现有知识的变异，并产生新知识（发明、创造）。我们现有的知识序化仅是初级序化，还需要向中级序化发展。

由此，我们将知识分为抽取类知识、关联类知识和模型类知识三类，用于对知识有序性的一种阐述。

5.1.4　动态性原则

动态性特征有两种情况：1）事物会随着时间的推移而出现变化，不会一成不变；2）在一个时间里由于事物的不同，存在的情况也不同，即事物间存在差别和多样性，无法一概而论，更不能一刀切。此外，完成一项工作所经过的途径也可能不是唯一的，我们必须予以认识、掌握和调整。

知识工程体系整体或某一方面的适用性会随着情况的变化而发生变化。动态性特征要求我们不仅要对这些变化和差异建立认识，同时还要有区别地予以对待和处理。如某一知识工程体系经过一个时期的执行，情况有了变化，其适用性也发生了变化。这时就应当对体系整体或者局部实施调整，这就需要建立体系的动态评估和审核机制，建立相应的评测指标、考核制度，并依据评测数据建立不同的评估级别，发现不足，引导改进。

5.2　知识工程体系架构

根据上述设计原则，知识工程体系架构包括知识内容体系、知识服务平台、知识组织体系和知识运营体系。其中，知识组织体系是基础，知识内容体系是核心，知识服务平台是工具，知识运营体系是保障，如图 5-1 所示。

图 5-1　知识工程体系架构示意图

5.2.1　知识组织体系

没有规矩，不成方圆。如同数据需要治理从而实现有效组织管理和挖掘应用一样，知识同样需要治理。知识组织体系是对知识进行系统化组织的一套标准，其建设需要定义知识治理活动中必须遵照或参考的国际标准、国家标准、行业标准、企业标准以及规范制度、知识体系设计架构等。

在组织实施知识管理或知识工程中，知识组织体系包括对拟建项目有关的业务现状进行调研，明确知识的内容和应用需求，按照开展体系设计所依据的方法（如领域本体、面向对象），行业权威数据或知识模型（如石油领域的 SPBPM），结合行业专家的经验等。经过科学、系统化地组织设计企业的知识体系框架，为组织进行知识管理、应用知识奠定基础。

5.2.2　知识服务平台

工欲善其事，必先利其器。信息化早已成为业务开展的重要支撑手段，甚至已然成为业务活动的一部分。要做好知识资产的管理和应用，开展知识工程的建设与运营，软件系统是核心内容之一。软件系统需要能够支撑知识全生命周期的管理，需要能够与知识工程体系的"软"环境（如组织、制度等）进行协同，需要有相应的知识安全保障，需要不仅满足业务应用需求，而且还要好用、易用。

知识服务平台是实现知识全生命周期管理的支撑手段。通过工具信息化系统辅助管理人员实现高效的数据采集、知识产生、更新、运营管理，并为业务人员提供在业务场景中的知识获取、共享交流的便捷应用。

5.2.3　知识内容体系

知识工程的核心就是能够挖掘出用于指导业务活动改进方向的"杠杆知识"，实现知识业务化，业务知识化。

知识业务化包含两层含义：一是知识工程汇聚的必须是开展业务需要的知识，正所谓"内容为王"，我们要在实践知识工程的过程中，找到真正的知识，而不是又做出一套信息管理系统来；二是从数据/信息到知识的转换过程，实际上也是给数据/信息加上业务背景的过程，只有这样处理后的知识，才能够在业务过程中"随需而用"。

业务知识化，则是知识工程建设的目标。对于用户而言，其实不必细分是数据、信息还是知识，只需要关心知识工程能不能实现描绘的蓝图：在合适的时间把合适的内容推送给合适的人。

知识内容体系建设，要以业务应用为始终，开展业务分析，明确知识来源，设计应用模式，开展知识采集加工，并最终实现业务赋能。业务分析通常应用于

IT 建设（软件开发）中，它是连接业务和 IT 的桥梁。业务分析能够对业务需求进行引导，并对更加具体的层级进行分析；同时业务分析更加注重理解用户和业务，并设计实用性强的方法或工具，帮助业务人员掌握规程、结构和技术来支持和提升他们的工作，以此解决业务中的问题，抓住商业机会，从而取得显著的业务成绩。因此，业务分析是知识内容体系建设的基础。通过业务分析，明确每项业务活动需要的知识，对知识来源、知识形态、当前知识管理状态、知识应用形式和知识安全管理状态等开展分析；基于分析结果，设计知识采集加工方案，平台应用模式等；然后依托大数据、自然语言处理等技术，打通"数据—信息—知识"的链条，构建知识内容体系。

5.2.4　知识运营体系

知识工程体系的可持续需要知识运营体系进行支撑。知识运营体系包括安全策略、配套体系和知识运营等。

- 安全策略设计：对平台服务模式、应用安全、数据安全、内容安全、网络安全，以及安全审计等方面进行综合分析，制定安全策略，设计安全体系，并进行平台隐私侵犯与信息泄露防护技术的研究与应用。例如，对于不同的用户建立单独的数据库表结构，在物理存储上进行隔离，并保护应用期间的数据安全；在内容安全方面，将知识按照类型进行分级控制，对于个人知识、企业知识、行业知识，设定能够访问的人群，另外对于知识分享可控制到组织或人员。

- 配套体系设计：知识型组织的建设不仅仅是知识管理与服务系统的运行，更重要的是有一套机制能够引导员工的思维模式和行为习惯循序渐进地发生转变，直至形成新的思维模式和行为习惯。为此，知识运营体系的建设需要围绕着人和知识两个中心，开展流程建设、组织建设和制度建设，设计知识组织、制度流程、考核及激励机制、知识管理规范等。因为知识的管理和应用需要软件系统做支撑，所以一直以来，从数据管理到知识管理，均被认为是 IT 部门的职责。而实际情况是，对于知识的定义、业务规则，业务部门最清楚，而且业务人员也是最终用户。开展知识运营体系建设，就必须先清楚一点，即这是业务部门和 IT 部门共同的职责。值得一提的是，越来越多的企业开始重视知识资产的沉淀、管理和应用，一些企业高管团队中也产生了一个全新的职位——首席知识官（CKO），他是组织内知识创新战略的制定者和推动者，负责协同不同的组织开展知识资产的开发和利用。

- 知识运营：知识工程在企业内部的构建和应用，实际上是一个边建边用、以用促建的过程。在此过程中，不管是知识资源，还是知识体系的持续优化与拓展，都需要充分发挥企业各部门各角色的作用。我们可以借鉴互联网运营的思维，设计企业应用的运营体系，开展内容运营、用户运营、活动运营等。

5.3　知识工程体系中的知识组织体系

知识组织体系是对工程进行描述，从而挖掘出工程背后隐含的各种知识。

如图 5-2 所示，可从工程 / 业务视角（业务体系和对象体系）和自然语言处理视角（文献）来看知识组织体系。

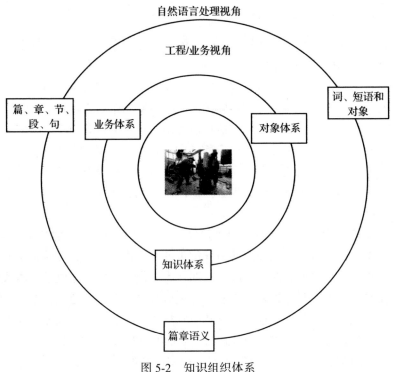

图 5-2　知识组织体系

5.3.1　业务体系

从自然语言处理角度看，业务体系对应的是篇、章、节、段、句的结构，而对象体系对应的是句子中的词、短语和对象等。对象和词只在认知层面上有区别，即语法和语义的区别，对象限于文字领域，词限于现实领域。它们在形式上都是字符，当词被赋予现实意义时，我们就说这个词是命名实体。

业务体系是实际工程开展的过程，一般用流程图表示，而流程图通常是单向层次结构的。当然对于具有返修情况的流程图会有网状结构。

业务流程和业务体系是一样的，只是业务流程强调时间上的顺序，而业务体系强调空间结构。但是任何业务都是在同一时空展开，因此业务既有时间属性，又有空间属性，两者之间并不矛盾。

业务流程管理（Business Process Management，BPM），是一种以构造规范化端到端的卓越业务流程为中心，以持续地提高组织业务绩效为目的的系统化方法。BPM 对其涵盖的人员、设备、桌面应用系统、企业级事务部门应用等内容进行优化组合，从而实现跨应用、跨部门、跨合作伙伴的企业运作。BPM 通常用互联网来实现信息传递、数据同步、业务监控和企业业务流程的持续升级优化等功能。显而易见，BPM 不仅涵盖了传统"工作流"的流程传递和监控的范畴，而且突破了传统"工作流"技术的瓶颈。BPM 的推出是工作流技术和企业管理理念的一次划时代飞跃。

业务流程管理的好处是节省时间金钱、改善工作质量，即优化企业的 CTQ（Cost-Time-Quality）。企业实现流程管理的基本途径是固化企业流程、流程自动化、优化流程、向知识型转变等。这些途径是为了消除人工操作环节，以提升自动化水平。

BPM 是企业的重要战略，战略是企业统领性、全局性的谋略和对策，是企业的发展目标和方向。被誉为"竞争战略之父"的迈克尔·波特曾论述，战略就是创建独特的价值定位。战略决定产品规划，战略指导资源配置，战略引导组织工作的重心，要确保战略实现，首先是战略必须落地，也就是建立一个切实可行的战略执行保障体系，而其中的业务流程是战略执行落地的核心枢纽，在整个战略执行体系中起到了承上启下的作用。企业的战略目标只有落实到流程上才可执行，即通过建立和企业战略目标一致的流程目标，使业务流程环环相扣，同时对流程目标与绩效体系进行有效关联，从而形成企业战略执行保障体系。

推进业务流程管理，实现战略落地可从以下几个方面展开：首先，对战略目标进行合理有效的分解，其中与各部门业务活动紧密关联是关键的第一步；其次，要实现战略落地，必须发挥业务流程管理的核心枢纽作用；最后，业务流程必须严格执行，动态管理，持续优化。

5.3.2 对象体系

对象是业务的最小粒度，对象体系和业务体系是对应关系，不同级别业务研究的对象不同，对象之间的关系很大程度上也继承了业务的层次关系。

工程中的对象体系一般由一个具有相互关联的本体来表达，这是通过传统数据库的 ER（Entity Relationship）关系直接转换得到的。E 对应着数据库中的各种表单，这个表单的名称是业务的，但是其主键或者索引是对象的，我们一般讲的对象体系是指业务的索引，而表中其他数据项是对象的属性。

工程中业务和对象是相互关联的，如图 5-3 所示。图 5-3 中有一张描述采气业务的采气日报表，知识是根据这张业务表挖掘出来的，例如最大产气量的井、各个井的产气量等。获得问题答案的过程是获得知识的过程，答案就是知识。

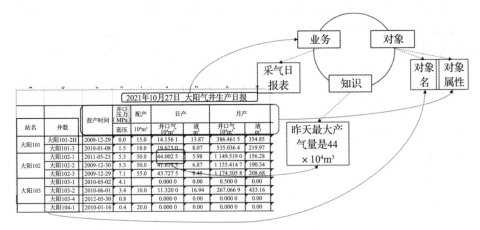

图 5-3　业务体系和对象体系之间的关系

5.3.3　知识体系

通常，知识需要在假设、采样、验证等阶段进行挖掘。当然知识挖掘有难易之分，简单的知识通过查询即可获得，复杂的知识需要经过深度挖掘才能获得。

知识挖掘是人的主动行为，具有强烈的目的性，也就是知识挖掘之前需要人先确定需求和目标（y）；然后再确定实体 x，这个确定的过程就是业务流程的分解。

知识体系是 $y = f(x)$ 中的 f，它不能单独存在，依赖于人的目标 y 和实体 x。

如图 5-4 所示，DIKW 模型中的知识层可以分为关联知识、流程知识和模型知识。它们分别从空间视角、时间视角和时空视角来表达知识的形态。

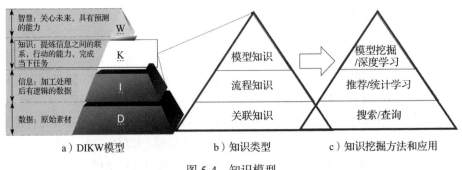

图 5-4　知识模型

对于应用而言，关联知识主要通过改进搜索来实现语义关联，需要建立与业务相关的知识库。流程知识主要通过简单的统计挖掘（例如推荐使用 SVG 算法）来实现知识与人的关联，并根据人的行为进行有目标的推荐。当然统计学习是最基础的学习方法，大部分的知识都可以通过统计学习得到。因为对于专业应用而言，数据量不大，专业性强，领域集中，无须寻求专业以外的大数据技术辅助挖掘，统计分析就足够了。知识模型一般具有时空特性，尤其当加入数据量巨大的文本、图像这两种素材后，小规模的知识模型无法刻画大的工程场景，因此需要采用深度学习的方法进行挖掘。

本小节以石油勘探开发知识模型为例说明知识模型的建立和挖掘。

所谓勘探开发业务的知识模型，就是对已有的勘探开发业务中的文献进行知识挖掘，为未来勘探开发业务开展提供支撑的数据和规则。

在知识管理语境下所说的知识加工技术主要指自然语言处理技术。自然语言处理技术也是一个计算 $y = f(x)$ 的过程，和任何一个数据计算的过程是一样的。在深度学习模型中，每个输入的字、词 x 都是一个数，输出为 y，而分类就是求出 $y = f(x)$ 中的 f，这个 f 是用深度学习模型来描述的。因为自然语言非常复杂，变量很多，只有大数据才具有统计意义，而大部分专业领域由于样本量不够，因此不能采用深度学习模型，只能采用字典或者规则进行匹配。

任何知识都用文字进行表达的，在勘探开发业务中，最直接的知识表达方式是各类报告。正如一个句子具有概念和实体一样，任何一份报告也具有双重性甚至是多重性。例如压裂设计报告，对于实施压裂业务的人员而言，纸面的报告都具有现实的意义，因此具有可操作性，是实实在在发生的业务过程；但是对于研究者或者知识研究者而言，他们将从各种压裂设计报告中寻找共性，这种共性或者重复性在工程上一般用一个文档模板来表达，由于模板是业内认可的共识，因此模板就是业务的知识。

但模板代表的知识只是概念层面的，相当于抽象表达式，并未赋值。当通过大量样本对这个模板进行赋值之后，勘探开发的知识模型就形成了。

同理，对于啤酒尿布的场景，真实发生的销售行为就是业务。而销售表具有双重作用，每一笔记录是一个样本，表头代表了抽象的模板或者知识，根据样本对系数进行赋值之后，最终得到的啤酒和尿布对业务的定量表达式就是商场销售中建立起来的销售业务的知识模型。

如图 5-5 所示，由于知识模型的加入，使得传统"数据模型→业务模型"的两层结构，转变为"数据模型→知识模型→业务模型"的三层结构。业务是通过知识与数据进行关联的，这一点符合实际场景，因为业务都是由人完成的，而人是通过他的知识完成业务活动的。

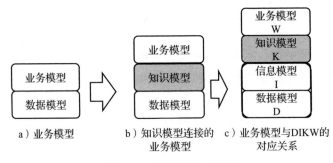

a）业务模型　　b）知识模型连接的　　c）业务模型与DIKW的
　　　　　　　　　　业务模型　　　　　　对应关系

图 5-5　知识模型的作用

常见的以面向对象的数据模型是一张表单，表单的表头罗列出所有相关的元素。因此，数据模型其实包含了"数据＋信息"两层。建立业务模型的最终目标就是实现企业的目标，归根结底就是提高经济效益，不管以何种语言来表达，这种以对人有益为目标的行为就是智慧，最符合智慧本真的意义。因此，业务模型就是发挥智慧的行为，属于 DIKW 中的智慧（W）层。如此，经过重构的勘探开发业务模型，实际上是一个从"数据模型→信息模型→知识模型→业务模型"的金字塔，和 DIKW 的层次完全对应。

如图 5-6 所示，不管什么样的业务应用，从知识加工的角度都可以分为"词级→句子级→篇章级"三个层次。需要说明的是，自然语言处理技术在理论和方法上集中在句子级的研究，例如所有的语义理论都建立在句子级，而篇章级的研究很少。句子级和篇章级的区别在于，句子级与位置无关，单个句子放在最后和放在最前没有任何差异，这就是 0 型语法的特征。但是对一篇文献而言，不同章节的同一个对象或者句子，其含义都是不同的，这就是前后文、上下结构之间具有相关的语言，从语法上属于 1 型语法，是自然语言处理技术中的难点。

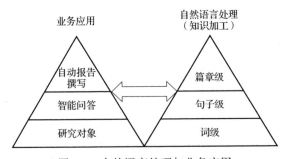

图 5-6　自然语言处理与业务应用

一个领域的专业知识之所以专业，是因为还有很多知识掌握在专家手里，非专家需要长时间的训练才能达到专家的水准。以测井解释为例，一个专家至少经过 10 年的解释实践，其解释结果才可以和实际结果达到 80% 的吻合，这里面融合了专家自己所有的知识，不仅仅是专业知识，更是某种直觉，难以言表，直觉或者潜意识就是知识隐性特征的根源。

数据模型和知识模型的关系就是专业模型和知识模型之间的关系，如图 5-7 所示，因为传统上专业模型都是通过数学物理方程描述的，一般又叫数据模型。对于专业分析软件而言，它基本上是一个数据模型，也就是有数据就能根据专业模型计算出专业的结果，比如测井解释软件。只要赋予软件数据，软件就能将参数 x 和结果 y 之间的关系呈现出来。

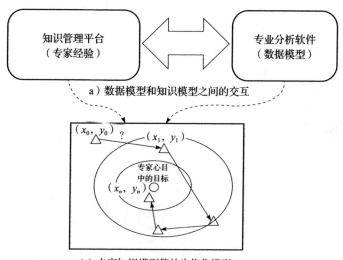

图 5-7 数据模型和知识模型的关系

但是大量的专业分析软件存在的问题是没有办法对得到的结果进行分析，从而指向更准确的下一步。而对于知识管理平台，专家不断调试参数的过程实际上就是专家完成从 (x_m, y_n) 到 (x_{n+1}, y_{n+1}) 的过程，也是一个优化的过程，但是专家选择下一步的依据没有办法用明确的表达式进行描述。

由此，知识管理平台的作用就是记录专家调试的过程，通过构建知识库实现专家的自动调试。由于每个专家的认知不同，在同样 (x_m, y_n) 的情况下可能会选择不同的 (x_{n+1}, y_{n+1})，这是正常的。但是最终专家知识的正确与否是通过实际结果进行校对的，所有专家的中间过程可能是不同的，但是结果应该是一样的，物质的结果具有唯一性。

如图 5-8 所示为基于数据模型和知识模型融合进行智能测井解释的技术路线图，用以实现图 5-7 的优化思想。专家通过与专业软件的交互使得专业软件也具有同专家一样的专业知识，平台自动记录专家的知识从而丰富系统的专家库内容。其具体过程如下：

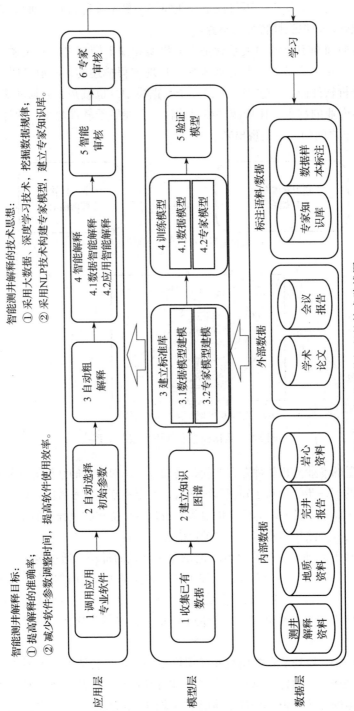

智能测井解释目标：
① 提高解释的准确率；
② 减少软件参数调整时间，提高软件使用效率。

智能测井解释的技术思想：
① 采用大数据、深度学习技术，挖掘数据规律，建立专家知识库；
② 采用NLP技术构建专家模型。

图 5-8 智能测井解释的技术路线图

1）专家不断调整参数，进行目标优化，即调整 (x,y) 的前后时序关系；

2）通过优化的目标函数对数据点构建一个语义框架，包括地层、岩层、储层，每层有对应的计算公式和参数；

3）基于符号动力学思想，实现数据文本化，实现对目标函数的特征描述；

4）采用 NLP 技术，挖掘专家知识，构建专家知识库。

采用符号动力学方法，对数据进行文本化，通过文本方法来描述专家的经验，这是该技术路线的特点。实际上，该技术路线是用文本方法统一对数据、文本进行建模。把数据看成文本、采用知识的方法进行统一的管理和应用是知识管理融合专业软件的第一步，未来将发展到采用图像识别的方法进行知识处理。

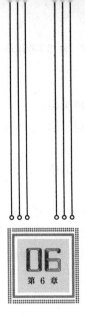

知识工程成熟度模型

知识工程成熟度模型既是对知识工程水平的度量，也指明了知识工程改进的方向。

6.1　成熟度模型的相通性

成熟度的起源，最早来自机械加工领域的制程能力，其发展历程如图 6-1 所示。

制程能力（process capability）是指一个制程在固定生产条件及稳定管制下所展现的品质能力。其中的"固定生产条件"包括设计的品质、机器设备、作业方法与作业者的训练、检验设备等因素。"稳定管制"指以上因素加以标准化设定并彻底实施，且该制程的测定值均在稳定的管制状态之下，此时的品质能力方能算作该制程的制程能力。

过程能力和制程能力是一样的含义，只是它是在 2000 年左右国内引入六西格玛（又称 6Sigma 或 6σ，一种改善企业质量流程管理的技术）之后，企业里面流行的一个术语。过程能力就是过程处于统计控制状态下，加工产品质量正常波动的经济幅度，通常用质量特性值分布的 6 倍标准偏差来表示，记为 6σ。

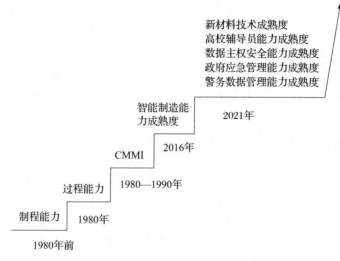

新材料技术成熟度
高校辅导员能力成熟度
数据主权安全能力成熟度
政府应急管理能力成熟度
警务数据管理能力成熟度

智能制造能
力成熟度　　2021年

CMMI　　2016年

过程能力　　1980—1990年

制程能力　　1980年

1980年前

图 6-1　成熟度发展历程

　　虽然过程能力与制程能力英文都是 process capability，但是过程能力的 process 是流程的意思，而不纯粹是机械领域中加工的意思。流程中人—机—料—法—环—测共同作用，使系统达到一种和谐的状态，这种状态体现为 sigma 的水平，而制程只是过程能力中"机"的部分。

　　CMMI 的全称为 Capability Maturity Model Integration，即能力成熟度模型集成，是 1980 年发展起来的，专门用于描述软件可靠性水平的指标。CMMI 是 CMM 模型的升级版本。SEI（Software Engineering Institute）在部分国家和地区开始推广和试用早期的 CMMI（CMMI-SE/SW/IPPD），随着应用的推广与模型本身的发展，CMMI 逐渐演绎成为一种被广泛应用的综合性模型。

　　过程能力主要还是用硬件或者实体的 Cp/Cpk（过程能力 / 有偏移的过程能力，k 是偏移系数）来衡量过程满足要求的能力大小。最早的 CMM 是纯软件的，但是软件的可靠性水平也依赖于硬件，因此在 CMMI 里不仅包含硬件也包括软件。如此，CMMI 就成为了后来所有成熟度模型 / 成熟度评估的参照模型。

　　以上这些成熟度都是企业或者行业行为，而智能制造能力成熟度模型是国家推动的能力模型。

　　2018 年，国家标准《智能制造能力成熟度评估方法》（20173536-T-339）发布，项目周期 24 个月，由中华人民共和国工业和信息化部（电子）提出并归口上报及执行，主管部门为中华人民共和国工业和信息化部（电子）。《智能制造能力成熟度评估方法》规定了智能制造能力成熟度的评估内容、评估过程和成熟度等级判定的方法。该标准适用于制造企业、智能制造系统解决方案供应商与开展智能制造能力成熟度评估活动的相关方。

2019 年全国 16 个城市开展了智能制造能力成熟度评估行动，这个活动还将持续推进下去。以了解国家智能制造的水平，为国家制定智能制造的政策、提升制造的水平提供参考依据。

2020 年以后，各种成熟度模型如雨后春笋般爆发。这说明国内接受了成熟度的理论和实践，成熟度分层评估的思想已经融入了人们的日常工作中。

6.2   成熟度是一个分层数学模型

相同结果的背后必然蕴含着相同的原因，所有成熟度基本都是一个 5 级的分层结构，其背后具有相同的形成机制。

成熟度本质上都是为了实现人所设定的目标，将人—机—料—法—环—测等全要素整合起来，形成一个系统。这种有人参与构建的系统就是一个典型的复杂系统，而复杂系统的结构是一个分层结构，所以，成熟度也是一个分层结构。

为什么大多数成熟度模型都选 5 级？的确有少数成熟度模型采用 9 级，例如技术成熟度模型。虽然没有明确的理论依据，但是由于成熟度是一个难以明确界定、无法用卡尺进行精确测量的指标，需要人为打分才能确定，而人为打分与人的感觉有直接的关系，因此可以说是受到了李克特 5 级量表的直接影响导致的。

李克特量表（Likert scale）由美国社会心理学家李克特于 1932 年制定，是评分加总式量表最常用的一种，属于同一概念的项目用加总方式来计分，单独或个别项目是无意义的。该量表由一组陈述组成，每一组陈述有"非常同意""同意""不一定""不同意""非常不同意"五种回答，分别记为 5、4、3、2、1。每个被调查者的态度总分就是他对各道题的回答所得分数的加总，这一总分可说明他态度的强弱或他在这一量表上的不同状态。

6.3   知识工程成熟度描述

如前所述，从企业角度看，知识管理（KM）和知识工程（KE）其实是不可分的，KM 重在基础建设，KE 重在联系用户实践，也是 KM 的最终目标。二者都会给客户提供软件系统，但企业文化的转变却远远不止是软件交付，还要包括大量实施的内容，这些都是系统工程。企业实施的范围、效果不同，对于企业的助力也大相径庭。

为了有效地评价一个企业实施知识管理或知识工程的效果，本书建立了一套评估模型：知识工程成熟度模型（Knowledge Engineering Maturity Model，KEMM）。如图 6-2 所示，它分为 5 级，1～3 级重点在 KM 建设，4、5 级重点在 KE 建设。二者是同样目标的行动在不同阶段的表现，由此，我们下面将这二者统一称为 KE。

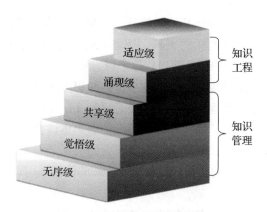

图 6-2　知识工程成熟度模型

这 5 个级别的具体含义见表 6-1。

表 6-1　KEMM 的 5 级含义

成熟度等级	名称	含义
1	无序级	没有知识管理和应用的意识，信息记录混乱
2	觉悟级	组织领导具有一些知识管理和应用的意识，组织有比较固定的流程，流程中有比较规范的信息记录模板，具有一些孤立的信息系统
3	共享级	组织具有描述流程的标准、程序、工具和方法；流程已经电子化，并在各个流程之间有效地共享信息
4	涌现级	在组织和项目中建立量化指标，并确立达成的目标。在不同流程之间实现协同，并不断取得协同的效果，不断有新知识涌现，并被应用于流程和组织管理中
5	适应级	建立了能够根据外部环境变化，自动挖掘全流程和全组织的知识机制，自动确定流程需要改进的位置和指标，并得到有效的解释和验证

　　如表 6-2 所示，当企业所处的级别不同，客户进行知识管理的能力不同时，知识对于企业运营的支撑能力也不同。级别越高，客户理解知识、运用智慧的能力越强，企业对组织的管理能力和预测能力也更强，从而能够获得更高的生产率和更好的效果。

表 6-2　KEMM 的各级特征

维度	1 级	2 级	3 级	4 级	5 级
	无序	觉悟	共享	涌现	适应
知识产生 / 管理 / 应用方式		手工	机器	半自动	全自动
应用业务范围		单活动	单业务流	多业务流协同	外部环境协同
影响业绩		员工	流程	产品服务	财务收益
影响组织范围		部门	事业部	整个公司	公司内外
应用领域		专业	行业	跨行业	全球各领域

举一个简单的例子，同样是计划管理，小微企业也许只需要口头管理就行；稍大一些的企业就必须用简单的工具，例如 EXCEL 文件来管理；更大更复杂的企业就必须使用一些专业的任务管理软件来进行协同办公。这些不同的管理手段，也许都能够满足企业本身的基本管理需求，但是更多更深的信息，靠人的记忆是不能存储长久的，会有信息损失。虽然依靠 EXCEL 管理，文档归档能够保存信息，但是想要做信息分析、知识挖掘，付出的努力也许会比得到的价值更大。相比而言，自动化办公软件，就可以按照经营者的需求进行设计，挖掘分析信息背后的知识，用于改进企业的经营，这就是"额外的价值"。

6.4　知识工程成熟度刻画了工程师的能力

美国心理学家马斯洛在 1943 年其著作《动机论》中提出了需求层次理论，认为人的需要可以分为五个层次，它们依次是：生理需求、安全需求、归属需求（包含爱与被爱，归属与领导）、尊重需求和自我实现需求。

任何工程都需要人才能完成，人是所有工程无可替代的主角，因此知识工程成熟度反过来又提出了对人的要求。这些要求可以通过马斯洛需求层次理论进行描述，如图 6-3 所示。

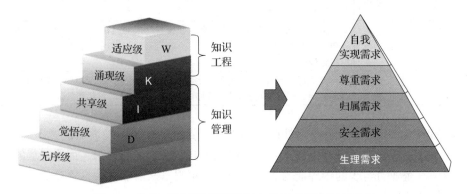

图 6-3　知识工程成熟度模型与人的需求层次间的关系

例如在知识工程共享级，人们需要有归属感，需要具有集体主义的服从精神；而到了知识工程的 4 级涌现级，就需要人之间相互尊重，尊重是一种强烈的自我意识，有独立思考的能力，具有独创精神。也即，知识工程的每一级别，都需要参与的人具有满足相应级别需求的能力。这一点为知识工程人力资源提供了理论支撑，因为人力资源是知识工程中最重要的不可或缺的资源。

技术篇

　　弄清围绕工业知识的基础概念和体系架构之后，我们接下来就开始从技术层面来讲讲工业知识从各种源头的采集，到加工或表达为被人或计算机所能理解的知识，到工业知识的软件化模型化直至平台化，形成面向工业应用的知识工程平台，最后基于知识平台进行工业知识的应用与创新的整个过程，本篇将对各个阶段所用到的技术、工具和相关方法展开详尽的介绍。

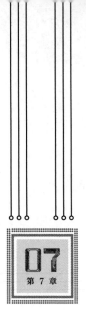

第 7 章

工业知识采集

本章将介绍工业知识的采集，目的是先把面向未来工业应用所需要的知识全部采集并汇总，为未来的使用提供方便。

7.1 工业知识的源头

首先，我们看看工业知识都存在于哪里，是什么形态，再来说用什么工具、技术和方法对知识进行采集。

我们将工业知识简单地分为以下三大类：物化知识、显性知识和隐性知识。

1. 物化知识

从狭义上讲，物化知识就是工厂里的生产设备、资源、工具、物料，以及企业产品本身体现出的知识属性。比如，在 20 世纪 70 年代我们通过打开步话机使分析人员学到了很多步话机组成和原理的知识。工业上尤其是工厂里，物化知识比比皆是，需要用好这些本身携带知识的资源体。

2. 显性知识

显性知识主要指用概念、文档、图表、公式、语言文字表达的知识。在传统企业中，显性知识是企业知识中最重要的内容和形式，也是可以转化为信息（bit化）的知识。

3. 隐性知识

企业有很多"只可意会，不可言传"的知识，以及涉及文化方面的知识，这一类知识都是"隐性知识"。比如，有些工作需要师傅手把手教徒弟；有的是用同样的步骤和方法，这个人能办好，换个人就办不好等。这类知识都属于隐性知识。隐性知识写出来就变味了，所以隐性知识代表着专家或实践经验，也与智慧的距离最近。

企业的各类知识是动态的，有生命的。知识会不断新增，也有很多在逐渐衰退。企业除了从外部和内部导入很多新的知识，同时在日常的生产实践中也会产生大量的新知识。在企业市场、资源、环境变化时，很多老的知识、用不上和不能用的知识逐渐退出企业的知识库。比如，过去企业实施有计划的大规模批量化的生产模式时，MRP（物料需求计划）、丰田生产等管理工具和知识是非常有用的，当生产模式从规模化批量生产转为定制化生产模式时，这些知识可能就不好用了，所以才产生了柔性制造、按单生产、快速反应等管理方法。因此，关于各类知识的采集是定期增量进行的，同时也要做好知识的全生命周期管理，确保新的知识不断加入，老旧知识更新迭代。

表 7-1 所示为工厂知识列举，工厂的知识可能 90% 以上都在现场执行领域。从系统科学的角度分析，由于这个领域系统的边界有限，多属确定性问题，所以知识的显性化程度很高，对知识的采集和管理应用相对容易。从现场执行领域再往上走一小步，就进入了不确定性领域和复杂系统，在这些领域的知识管理和知识自动化就显得异常艰难。很多情况下，人的经验（隐性知识）在发挥主要作用。

在企业战略管理层面，显性知识的作用已经不那么重要了。在这个领域专家系统也不会发生太大的作用，而更多地是依靠基于知识的应用。

表 7-1　工厂知识列举

	显性知识	隐性知识
长期规划领域	组织结构与管理流程	● 企业高层对国际、国内、政治、经济、技术、文化以及相关产业发展的认识
	市场规划	● 高层领导的境界、洞察力 ● 企业文化

（续）

	显性知识	隐性知识
中期计划领域	产品设计研发规范 车间和供应链的产能估算 客户及市场现状和预测 现金流分析 过往订单盈利和交付情况	● 专家经验
短期调度领域	人力资源能力和动态 设备资源现状和预测 操作行为标准和习惯	● 专家经验
现场执行领域	广义：与产品、制造、市场相关的所有社会、经济、技术、文化知识	● 专有技术
	狭义：产品的结构、功能、工艺、工序、设备资源性能	● 工匠技巧
	专利和知识产权	● 销售能力
	操作流程	● 人际关系

7.2　工业知识的采集过程

知识采集又名知识获取，在这个过程中主要是对各类知识的收集和分类。知识采集的范围非常广泛，从早期的直接从原始资料（人类专家和书面材料）中采集知识，到中期的从知识素材中提炼规律性知识，再到后期的通过实践检验修正知识，经历了无数次周而复始的循环。

知识采集的任务是从知识源抽取知识，并转化为计算机易于表达的形式。为了加速知识采集的进程，人们开始从不同角度研制知识采集的方法和工具。

按照国标GB/T 23703的定义，知识采集是一种组织行为，是将外部知识转变为计算机可以处理的知识表达形式的过程，如将计算机无法处理的pdf或者图片形式，转变为可以编辑的文本形式的过程；是将某种知识源中的信息抽取出来的增值活动，如按照业务的需求，对文本追加业务标签，分析文本中的对象和概念等；是整个知识工程的前端活动，也是整个知识工程的出发点，所有知识的存储、加工、管理和应用，都是建立在采集获取的知识的基础之上。

知识采集的目标在于将产品、项目、员工、社会创造的知识，按照面向企业增值应用的方式有机地整合起来，其价值与意义非常重大。对企业而言是构建企业核心智力资产，对员工而言可以在正确的时间将正确的知识传递给正确的人，加速知识流动与共享，形成良性的知识生态系统。

知识采集通过对信息数据的获取和清洗处理，为下一阶段的知识加工提供半成品的知识原料。首先通过知识采集将企业内外部各种数据源系统中的文档和数据集中起来，然后进行知识加工成为业务人员需要的知识，最后以计算机可以识别的方式进入知识库或模型库。

知识采集的具体过程主要包括如下三个步骤：

（1）确定知识资源的需求和源头。工业知识资源如 7.1 节所述，主要分为物化知识、显性知识和隐性知识三大类别。针对知识形态又可分为多种类型，如成果报告、试验数据、工艺规程、经验案例、专利、舆情等。每种知识类型通过未来知识应用的模式和情景确定最终需要展示给用户的知识模板，通过知识模板确定对知识资源的需求，以及这些知识资源存储或存在于哪些源头。

（2）确定知识资源的采集途径及模板。根据不同的知识类型和源头，如设备实时数据、Web 资源、关系数据库、专业文献库等，梳理相应的数据源；针对每个数据源系统确定需要采集的知识资源内容，包括采集的属性、需要加工的属性和相应的采集模板规范。

（3）确定知识资源的采集方式并完成实现。不同类型的数据源，具有不同的技术特点，需要不同的技术手段来实现，需要根据数据源的具体情况，确定知识资源采集方式和具体技术，并开发相应的功能以支撑采集技术的实现。

7.2.1　知识资源的采集需求

知识资源采集需求的获取，包括分析工业过程的业务模型和梳理知识来源。

分析业务模型是根据工业过程中知识应用的场景和需求进行调研与分析，确定工业过程的业务模型及应用的知识。这一步骤需要解决的问题是：我们重点关注的业务是什么？在每个业务活动中需要的知识是什么？在实践中，业务分析的过程是：业务流程梳理→业务活动梳理→业务知识梳理。而企业业务运营总是遵循一定的流程，因此我们就可以从业务流程入手，按照流程三要素来梳理其知识需求，包括业务过程、工具和人。

梳理知识来源能够明确所需知识的源头在哪里，了解当前的管理状态，并为信息集成和知识挖掘定义需求。它需要解决的问题包括：知识是什么？来自哪里？形态是什么？数量多少？如何管理？如何应用？其他系统如何获取这些信息？信息更新的频率？这些信息可以集成后直接使用，还是需要经过处理才能满足用户的应用需求？

通过对业务需求的分析，知识资源采集会涉及相关单位，主要包括数据源系统主管单位、数据源系统运维单位、数据源系统开发单位、企业知识应用单位。知识资源采集所涉及的数据源系统的相关方在集成建设过程中会有自己的想法和要求，因此我们主要阐述以下四个相关方对于知识采集过程的业务需求。

1. 数据源系统主管单位

- 采集工作不能严重干扰本数据源系统的正常运行；
- 采集工作不能篡改、删除和破坏本数据源系统的数据和文件内容；
- 采集工作访问本数据源系统的数据和文件内容必须符合本数据源系统的安全性和保密性的要求。

2. 数据源系统运维单位

- 采集工作的物理部署不能影响本数据源系统的应用服务器、数据库服务器正常运行；
- 采集工作的网络安全性要符合本数据源系统的网络完全要求；
- 采集工作不能占用过大的网络带宽；
- 除去正常的服务器、网络、系统软件和应用软件的维护，采集工作不应该加重数据源系统运维单位的维护工作量。

3. 数据源系统开发单位或其供应商

- 采集工作方式不能破坏和影响本数据源系统原有的系统架构；
- 采集工作的数据访问不能破坏和影响本数据源系统原有的数据结构；
- 采集工作的接口不能随意更改和增加，如果因未来知识平台的需要，必须修改接口，需要得到数据源系统开发单位的同意，并形成版本管理。

4. 企业知识应用部门

- 按照知识模板的要求，针对每一个具体数据源系统，制定相应知识采集模板；
- 满足企业安全性等其他方面的要求。

经过上述综合分析可以得到最终需要进行知识采集的企业内外部数据源系统的清单以及其详细的信息。通常情况下，数据源清单既包括企业内部的各类管理系统，也包括企业外部来自互联网的各类专业网站，根据需要也可以包括各类生产系统的实时数据。如表 7-2、表 7-3 所示是常见的两类数据源系统采集清单，可以作为数据源系统采集清单的模板应用。

表 7-2 数据源系统示例——某油田地质资料管理系统

类型	有源文件
业务内容及范围	主要用于对地质资料的管理和查询，包括地质资料案卷、目录、图片、全文，地质图库，各个油田的资料等
有无业务数据	有
业务数据的形式	数据库结构化数据
有无文档	有

（续）

类型	有源文件
文件格式	PDF、PPT、WORD、EXCEL、TXT、GIF、JPG、TIF 等
是否需要文件分割	否
有无元数据	有
有无密级	有
主管单位	地质资料中心
运维单位	信息中心
有无业务对象描述	有
业务对象描述方式	数据库表中字段

表 7-3　数据源系统示例——企业外部某期刊数据库

类型	无源文件
业务内容及范围	电子期刊科技论文的检索与阅览，包括中国学术期刊网络出版总库、中国优秀硕士学位论文全文数据库、中国博士学位论文全文数据库
有无业务数据	无
业务数据的形式	非结构化数据
有无文档	有
文件格式	PDF、CAJ、HN、KDH
是否需要文件分割	否
有无元数据	无
有无密级	无
主管单位	档案管理部门
运维单位	档案管理部门
有无业务对象描述	无
业务对象描述方式	数据库表中字段

7.2.2　知识资源的采集模板

明确知识资源采集业务需求之后就需要转换为知识资源采集的系统需求，这个过程属于企业知识体系设计的一项工作。知识体系即知识的系统化、组织化和有序化，是根据业务分析和数据源调研的成果，来设计企业的知识体系框架，形成系统的 DIKW 模型。

具体内容包括与企业的业务专家沟通，明确在业务活动的场景中，用户最期望得到的知识内容和应用方式，设计企业的知识体系：由知识应用需求，设计知识分类和知识关联；由知识内容需求和分类、关联的设计成果，设计出具体的知识模板；由知识资源采集的业务需求和知识模板的内容，设计知识资源采集模板。

其中对于知识资源采集的系统需求来说，最重要的成果就是每个数据源系统的知识资源采集模板。知识资源采集模板的制定原则如下：

（1）数据源系统中存在的原始业务属性，在知识模板中有需要采集的体现，即作为采集模板的一项内容。

（2）采集模板中需要去掉知识加工产生的内容，如知识类别等，只有在数据源系统中没有的内容，在知识模板中才会补充形成；加上数据源定位信息，如数据源系统名称、管理单位等，和数据源系统描述信息，如密级、权限等。这些信息主要是帮助业务人员知道如何申请查阅源文件，这些内容一起构成了知识资源采集模板的全部内容。

7.2.3　知识资源的采集实现

前两个阶段都是知识采集需求分析的过程，最后需要通过 IT 技术将其软件化并实现落地。

在工业企业知识平台建设项目中，会涉及企业内外部各种数据源系统，存在多样、复杂、技术不统一、内容不统一等多种现状问题。所以知识资源的采集需要能够适应多样化的信息源类型和数据内容的变化，灵活配置信息源和进行数据采集，以及实现采集过程的可视化控制和采集内容的按需定义。

根据采集数据源多样性的特点，知识资源的采集工具需要具备以下功能，包括：采集范围在通用采集主要针对网页采集的基础上，增加对各类数据库、文件服务器的采集，使采集范围更广；能够进行定时、断点续采等特色采集；采集后处理功能能够对信息资源存在的杂质信息进行数据清洗，以提高数据质量。

知识资源采集技术实现的业务逻辑包括三个方面。

（1）采集前：采集源和采集任务配置，根据知识的要求和采集源数据的内容、采集模板来按需定义和配置，并按任务的方式来组织采集的信息资源。

（2）采集中：执行采集和过程处理，配置好采集任务之后，数据就按照任务的内容来进行采集和管理。

（3）采集后：数据清洗和补充校验，确保采集的数据质量。

7.3　工业知识的采集技术

根据不同的采集源头和知识资源类型，需要采用不同的采集技术进行实现，具体包括数据库采集技术、网页采集技术、文档采集技术和专家知识采集技术。

7.3.1　数据库采集技术

数据库采集技术主要采用的是 ODBCConnector（一种数据库驱动技术），专门负责将数据源系统数据库中的数据表或视图中的内容抓取下来，按照系统元数据的配置，将数据整合成 idx 或者 XML 格式。

ODBCConnector 的抓取过程主要分成三个步骤：

（1）ODBCConnector 按照系统元数据的配置执行，将所有采集任务里罗列的表单数据抓取到本地采集服务器。

（2）ODBCConnector 将采集的数据按照系统元数据配置的格式模板（即信息采集模板）生成 idx 或者 XML 格式文件。

（3）将 idx 或者 XML 格式文件分批上传给装载器，上传的方式可以是在线或离线。

ODBCConnector 具有的采集功能：

（1）增量采集，第一次信息完全采集之后，ODBCConnector 即不再对所有数据进行采集，会根据采集日志的状态，来对新增、删除或者修改的数据库信息进行增量同步。ODBCConnector 支持用户自定义采集策略和规则，如按照表字段、视图内容、多表联合、循环间隔、采集时间等规则对数据库进行信息采集。

（2）自动采集，ODBCConnector 可以作为系统进程或者后台服务运行，按照用户设定好的规则，自动完成采集任务。ODBCConnector 支持 SQL 语句的调用，可使用 Select、Where、Like 等语句对采集范围进行限制。

（3）支持大字段格式，ODBCConnector 支持数据库中的大字段内容，支持对数据库中存放的各类文档（如 PDF、Office、Html 等）的内容进行抽取和处理。

（4）支持多表联合，可以从多个关联表中整合数据条目并进行数据采集。

（5）支持并发采集，用户可自定义多个采集任务同时进行，提高采集效率。

（6）支持分布式采集，用户可根据数据库分布情况，部署分布式的 ODBCConnector 模块。

ODBCConnector 主要包含三种配置文件：主配置文件、任务配置文件和任务数据模板。这三种配置文件可以人工修改，也可以由数据源集成的管理与操作服务在运行时根据系统元数据动态地修改。

（1）在主配置文件中，可以定义 ODBCConnector 的采集任务，而且任务可以是多个。主要配置内容包括：任务名、任务涉及的数据库服务名、连接用户名、密码、IP 地址以及任务的配置文件名等信息。

（2）在任务配置文件中，主要定义采集的类型，配置抓取文件附件的路径，目标表单名或视图名，设置主键、select 语句、where 条件等，并指定采集后的数据使用的任务数据模板文件。

（3）在任务数据模板（html 或 idx 后缀）文件中，主要包含各个标签的名称和数据表或数据视图的对应字段。

这三重配置层次清晰，各司其职，按照用户和系统的需要，将格式化的数据信息采集到本地服务器。

下面，从数据处理的逻辑来分析，能够更好地说明 ODBCConnector 的工作流程。

首先，DBConnecor 通过 DSN 或 JDBC 的方式，连接到 SQLServer 数据库，将数据库表中的内容插入到任务数据模板对应的标签条目中，以文件的形式存储在本地临时文件夹中。

然后对临时文件夹中的文件做配置文件中指定的后期处理，将临时文件中的内容做出需要的调整之后，生成 idx 文件。

最后 ODBCConnector 将 idx 文件上传至装载器。

ODBCConnector 作为一个采集层，是一个非常重要的角色，它能够根据配置，调整数据内容，满足灵活的数据需求。

7.3.2　网页采集技术

网页采集技术，通常采用的是爬虫技术。爬虫又称网络爬虫（Web Crawler），是按照给定的规则在互联网上抓取信息的程序或者脚本，是一种自动采集网页页面内容，以获取或更新这些网站内容的网页采集技术。

知识资源的网页采集技术，主要选择的是其中的聚焦网络爬虫（Focused Crawler），又称主题网络爬虫（Topical Crawler），是指选择性地爬取那些与预先定义好的主题相关页面的网络爬虫。和通用网络爬虫相比，聚焦网络爬虫只需要爬行与主题相关的页面，极大地节省了硬件和网络资源，保存的页面也由于数量少而更新快，还可以很好地满足一些特定人群对特定领域信息的需求。聚焦网络爬虫的工作流程较为复杂，需要根据一定的网页分析算法过滤掉与主题无关的链接，保留有用的链接并将其放入等待抓取的 URL 队列；然后，它将根据一定的搜索策略从队列中选择下一步要抓取的网页 URL，并重复上述过程，直到达到系统的某一条件时停止。另外，所有被爬虫抓取的网页将会被系统存储，进行一定的分析、过滤，并建立索引，以便之后的查询和检索；对于聚焦网络爬虫来说，这一过程所得到的分析结果还能够对以后的抓取过程给出反馈和指导。

典型爬虫实施路线如图 7-1 所示。

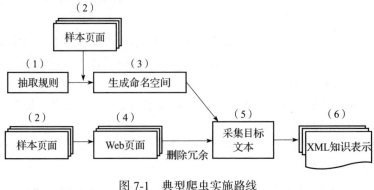

图 7-1　典型爬虫实施路线

很多时候，业务专家和知识工程师对于知识资源采集目标的认识会有不一致的情况，所以需要解决三个主要问题。

（1）对抓取目标的描述或定义。

（2）对网络或数据的分析与过滤。

（3）对 URL 的搜索策略。

分布、异构、动态和庞大的信息资源整合是爬虫技术的难点。近年来，网络以令人难以置信的速度发展，越来越多的机构、团体和个人在 Web 上发布和查找信息和知识。但由于 Web 上信息资源有着分布、异构、动态和庞大等特点，导致网络上数据的信息接口和组织形式各不相同，并且 Web 页面的复杂程度远远超过文本文档，人们要想找到自己想要的数据犹如大海捞针一般。

在爬虫的实现过程中，一个现实的问题是要克服反爬机制。一般开放的网站也具有一定的反爬能力，这在现实限制了知识的传播，但积极的意义是保护了知识产权。对于互联网的公开免费原则和知识产权保护原则，需要在二者之间找到一个平衡点。

当然随着新技术的发展，网页反爬机制的升级，爬虫技术也会升级改造。所以知识资源的采集是一个长期运维的过程，需要根据实际情况不断更新采集机制和技术功能。这是企业知识平台建设中的一个显著特点，目的是保障知识资源能够常用常新，知识平台中的知识能够持续保持鲜活的状态，这符合知识全生命周期的理念。

7.3.3 文档采集技术

文档采集技术通常使用文档采集器（File Connector），它能够采集所有常用的电子文档文件，支持 word、xls、ppt、pdf、htm、txt 等多种格式文档的自动扫描、自动数据采集，甚至包括各种压缩文件，如 zip，rar，tar 等。对于命名错误或者后缀错误的文档，它还能够自动地识别编码和语言类型以及文档格式。其主要功能包括：

（1）按照目录形式或者列表形式对文档进行分类组织，分类层次可以任意定制；

（2）对目录下文档进行自动扫描，并将目录作为文档分类标引项自动提取；

（3）对于一些标准格式文档，可以自动提取一些特征值，如标题、作者、单位、摘要等作为元数据标引项；

（4）实现对文档正文内容的自动采集、转换编码，并与元数据合并形成标准的中间内容格式，索引到内容处理引擎。

其操作流程如图 7-2 所示。

图 7-2   文档采集流程

7.3.4   专家知识的采集

所有的知识本质上都是人的知识，主要是专家的知识。由于专家知识某种程度上是专家对某个领域的超前直觉，源自人的意识，而人的知识起源到现在为止尚没有定论，是一种复杂系统的涌现效应，无法预测也很难描述，这给专家知识的获取增添了困难。这也是专家系统发展困难的原因，因为永远无法找到足够合理的变量来描述专家对一个实物的认识。

由于专家一般难以表达他们的知识，这些知识或者不完整、太过于一般化或者太过于特殊化，有意或者无意地忽略了一些重要的规则，又或者是不同的专家的意见是不一致的，以及口语化、领域化的表达，都限制了专家自主地表达他们的知识；另外知识工程师与领域专家之间没有共同理解的先验概念和表达这些概念的共同语言，这也使得专家知识采集尤其困难。

专家访谈是获取专家知识的一种有效的方法。

首先要确定访谈的主题，这主要根据知识密集程度进行区分。知识密度是知识管理的基本指标，用来衡量完成一件知识工作所耗费人力的多少。比如，如果一项研究搜集资料的时间是 10 小时，而进行另外一项研究搜集有效资料的时间只需要 1 小时，那么前者的知识密度就更高。而知识管理的目标，就是将这需要大量人工进行的知识工作，至少降低 10 倍以上。总之，哪里人多、哪里进度慢、质量差，哪里的知识密度就高，哪里就需要知识管理去解决这个薄弱环节。

其次是确定有代表性的专家。选择专家就是选择样本，需要保持样本的平衡性，以保证最终得到的结果具有公正性。与一般消费者关于某件产品的消费体验的访谈不同，知识管理访谈的专家都是某一领域颇有建树的研究者，这个资源比一般的消费体验更难得到。

最后要确定访谈的形式。一般采用单独拜访的方式，就和记者访问一样，把预先准备好的问题清单发给访问者，约好时间，然后进行专题访问。一定要当面拜访的原因是文字表达知识往往是苍白的，需要了解专家其他的信息，比如声音、语调、身体语言等，以得到专家对这个专题的真实见解。是否允许录像、录音，是否有知识产权问题等，也需要在预约的时候确定清楚。

利益相关者也是专家的一部分，他们代表了产品未来上下游的知识，一般采用工作坊的方式集中进行访谈。

7.4　工业知识的采集工具

一个适用性强的知识资源采集工具通过灵活配置，可以直接适应企业内外部80% 以上的数据源系统的采集工作。具体需要的采集工具功能清单如表 7-4 所示。

表 7-4　知识资源采集工具功能清单

	网页采集	数据库 / 文件采集	资源管理
采集系统	同 / 异步采集	Oracle 采集	节点管理
	图文采集	SQLServer 采集	节点监控
	源码采集	MySQL 采集	任务管理
	纯文本采集	单 / 多表采集	任务控制
	断点续采	单 / 多视图采集	
	定时采集	文件采集	
	增量采集		
	文件采集		
	登录验证		
数据系统	数据管理	数据分析	
	数据清洗 / 数据导出	完整性分析	
接口管理	开放接口	文件接口	任务接口
	数据接口	用户接口	

知识资源采集技术实现的三项业务逻辑具体阐述如下。

1. 采集前：采集源和采集任务配置

根据企业知识平台建设对于知识应用的要求，结合具体数据源系统的特点来定义每个数据源的采集内容，即形成信息资源的采集模板；对各数据源五花八门的原始知识进行过滤，使得每个数据源采集来的数据在形式上、内容上更接近知识本身。

正式采集前，需要将这个过程在软件工具系统中进行实现，这个阶段称之为采集源和采集任务配置阶段，即根据知识的要求和采集源数据的内容、采集模板来按需定义和配置，并按任务的方式来组织采集的信息资源。

采集方式包括数据库采集（可以采集二进制字段和附件链接等）、网页采集（可以采集附件、图片、公式等）、文件服务器采集等。

2. 采集中：执行采集和过程处理

配置好采集任务之后，数据就按照任务的方式来进行采集和管理。采集过程如下所述。

（1）采集属性：可以按需定制，即按照不同的信息资源采集模板来定义和配置。

（2）采集时间：通常情况下推荐在网络资源和计算资源比较空闲时进行数据采集，同时需要注意数据源系统对于数据采集的限制时间和限制方式，配备定时采集功能可以应对资源使用问题，这样可以自由设置在合理的时间进行采集。

（3）数据增量：对同一个数据源进行数据采集的过程中，常常会遇到该数据源又产生了新的数据的情况，这时我们就需要用到增量采集的功能，将新数据也纳入采集的范围，如此就不用再重新配置采集任务来获取新产生的数据，从而减少重复的劳动量。

（4）网络或其他环境的不稳定：同一个采集任务的采集过程会持续一段时间，甚至有数据增量时采集窗口时间会大大增加，如此在网络或者其他环境不稳定的情况下会导致采集中断，因此需要断点续传功能，可以接着断点继续往下采集，而不用从头开始采集，大大减少了工作量和采集时间。

（5）支撑多版本文档的存储。

3. 采集后：数据清洗和补充校验

如果说采集是有选择的数据搬运过程，那么采集后的数据清洗工作则明显地提升了数据的质量。由于数据源的多样性以及不同数据源数据的质量参差不齐，导致采集得到的数据或信息资源常常包含很多杂质内容，这对于后续数据的应用有很大的不便，所以需要根据数据的杂质内容进行数据清洗。

数据清洗的工作可以借助于清洗工具来定义具体的清洗规则，可以多条件组合清洗。如对于一批相类似情况的数据可以进行统一的批量清洗，以达到快速清理杂质的目的；也可以自行定义清洗规则，包括字符匹配、字符替换、正则表达式匹配、正则表达式替换等多种类型的定义规则；同时还可以针对网页原图位置进行还原并保留清洗历史以备后续应用。

数据清洗工作有时一轮不足以达到完全清洗的目的，故而支持多轮清洗，直至实现目的为止。

多数情况下，通过多轮批量的数据清洗，数据的杂质问题都能得到解决。但是如果存在个别数据通过清洗规则方式后依旧存在难以去除的杂质时，可以使用人工进行补充校验的方式来进一步改善数据质量。

根据上述知识资源采集技术实现的业务逻辑，知识资源采集工具如图7-3所示。

知识资源采集工具包括六个组件和两个库。

（1）采集配置组件：负责采集源，网页采集任务，以及数据库采集任务的配置，包括采集属性、采集实时、定时配置、代理配置等。

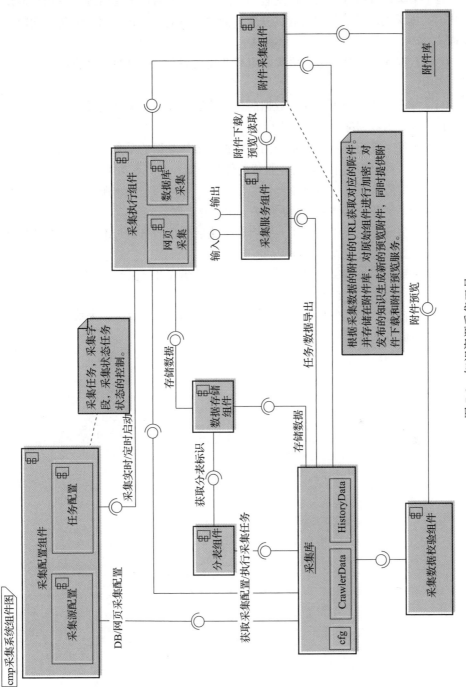

图 7-3　知识资源采集工具

（2）采集执行组件：根据已配置的采集任务，实时或者定时地执行网页链接采集、数据采集以及数据库内容的采集，同时负责断点续传、增量采集等功能的实现。

（3）数据存储组件：数据采集结束后调用数据存储组件进行数据存储，存于采集库中。

（4）分表组件：为了支撑大数据的快速读取，针对采集到的数据基于任务进行数据分表，为数据存储提供分表标识。

（5）附件采集组件：主要负责附件数据、图片数据的采集，采集完成后，存储在附件库，同时附件采集组件还提供附件的预览、下载等功能。

（6）采集服务组件：负责外部服务的提供，包括数据导出服务，附件下载服务、附件预览服务、附件信息读取服务、附件存储服务。

（7）采集数据校验组件：主要负责对采集后数据的格式、准确性以及数据是否遗漏等数据质量进行人工或规则的一个验证。

（8）采集库：采集库主要存储了采集源、采集任务、采集链接、采集到的数据以及采集校验的历史数据等。

（9）附件库：附件库存储了采集下载的源附件、知识贡献的源附件、加水印的附件以及附件的基本信息。

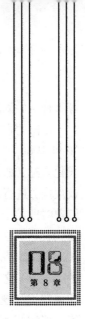

第 8 章

工业知识加工

工业知识加工是把采集到的不同形态的信息通过加工挖掘变为计算机可认知的表达形态，并将其嵌入工业软件或工业 App。这样就可以借助工业互联网模式和平台技术实现大规模工业知识的复用。

8.1 工业知识加工的背景

工业是一个重机理、知识经验密集的领域，但核心工业知识的沉淀并不容易，很多知识经验不能以明式表达，明式表达的逻辑也远非完备，完备的逻辑常常也不够精准，当前的精准知识若不演化，也不能保证后续的有效性。所以，工业知识沉淀速度、成本、质量就成了知识型工业软件或工业 App 发展的瓶颈，复用更是难上加难。

大数据和人工智能技术的发展为知识沉淀的加速提供了一种可能。但纯数据驱动的统计学习路线并不能完全匹配典型的工业数据特征，如"变量间高耦合、数据测量 / 记录不完备、样本类别不均衡"等。此外，工业知识的类型多种多样，不完全呈现结构化数据的形态。因此，我们还需要借助自然语言处理、深度学习等多种 AI 技术，完成工业知识加工、挖掘和沉淀的全过程。

知识的自动化和挖掘一直是人工智能、统计学习等学术领域关注的技术方向，20 世纪 60 年代提出的专家系统是重要的尝试之一。专家系统将专家知识进行形式化表达（如产生式规则、语义网络、框架、状态空间等），通过推理机制（正向或反向）进行问题求解，并通过合适的解释和人机交互界面将结果呈现出来。人们曾对此给予了很高的期望，但在实际应用中，大家不断意识到"专家知识可以明式表达"这一前提假设过于理想化。

为此，后面逐渐兴起的机器学习（也称统计学习或数据挖掘，包括近年来的深度学习）这一技术路线，尝试从数据（专家操作 / 决策后的结果和相关因素）中挖掘知识和规律，而不是让专家明确表达，这在拥有数据基础的互联网、物联网等一些领域取得了成功的应用。在工业等强机理领域，单纯的机器学习也遇到了变量间耦合强、样本量不足、要素不全、类别不均衡等挑战，仍然要结合机理模型与专家知识进行分析。

但是在专家知识获取阶段，经常面临专家没有时间，或者说专家有很多更有价值的事情、专家经验很难明式表达、专家不愿分享，甚至不存在专家经验等挑战；在专家经验测试阶段，也常常面临测试成本太高、不存在匹配结果等挑战。这些挑战在工业场景中也同样存在，不过随着数据基础的积累，专家规则在测试阶段的可行性也变得更高。但是，一旦规则逻辑复杂（数量、耦合性），无论规则的整理还是维护都将变得异常困难。

举例来说，相对于设备制造商，业主对设备机理的了解程度很难特别深入，知识的获取变得更加具有挑战性。一线操作人员有不少经验，但通常很难形式化表达或获取，即使表达，也很难完备。把人脑中的知识放在计算机里其实并不简单，因为这些知识是碎片化的、不容易管理。例如，在一次分析课题中，专家的经验是"如果泄漏量持续上升，则可能出现密封磨损"，但在追问到"持续多久"时，专家只能建议"尝试持续 1 天看看"，但实际数据分析中发现，只有把"时长"放在 1 个月的颗粒度上，才能得到稳定的研判，否则会有很多误判。本案例仅仅涉及单个变量，而部分研判通常涉及多因素、多系统耦合，这样，获取精准的专家经验就更加困难。

但是数据的发展为知识沉淀带来了新机遇。

1）很多专家经验有了文档记录。很多专家经验以文档资料、维修工单等形式被隐性记录下来，这些文档是专家知识的一个重要来源。

2）对工业过程有了相对完善的数据刻画。工业过程和干预手段也部分被 DCS 等系统记录，这些信息可以用来验证和提升专家经验，消除专家经验的模糊性。

3）大数据和工业互联网让大规模数据的横向 / 纵向对比变成可能。工业中存在大量共性基础单元（例如，轴承、齿轮箱等），过去仅仅只能基于有限的局部数据进行挖掘或验证，很难得到普适性的规则。现在互联互通让知识沉淀可以在更大规模上进行检验。

这些变化为工业知识沉淀提供了新的机会。通过自然语言分析和行业知识图谱挖掘，可以把文档中隐含的知识部分显性化，通过与工业过程数据的融合分析，实现进一步量化。大量历史数据可以用来验证、提炼专家知识，实现快速迭代开发。对于已沉淀的专家知识，通过定期评估和统计学习，可以实现知识的更新与演进。这样，通过数据 + 专家经验，便可以加速知识型工业 App 的成熟进程。

所以，对于不同类型工业知识的加工和挖掘，会采用不同的方法和技术，面向数据挖掘和统计规则的机器学习，面向工业文档挖掘的自然语言处理和语义技术，沉淀关联全工业过程知识的行业知识图谱技术等需要融合应用，才能全面地将各类工业知识按抽取类知识、关联类知识、模型类知识进行构建，从而支撑工业知识的软件化应用。

8.2　工业知识加工的过程

与产品加工一样，知识加工就是将采集到的以文本、图片、数据等为载体的知识资源，通过一系列类似机床生产的文本处理过程，加工成人们现实中可以直接消费的知识产品，目的是节省消费知识的成本。比如人们想知道塔里木盆地二级构造面积有多大，即使是专业人员要找到这个答案也不容易，这就是消费这项知识的成本。而采用智能问答，只需要对着手机问一声，答案就出来了，这就是知识加工给人们消费知识带来的增值。

知识加工从知识需求出发，一般包括如下几个步骤。

1. 理解知识的应用需求

这是面向应用的以终为始的梳理知识的思维方法。知识是人对世界的一种规律性认识和体验，本质上是通过感知获取外界信心，然后在人脑中升华结果。因此理解需求最好的方法就是回到知识产生的现实源头，激发人丰富的感觉体验，践行实践出真知的理念。

2. 知识抽象→构造语义模型

在理解的基础上，对应用的需求进行总结，体现为一套应用的知识体系。知识体系一般是一个分层结构，不同层次代表了人们对实物和应用不同抽象粒度的需求，层次性是认识这个复杂系统的基本结构。

对知识进行抽象，就是建立知识的语义模型并确立知识产品的最终展现形式，一般是指对知识静态的多维度描述，和物质产品的静态参数一样，比如一台车的静态质量、尺寸等。

从静态特性上看，知识和信息很难区分，现实中会以是采集得到还是通过挖掘得到来区分知识和信息，也就是以是否承载应用价值来区分知识和信息，但是这些原则并不是定论。

知识和信息最重要的区别是知识的动态性，也就是说，知识的根本目的是从"知"到"识"的动态过程。"知"的过程本质上就是信息过程，表现为结构化、表单式的描述，而"识"是"辨识""认识""识别"的过程。"识"必然有认识的对象，也就是说知识是一个由此及彼的关联过程，"识"是一个应用知识、寻找规律、增加价值的动态过程。在数学描述上，信息用矩阵、表等二维结构描述，而知识用图、分层结构、关联等来描述。知识的"知"是对信息的继承，而"识"是对信息的发扬、应用和创造。

抽象的结果就是形成概念，概念是对一类结构的共性描述，在数学上就是集合，在软件里就是类。概念体系是对一个领域知识的抽象描述，相当于对这个领域规律的代数表达式。比如 $F = ma$，这里的 F、m、a 都是抽象的概念，而这个关系就是知识，它表达了不同 m 之间的关联。知识是人类对自然规律的共性认识。

3. 联想→构造知识关联

按照本体理论，构造知识关联就是建立关系，赋予知识动态特性。将知识与其他已掌握的知识联系起来思考，站在更多的角度去看待知识，从而修正知识体系。

4. 采用合适的方法加工

榔头和扳手作为工具有不同的作用，知识加工的工具如规则方法、统计方法、深度学习方法等对于知识的最终形成也具有不同的作用，仔细区别这些方法对知识的作用，找到最佳的加工工具组合，形成符合实际的知识加工技术路线，是知识加工中最有挑战的部分。

5. 结果评估→知识创新

知识加工的最终目的是实现增值，也就是创新，发现超越现有认识的新知识，体现出知识的时间特性。知识的时间特性意味着随着时间的推移，随着知识被大众接受范围的扩大，知识的含金量会不断降低，最终知识将变成常识，这就是知识从生到死的全生命周期过程。比如万有引力，在牛顿时代是知识，但是现在已经变成了常识，虽然像超距作用还是无法解释，但是人们已经不关心这些内容了，万有引力这个知识已经成为了常识，人们更关心是什么样的新知识会取代它，于是相对论应运而生，成为新的知识。

8.3　工业知识加工的数学模型

8.3.1　知识表达的方式

知识表达是对信息世界的一种描述，但对这个表达的理解却要从现实世界和抽象世界中获得，如图 8-1 所示，知识表达连接了三个世界。与此对应，知识表达，也需要根据现实世界和抽象世界的具体要求进行，并没有一定之规。知识表达方式的分类有多个维度，我们依据文字→表单→图的方式，对知识表达方式进行一个简单的归纳。

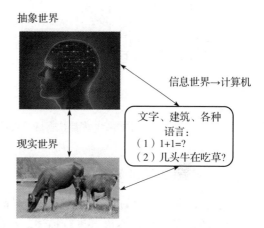

图 8-1　知识表达连接了三个世界

1. 文字

- 产生式表示法：IF—ELSE—THEN 是 MYCIN 的知识表达方式。
- 基于 XML 的表示法：这是一个复杂的层次结构，在篇章、段落、句子、词表达的知识挖掘工程中具有重要意义。

2. 表单

所有带有判断、统计等具有抽象表达式，通过断言或者统计来获取的知识，都归为表单类知识，因为其抽象表达式是表头，实例、样本、赋值就是表的具体记录，而判断、推理、断言、公理性知识，都可以看作是对参数的赋值。表单式的知识表达有逻辑表示法、框架表示法、面向对象的表示方法、粗糙集、云理论等。

3. 图

图形式的知识表达方式有很多。常见的语义网表示法是一个"带标识的有向图"，利用节点和带标记的边构成的有向图来描述事件、概念、状况、动作及客体之间的关系。带标记的有向图能十分自然地描述客体之间的关系，这就是知识图谱中实体图谱的另一种说法。另外还有本体表示法、概念图、多层次多粒度知识表达等，图 8-2 为多层次多粒度知识表达的定义和实例，这是一种最贴近工程需要的知识表达方式。

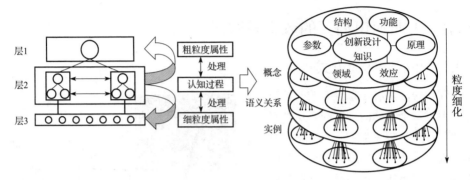

图 8-2　多层次多粒度知识表达的定义和实例

8.3.2　精确知识的数学模型

通常在讲授知识的时候，会隐含地假定存在一个知识库。最初的知识库是专家知识的记录，用自然语言进行描述。比如"咳嗽是由感冒导致的"这条知识，或者再细分为存在因果关系的"感冒→咳嗽"等。无论如何，知识总是和自然语言所表达的比较自然的状态联系在一起。而且，这种描述性知识也是现在知识管理、知识工程、知识加工等任务的主要工作。

但是，这并不意味着这种自然语言描述的知识就是唯一的形式。最常用的知识还是用精确的数学表达式描述的自然科学知识。没有数学就没有科学，因为科学是建立在数学基础上的。数学是一种精确的知识表达方式，因此在讲述描述性知识、专家知识、知识系统的时候，不能忽略人类知识中最主要的精确知识。

数学也是一种语言，就和建筑一样。因此，用数学表达的科学知识也需要纳入知识管理的范畴。至少不能将精确知识和描述性知识对立起来。

每个行业面对的工程问题都不同。因此，从具体的工程问题来描述知识是比较困难的。精确知识既然建立在数学的基础上，那么从数学上对知识进行划分就是一个合适的选择。

但对于具体的工程项目，涉及的数学并不是某一个方面，而是多种数学知识的综合。比如深度学习，就是数学分析、高维几何、数理统计等多个方面的综合，而且还涉及和计算机紧密结合的计算数学。

精确知识和统计知识的基本出发点是不一样的，这个不一样从狄拉克方程的出发点能体现出来。狄拉克基于自己的信念认为粒子应该满足一个最美的方程形式，然后就根据这个方程发现了正电子、负质量等一系列打破人们传统思维的新知识，其影响一直延续到现在。所以，科学解决的是信仰问题，尤其关系到科学家个人的信仰或者世界观，是科学家个人兴趣、爱好和观念对客观世界的描述，是一种先验知识。

统计学也是一门数学，但它的先验假设并不是确定的，而是需要验证的，需要不断试。因此，统计学是一种从实践上升到理论的实践知识。

人们对于知识的接受程度，是先验知识重于后验知识的。这解释了为什么人们认可了爱因斯坦依据光速不变这个先验知识推导出来的时空变换方程，却忽略了洛伦兹为了解释迈克尔 – 莫雷试验也得到了同样的时空变换方程。因为爱因斯坦扩展了人们的时空观，建立了新的世界观。因此，精确科学是一种世界观的反映，尤其是科学家个人知识对世界的贡献。科学无法通过集体的攻关获得。

8.3.3　基于统计挖掘的数学模型

通过统计分析挖掘知识，一般有 3 个目的：预测、提取信息、描述随机结构。假设检验是统计分析的基本过程。如果人们对一件事物完全不了解，首先就需要收集数据，然后根据某些猜测或者假设对数据进行处理，通过数据验证假设的正确与否，如图 8-3 所示。当面对一代一代不同颜色杂交的豌豆时，人们很难清晰地知道豌豆背后的基因序列，因此，只能根据统计得到的比例，推测其背后的规律，这个规律就是人们从统计得来的知识。日心说和地心说如果仅限于学术范围里的两种假设，是完全没有任何问题的，而且地心说得到的拟合结果甚至比牛顿的效果还好。问题是，当一个科学问题上升到宗教信仰和社会政治视角之后，就不再是一个科学问题，而是一个站队的问题。从最后牛顿确立日心说的过程来看，人们对科学的认识本身也是一个统计分析的过程，最终人们获得的信念是一种共识，而这种共识又将被更新的认识所取代，比如爱因斯坦的时空观取代牛顿的时空观。

a）孟德尔发现遗传学规律　　　　　　b）日心说和地心说假设

图 8-3　统计学发现规律

　　统计知识和精确知识具有内在的一致性，这可以从图 8-4a 莱布尼茨对导数的极限定义中看出。数学分析的一个基本概念是导数，导数是一个精确表达式的标志，但是这个精确表达式却是由一个 $\Delta x \to 0$ 统计时间序列决定的。$\Delta x \to 0$ 是什么意思？是 0 还是不是 0 ？从随机过程看，Δx 是围绕着 0 的一个正态分布，布朗运动正好说明了这一点。

　　统计的数据只是表象，真正的知识是假设。一个由统计而获得量子知识的著名例子是普朗克常量的发现。如图 8-4b 所示，普朗克只是简单地将两条曲线整合起来，就创造了一个统一的公式。公式中出现了常量 h，意味着辐射是一份一份往外发射的，由此颠覆了人们对世界都是连续的认识，发展出了量子理论。由一个统计常量发展出一个量子时空观，这是对数据结果的升华，是统计获得知识的过程。据说，普朗克终生都不接受量子的世界观，而只是把 h 看作一个统计常量。

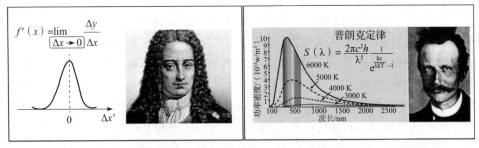

a）莱布尼茨的导数定义　　　　　　b）普朗克和普朗克常量 h

图 8-4　精确知识与统计知识的联系

　　随着大数据时代的来临，很多过程都无法用精确的理论分析方法得到模型，统计是唯一的探索规律的方法。常用的统计分析也分为零阶、一阶、高阶分析。零阶分析就是对数据本身的分布特点进行分析，推出导致这种现象的机理；一阶统计分析就是线性回归，或者广义线性模型等，主要是因果分析，是经验公式的有效描述方法；二阶及以上包括非线性分析统称高阶分析，一般代表物理上具有某种非线性聚集效应，物质属性发生了根本变化，这种情况往往代表了事物的一种新的状态。

8.3.4　自然语言的数学模型

　　自然语言处理（NLP）在知识工程中具有独特的地位，虽然它所采用的数学方法还是统计方法，但是由于它是面向人类的语言，尤其是文本语言，这是人类区别于动物最重要的特征，也是人类文明得以传承的基本手段，因此，我们单独来讨论自然语言的数学模型。

　　只要是在两个对象之间能沟通的物质、能量和信息，都属于自然语言的范畴。比如声音、音乐、文字、建筑、身体动作、蝙蝠的超声波等，包括我们人类的能力，都是大自然赋予的，都是自然语言。但是我们主要分析文本语言，因为这是现在人类面临的最大量的信息宝库，目的是从这些大量的信息中获取知识。文本的记录再多也不一定有知识，就像第谷记录的天体位置数据一样，只有开普勒和牛顿才发现了这些记录数据背后的知识，由于开普勒并没有带来新的宇宙观，因此人们基本上只记住了牛顿，所以牛顿是真正发现知识的人。

　　自然语言处理的理论主要有语法学派和语义学派。语法学派注重语言本身的规律，重视虚词的作用，也就是重视纸面上文字表达的学问；而语义学派看重语言的实际作用，人的认识直接面向现实存在，用一种类似用手可以触摸的真实感来认识语言，认识语言文字背后的物质属性。语言学更强调语言的用途，在实际中和语义学一般不进行区分。

　　自然语言处理（NLP）的发展历史如图 8-5 所示，现在 AI 时代的主流技术是深度学习。相比于图像识别和语音识别，自然语言处理在术语抽象层面的语义分析和理解更困难，因为文字理解存在歧义。

　　虽然 NLP 方法很多，但只能完成分类和实体对象识别（NER，Named Entity Recognization）两个任务。分类是从整体和全局上对一段文字进行类别判断，这是从外向内的视角；对象识别是从一段文字中抽出其中关心的部分，这是从内向外的视角。如果最后 NLP 只保留一个方法，就是分类。所有 NLP 都可以通过分类来实现。比如 NER，可以等效为通过上下文构造新的句子，然后对新的句子语料进行分类实现。

　　常见的分类是对文本的分类。文本可能是一篇 300 页的专业文献，可能是一段描述抱怨的短文本，也可能是标题党的一个标题。没有统一的方法能够处理不同粒度文本的分类问题，每种方法都有其对分类任务的基本假定，而这个假定未必是正确的。比如以词频为依据进行的全文分类，对于一般文献而言，我们认为出现的词越多，则取这个词属类的概率越大。问题在于，专业文献的类一般是由出现次数很少的几个专业术语决定的，而不是由出现次数很多的通用词汇决定的，因此，按照词频的方法对于专业文献进行分类是不可取的。

　　对于建立模型进行统计分类的方法尚需完善，因为语言模型只能处理句子，对于段落或者整篇文本是无法建立模型的。比如 Framenet 试图对整个文本进行语义标注，实际上这个工作是开展不下去的，因为篇章级的 NLP 模型理论上还不成熟。

　　随着工程应用的扩展，NLP 的处理粒度需要从词级、句子级上升到段落级。比如勘探开发的一项工程知识的描述，需要说明场景、输入因素、限制条件、意外情况、正常结论等多方面的内容，这是一个段落级的处理要求。虽然现在关于段落、篇章的语义理论还不成熟，甚至复句的语义分析都不成熟，但是工程上需要的话，就一定有解决的办法。

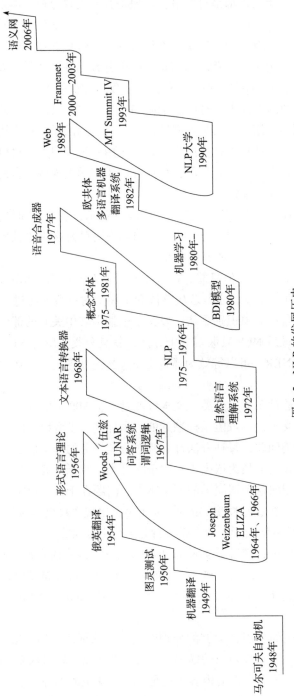

图 8-5 NLP 的发展历史

文章自动撰写和文本摘录，是篇章级 NLP 的应用要求，目前都处于探索当中。网络上根据一个字不断接龙写小说的方法，是一种开放的探索，不是工程上对一个具体场景知识封闭和完备的描述。

在图像处理、反汇编二进制文件的分析任务中，有完整的从篇章到段落、到句子、再到词级的文本处理要求，只是这里的语言不是自然语言，而是人造语言，但是思路都是一样的，包括传统的 NLP 任务，都可以从软件逆分析中得到启发。

8.4　工业知识加工的技术

通过合适的方法和技术支持，工业知识沉淀过程可以加速。在大数据支撑下，可以通过海量历史数据对已形式化的专家规则进行测试，去伪存真、披沙拣金。大数据让专家知识的大规模检验变成可能。基于自然语言处理和行业知识图谱技术，可以从历史文档中自动发掘专家经验，让专家知识的获取不再完全依赖于人。

8.4.1　业务模型构建技术

所谓业务模型，就是将业务按照 $y = f(x)$ 的形式，看作将物质、能量和信息输入，输出相应物质、能量和信息的过程。这是一种系统思维模式。

业务模型化是 MBSE（基于模型的系统工程，Model-Based System Engineering）的基本思想。国际系统工程协会（INCOSE）于 2006 年发起并在 2007 年发布了《SE 愿景 2020》，其中定义的 MBSE 是建模方法的形式化应用，以支持系统从概念设计阶段开始一直持续到开发阶段和后续生命周期阶段的需求、设计、分析、验证和确认活动。《SE 愿景 2020》对 MBSE 的解释是，MBSE 是向以模型为中心的一系列方法转变这一长期趋势的一部分，这些方法被应用于机械、电子和软件等工业和工程领域，以期望取代原来系统工程师们所擅长的以文档为中心的方法，并通过完全融入系统工程来影响未来系统工程的实践。

MBSE 是用数字化建模代替文档进行的系统方案设计，把设计文档中描述系统结构、功能、性能、规格需求的名词、动词、形容词、参数全部转化为数字化模型表达。

如图 8-6 所示，MBSE 本质上就是一个 NLP 工程，将原来用文本描述的各类文献转换为数学表达式的形式。数学是工程的语言，是描述物质运动最深刻的工具，因此，用抽象模型来描述业务是最合适的选择。

由于业务模型是用模型的方法来描述现实世界的物质变化过程，就和牛顿用 $F = ma$ 来描述现实中普遍存在的引力一样，因此只要物质变换的过程是一样的，其业务模型本质上就是相同的，这就为不同行业、不同公司的相同业务借鉴奠定了基础。当然，同一行业各个公司由于对业务的认识不同，对物质变化过程的机

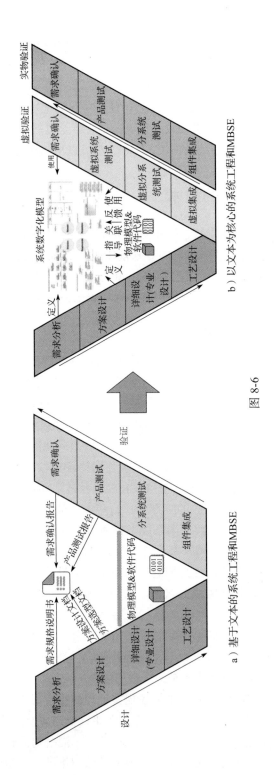

图 8-6

理认识不同，因此在细节上面的侧重也不同，比如同样的勘探开发，中石化、中石油、中海油的业务模型大体上是一样的。这是共性业务模型普适性的体现，但是又各有细节上的区别。这也反映了不同公司面对同样物质对象时，认识是不同的。

业务模型的构建，可以按照信息工程的方法，用可视化模型的形式描述整体勘探开发业务的层级关系和数据范围的数据库模型。以勘探开发业务划分为例，如图 8-7 所示，划分从业务域到业务活动的层级关系，就是建立业务模型中实际工作的过程。

业务域	一级业务	二级业务	三级业务	业务活动	备注
综合研究					
	规划与计划				
		发展规划			
				总体发展规划	
				专业规划	包含3个专业规划
		年度规划			
			专业年度规划		
				勘探年度规划	
				开发年度规划	
				生产年度规划	
				……	

图 8-7　勘探开发业务划分示例

业务模型以工业企业实际的业务活动为出发点，采用面向对象的分析方法，以对象的生命周期为主线，打破专业领域的业务和数据壁垒，形成一套完整、稳定的业务模型，为未来支持各类跨专业领域的综合应用提供了良好的基础和平台。

如图 8-8 所示，业务活动分析主要采用 6W1H 描述方法。分析业务活动的目的是了解该活动的基本情况，以及在运转过程中所产生的资料数据，比如文档、图件、结构化（报表）和体数据等。左侧是 6W 的 6 个方面，右侧描述了 1H 的相关内容，具体解释如下。

- What——做什么：指的是该业务活动的主要内容描述，主要包括业务活动的内容、结果以及衡量结果的标准。
- Why——为什么：表示的是该业务活动的目的，换言之也就是该项活动对组织的作用，主要包括活动的目的、与其他活动的联系以及对其他活动的影响。
- Who——谁来做：描述的是对该业务活动执行者的要求，主要包括基础要求、知识和技能、教育背景、工作经验、个人特征以及其他方面的要求。

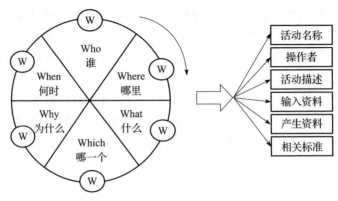

图 8-8   6W1H 描述方法

- When——何时：是对业务活动执行的时间要求，包括活动的起始时间、固定时间还是间隔时间以及活动的时间间隔。
- Where——在哪里：表示对业务活动操作或执行的环境规定，包括活动的自然环境和社会环境两个方面。
- Which——为谁做：是指活动中会发生哪些前后关系，以及发生了什么样的关系。主要包括：向谁提供输出，比如活动信息和活动执行结果等，需要对谁实施指挥和监控等。
- How——如何做：表示操作者应该如何从事该项业务活动，主要包括业务活动的程序或流程、需要使用的工具、操作的机器设备、涉及的文件和记录、重点和关键的环节等。这里也是围绕该业务活动需要的知识和产生知识的重要梳理点。

8.4.2   规则引擎技术

规则引擎（Rule Engine）是专家系统构建的核心技术，也是工业知识沉淀最早和常用的技术。虽然专家系统在前提假设和理论体系上还有待突破提升之处，但规则引擎仍取得了较为广泛的行业应用，特别在一些逻辑清晰（如产品定价逻辑本身就是人制定的）且经常变化的领域（如零售、酒店、保险等）。行业内也提出了一系列方法论来保证业务规则工程的顺利进行，如 ABRD（Agile Business Rule Development）将规则开发分为 Discovery（发现）、Analysis（分析）、Design（设计）、Authoring（审批）、Validation（验证）、Deployment（部署）六个阶段。

但是，一旦业务规则逻辑复杂（数量、耦合性），无论规则的整理还是维护都变得异常困难。以一个货运公司关于配载优化的规则引擎项目为例，为应对快速增长的货运业务，某国际领先航空公司拟将优秀配载员的经验总结归纳，实现自动配载。公司最优秀的两名配载员花了近 1 年时间，将他们的经验总结为 200 多页的规则流图，这在航空业是非常了不起的工作。但即使行业优秀专家精心总结出的规则，仍不可避免存在着大量不完备、模糊甚至冲突的逻辑问题，基于行业知识理解、咨询工作和分析技术，虽然最终很好地解决了规则的精准化和自动化的问题，但如此复杂的业务规则，对于后期的修改升级维护是很大的挑战，远非专家遍布式穷举机制可以解决。为此，当时还专门研发了一些基于历史数据和仿真数据进行规则合法性、逻辑完备性的自动化检验工具，从技术手段上保证规则维护的可行性。

在工业领域中，以规则引擎为核心的知识库也有不少应用。一个典型案例就是原西屋电气。该公司于 1985 年成立了诊断操作中心（Diagnostic Operation Center），先后开发部署了 ChemAID、GenAID、TurbineAID 等智能过程诊断系统（PDS），并将其应用到 1200 台透平设备上，规则数量达 1.6 万条。

针对西屋电气的 PDS 系统，当时构建的专家们回顾了其 30 年的艰辛历程：因为认知不足和底层技术更新，PDS 系统先后经过了 3 次大规模的改版（甚至重新开发）；诊断规则的前提是数据可靠，而传感器的可靠性通常低于工业设备，这造成了规则库中 60% 的规则用于诊断传感器故障；针对 1.6 万条规则的维护，西屋电气采用专业分工的方式（而非按设备类型分工），每个组只负责一个专业领域的规则维护。

综上所述，在应用专家经验规则时，常常会遇到如表 8-1 所示的七大困难，这些困难也对知识型 App 开发提出了挑战。

表 8-1　专家经验规则应用时的七大困难

内容	描述	技术需求
专家经验的模糊性	大概方向	快速迭代开发环填
逻辑条件的复杂性	条件算子（趋势、模态） 时间窗口 工况研判	算子库（时序模式） 冲突发现与排解
数据需求的差异性	数据时长、类型 不同设备 / 规则	统一的上下文业务模型（Context Business Object，简称 CBO） CBO 的灵活性（可扩充、实例化 / 视图） 规则—设备的关联
数据质量的强依赖性	数据质量缺失情形下的规则执行	完备的处理逻辑（明确）
计算量大	数据量大（高频数据）	云 + 端 批量计算
业务规则的可信度	部分症状下的规则	自学习能力（迭代更新能力）
产权的保护	规则是宝贵的经验	加密、权限机制

在工业知识应用的领域，知识加工的重要基础就是理解系统运行机理和失效过程，理解监测机制，梳理研判逻辑等。下面以某设备实效规则引擎构建为例来

说明这三个阶段。

（1）系统的运行机制或失效过程：在本阶段，知识工程师应该对运行机制或失效过程有形式化的理解，并对关键过程量间的关系构建定性的系统动力学（System Dynamics）模型。基于系统动力学图，标记出哪些因素是可观测的，同时理解不同要素观测结果的可信度和精度。另外，也要从设备的上下游链接关系去理解可能存在的外部干扰。只有这样，才能对专家经验的适用范畴和侧重点有个整体把握，而不是一味迷信"专家经验"。

（2）监测/检测机制：知识工程师要了解监测点位、测量原理等信息。很多数据异常是由传感器引起的。例如，电流测量被认为非常可靠，因此只需要关注少量的噪声和数据缺失，但一次风量和风温测量可能存在偏差，由于一次风量采用热扩散技术或压差测量技术进行测量，因此测量精度与测量装置安装位置、风道结构（例如风道直管太短可能造成风道温度场、风速流场的动态变化）等都有很大关系。

（3）研判逻辑：参考行业标准，确定研判逻辑的完备性。"专家经验"的逻辑完备性检验有机理推演、逻辑自洽性检验、反例辨析等多种方法。除了"机理推演"，还可以基于大量历史数据找出当前"专家经验"解释不了的反例，这些反例可以帮助领域专家不断细化自己的经验。毕竟，专家经验的质量决定了最终的应用效果。

8.4.3　机器学习技术

机器学习自 1949 年 Hebb 提出学习规则之后，经历了艰苦曲折的发展过程，其发展史如图 8-9 所示。

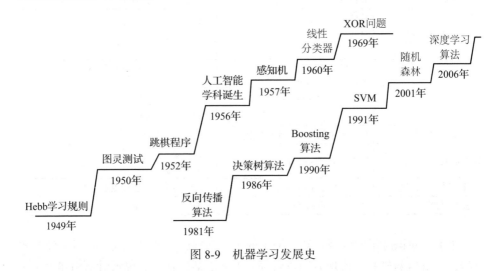

图 8-9　机器学习发展史

从机器学习的发展中可以看出，机器学习实际上是人工智能的早期阶段。在 1956 年之后，机器学习和人工智能就已经并轨，现在我们再讲机器学习的时候，一般会偏重机器的物质特征，而人工智能则更偏重人的思维层面。一个重物质，一个重意识，两者之间有这个细微的差别。

机器学习是相对于人类学习而言的。不只是计算机，任何人造工业品如机床、消费品等，都可以像人一样学习，也就是模仿人从无知到有知识、从对世界的认识浅到不断认识加深的过程。像人把知识存储在人脑中一样，机器把它学到的知识存储在它的大脑中，比如一块存储芯片，从而机器可以像人一样适应环境而生存。机器学习的最终目标是通过学习得到机器人，让机器人代替真实的人从事那些重复的、繁琐的人类工作，从而把人从大量的繁琐的劳动中解放出来，充分释放人的智力资源。虽然实现这样的理想目标还需要解决很多问题，但是机器学习已经极大地提高了人们的生活质量，比如模仿人洗衣并记录人洗衣过程的自动洗衣机，已经节省了人们洗衣的时间。

狭义地讲，机器学习是计算机主动学习、自动纠错行为的一种过程，尤指采用统计算法学习获得知识的过程。机器学习与人工智能有很多相通之处，应用的例子也是类似，比如自动驾驶、人脸识别、语音识别、机器翻译、共享汽车、网络搜索等。机器学习实现的基本原理是构建可以接收大量数据的算法，然后使用统计分析来提供既合理又准确的结果。

未来的机器学习有两个方向，要么颠覆统计，要么增大统计的样本数量，这也是机器学习对人的学习过程模仿的结果。如果认为人的直觉是一种不靠统计的、只有人才有的本能，则机器学习发展的方向就是颠覆统计，寻找不依靠统计的直觉数学方法；如果认为人的直觉是保存在基因里的关于人的历史记录数据的统计结果，则机器学习发展的方向就是不断地积累更大量的数据，然后采用更高效的统计算法来获得知识。这两种趋势现在都在蓬勃发展中。

机器学习的常见算法如下。

- 决策树
- 朴素贝叶斯分类
- 最小二乘法
- 逻辑回归
- 支持向量机
- 集成方法
- 聚类算法
- 主成分分析
- 奇异值分解
- 独立成分分析

- 随机森林
- K 近邻算法
- K 均值算法
- 神经网络
- 马尔可夫

8.4.4　自然语言处理技术

自然语言处理，泛指把大自然的语言处理成非自然的语言。把声音记录为文字或者符号，就是最早的自然语言处理技术，也就是人类发明的文字。

现在的自然语言处理，主要指将文字符号所承载的内容转变成计算机能理解的 0101 这种非自然语言，也就是通过计算机语言，搭建自然语言与人的理解之间的桥梁。不说话的山水或者建筑也是一种自然语言，只是不是声音而是视觉或图像的表达方式，因此图像处理也属于自然语言处理的范畴。图像搜索和文本搜索是搜索的两种主要类型。

想想如果通过 NLP 技术将一篇 300 页的文档用 1 页就描述出其核心内容，这将大大降低工业知识的理解成本。

在分类中，标题所代表的类是最重要的，而标题可以采用语言模型进行处理。在写文章的时候，人们也会认真仔细地斟酌摘要中的内容，它的重要度虽不如标题，但还是人们的用心之作，这表明在整个文献结构中，摘要是次之标题的段落文本，而摘要一般只有 3 ～ 4 句话，因此，如果将摘要作为多句子进行自然语言处理，也能很大程度表明作者的意图。至于正文本身，有很多是背景描述、过去成果展示，真正有意义的内容可能只占一少部分，因此正文在分类中的重要度是最低的。对人们写文章过程的回溯表明，现实中的分类是按照标题→摘要→正文的重要度进行排序的一个金字塔结构，而不是泛泛地具有唯一性的一个分类，通过对这个过程的解析，我们就可以构建依据现有 NLP 理论成果进行处理的分类方法。

按照以上思路构建的一个典型的非结构化文本自动标引以及自动挖掘技术路线如图 8-10 所示。

采用基于规则 + 统计的分层自动标引技术进行文本挖掘，是一种常用的策略，主要步骤如下。

- 首先对输入文本进行格式转换，比如将 pdf 文件转为 txt 文件，然后进行清洗，去掉篇眉篇尾，进行错字改正等，得到一篇干净顺畅的正文文本。文本格式转换是一件比较困难的事情，现在还没有发现一款适应性很好的 OCR（文字识别）产品，尤其是专业的 OCR，需要自己准备语料识别模型，比如铅印字、专业术语、特殊字符的识别，并进行针对性的强化学

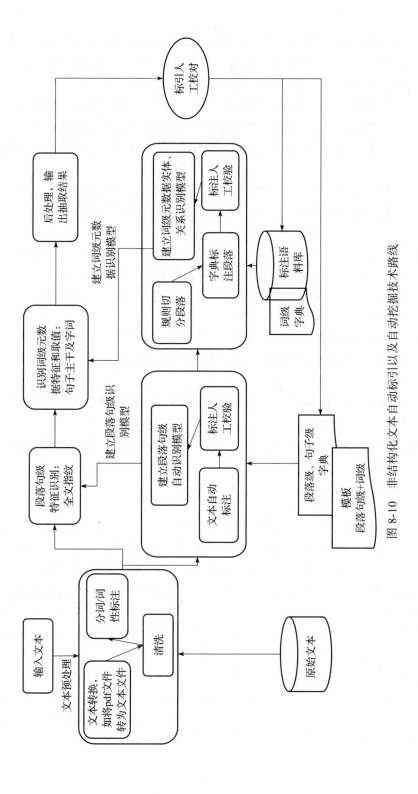

图 8-10 非结构化文本自动标引以及自动挖掘技术路线

习，才能满足工程的要求。OCR 作为自然语言处理的输入原材料技术，其效果直接影响后面的加工效果。尤其在专业领域，很多文献都是以 pdf、图片或者纸质形式保存的，因此需要很大的 OCR 工作量。

- 然后对文本进行分词和词性标注处理。一般先采用开源分词模块进行分词和词性标注，通过校验，得到适合专用场景的分词和词性标注语料；当达到一定量级后，采用 CRF 或者 LSTM+CRF 算法建立分词模型，实现领域分词。

- 标引分为段落句子级和词级两种类型。全文指纹一般指段落 + 句子级，句子主干和字词都属于一个句子内的部分，句子主干类似于短语，因此将句子主干和字词标引作为一种类型。

- 对于以句子为单位的标引，主要采用规则方法，通过建立标引特征词字典，识别句子级特征。标引特征词可以在句子级上建立识别模型。

- 对于句子内词级元数据识别模型。首先是建立单个的实体识别模型，然后建立实体之间的关系识别模型。

- 实现实体和实体之间的关系识别，需要按句子建立实体和实体关系的标注语料。标注的方法以字典为基础进行规则标注，通过校验，得到正确的标注语料。

- 对已经标注的语料建立自动识别的统计模型，在规模比较大的时候需要采用深度学习技术。

- 所有经过人工检验的数据再返回到字典和语料库中，完成自动挖掘的工程循环。

8.4.5　深度学习技术

深度学习追溯根源也是机器学习的一部分，它的发展轨迹如图 8-11 所示。

从广义上说，深度学习的网络结构也是多层神经网络的一种。传统意义上的多层神经网络只有输入层、隐藏层、输出层，其中隐藏层的层数根据需要而定，没有明确的理论推导来说明到底多少层合适。而深度学习中最著名的卷积神经网络（CNN），在原来多层神经网络的基础上加入了特征学习部分，这部分是模仿人脑对信号处理上的分级的。具体操作就是在原来的全连接层前面加入了部分连接的卷积层与降维层，而且加入的是一个层级。

深度学习实施步骤是：信号 -> 特征 -> 值。特征是由网络自己选择的。一般的深度学习模式为：将能够取得的数据进行矢量化，作为深度学习的参数输入。实际中输入的向量维度一般高达几千维。比如餐饮行业，需要考虑原料、人员、时间段这些因素，至少 2000 维以上。

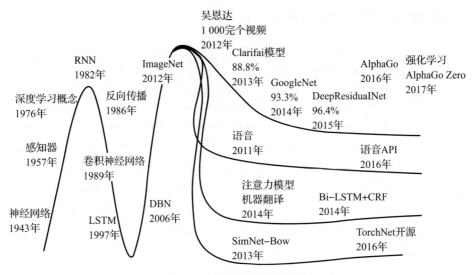

图 8-11　深度学习发展轨迹

深度学习基本思想如图 8-12 所示。相比传统的统计学习，深度学习最大的变化在于隐藏层，它能发现那些说不清楚的模式或者参数。传统的学习是决定论的，比如已知天气、节日、季节的影响。但是有些事情的模式很难有一个参数来定量描述，这就需要深度学习发挥它能发现抽象层次的能力，将这些难以言说的模式挖掘出来，作为传统意义上的特征使用。

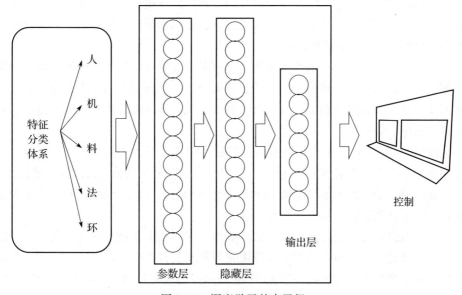

图 8-12　深度学习基本思想

常用的深度学习模型如图 8-13 所示。

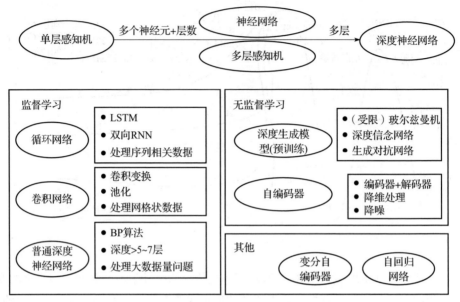

图 8-13　常用深度学习模型

8.4.6　知识图谱技术

知识图谱旨在描述真实世界中存在的各种实体或概念及其关系。其构成了一张巨大的语义网络图，节点表示实体或概念，边则由属性或关系构成。构建知识图谱的目的是改善谷歌的搜索效果。

2012 年的数据表明，谷歌知识图谱包括超过 570 亿个对象。据说谷歌公司从印度找了上万人从事图谱的人工编辑和校对工作。从知识库的角度来说，引入越多人工干预，潜在的逻辑不一致性就会越多，为机器学习人类知识现象提供了一个良好的标注语料。

2018 年 Diffbot 发布的知识图谱比谷歌的知识图谱大 500 倍，已有超过 1 万亿个事实和 100 亿个实体，每月增长 1.3 亿个事实，并且这种增长是自主增长。

2020 年，百度宣称其多源异构知识图谱拥有超过 50 亿个实体和 5500 亿个事实，并在不断演进和更新。

知识图谱的思想经历了长期演化。图 8-14 所示为知识图谱演化路径。最早出现的是本体论，属于哲学范畴，实际上是对绝对真理的探索。但这种带有宗教终极式的探索离现实认知太远，当 1993 年 Gruber 将本体论物质化并引入软件领域，用来实现面向对象思想时，本体论才真正从天上落入凡间，为人们认识世界增加一个新的视角。网或者图的概念是从词网一直延续下来的，框架语义的目标是建立自然语言的框架网，用以描述自然语言的规律。

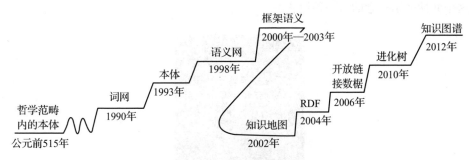

图 8-14　知识图谱演化路径

图是知识组织的一种最高形式。我们常见的知识组织是树，比如文本目录、知识体系、专业体系等，都是以树的形式呈现的。树最终等效为线性序列，因此比较符合人的语言的线性思维模式。所以，知识图谱在面向人的实际应用中，往往要以树的形式来表达，而图更多的是面向计算机的应用。

中文语境里讲的知识图谱和谷歌对知识图谱的英文表达——Knowledge Graph是不同的。无论从它应用的方面或者文字解释，谷歌主要强调的都是实体之间的关联关系，目的就是从一个实体带出另外一个实体，而且预先确定了两个实体之间的关系，这种经过校验的预置关系，实际上是给出了关系存在性的证明，满足了人们对未知事物可解释性的内在需求。

中文知识图谱中的图和谱是分开的，其中图就是人们对现实事物的描述，而谱是对现实描述之外意义的探索。图 8-15 底部的图是谱的几种表现形式举例，奔驰的汽车接近临界频率时的剧烈抖动、摔坏的几种手机等。知识图谱体现了中国的矛盾思想，从无序到有序的变换，这和复杂系统的思想是完全一致的。

图是对实体关系的描述，更倾向于实体世界，而谱是对整体性能的探求，完全属于抽象世界，是人们认识世界的知识。因此，知识图谱也表达了人们认识世界的过程。

在实际中，对于有限元的剖分是图，而剖分后性能的分析、不同载荷形成的分布图以及失效模式分析，就是谱分析；同一地区不同灯光的分布，代表了不同的发展模式，这种分布总体上也形成了一种谱；在奔驰的汽车上可以找到临界频率或者临界谱的感觉，那就是接近临界频率时车剧烈抖动给人带来的心悸；手机摔坏的方式各式各样，但是分布模式只有几种，这也是无序当中的有序，也是谱的现实体现。

知识图谱根据实际应用的不同，一般分为概念图谱和实体图谱两种。比如谷歌、百度等平台建立的公用知识图谱偏重于实体图谱，而领域应用一般偏重于概念图谱＋实体图谱，这是由于领域构建在共性的认识对象和共性的认识基础之上，这个共性就是概念的另一种说法。

图 8-15　知识图谱的谱

图论是知识图谱的理论基础，基本思想是将异构异源的数据通过图的基本要素点和线统一起来，形成统一的图数据结构，然后在知识图谱基础上构建应用。

从知识图谱的演进路线看，未来的知识图谱将向多维度、多层次、由虚到实的方向发展，正在发展中的知识超网络和知识超图，以及虚实结合在一起的数字孪生体，将是未来知识图谱发展的方向。

从文本中挖掘知识并构建知识图谱的技术路线如图 8-16 所示。知识图谱和一般文本挖掘不同，知识图谱尤其关注文本中的表格信息，因为表格的表头代表语义关系，而记录代表实体关系，这能降低人工检验的难度，因为只需要检查表头。

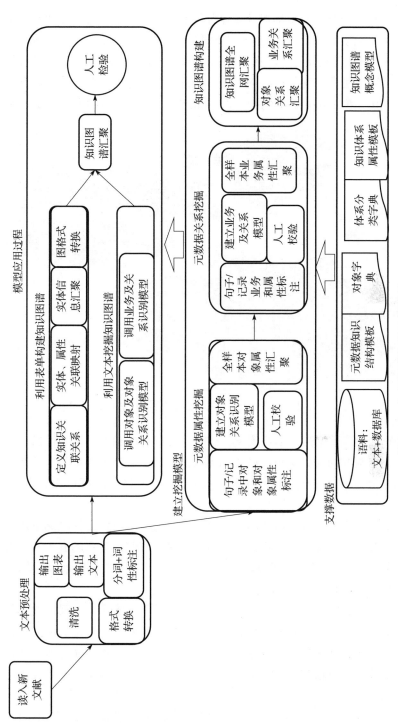

图 8-16　知识图谱构建技术路线

图 8-17 是一个石油领域勘探开发业务的概念图谱，其中有些是树形结构，有些是中心网状结构。传统结构化数据主要研究树形结构数据，也就是序列数据。但是真实的业务一般都是相互关联在一起的，也就是网状业务，因此传统的线性序列数学模型无法描述真实业务，对业务进行抽象的数学基础需要从代数论升级为图论，所以知识图谱也是随着信息化和知识化的深入应用，自然而然地发展而来的。

图 8-17   石油领域勘探开发业务的概念图谱

网状的概念图谱相当于抽象模型，或者系统论中的动力学模型，描述了人们思维中对整个业务的抽象认识。而实例图谱是现实中对抽象模型的实例化。抽象模型可以等效为抽象表达式、网状表头、类结构，实例图谱则对应着样本数据、网状表项、类实例。

概念图谱和实例图谱是相互印证、相互支撑的。借用假设检验的思想，概念图谱类比于假设，而实例图谱类比于检验，概念图谱假定关系的有无和强弱，需要得到实例图谱的验证，否则假设就是不合理的，是一种伪假设，不是真知识，因为知识是经过验证的共同的信念。

所有图谱建设的最终目的都是实现抽象领域的概念图谱，实现由此及彼的推理，就和所有数学分析的目的一样，都是通过样本得到一个抽象的表达式，实现由这个表达式得到计算的推理。这个抽象的表达式才是知识，而那些样本数据只是素材和记录，是数据和信息，不是知识。图谱的推理和计算，都是在概念图谱上进行的。

图 8-18 是一个用于乳品行业工厂生产的知识图谱中的部分示例。它将生产中的人、机、料、法、环、测等生产要素有机地关联在一起，形成整个生产的总体

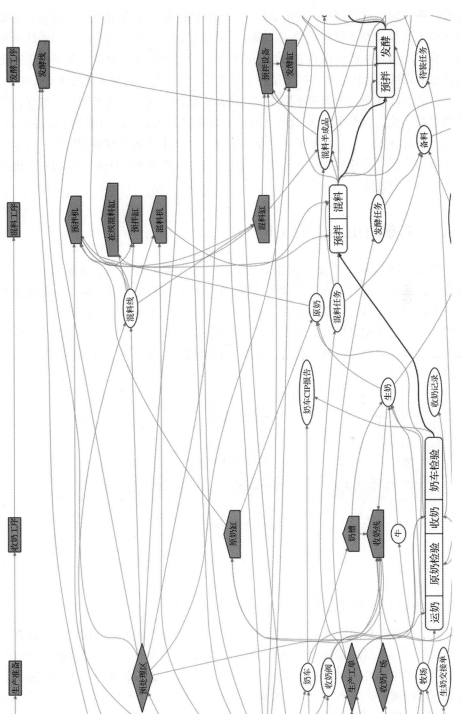

图 8-18　乳品行业工厂生产的知识图谱部分示例

场景。在实际生产应用中，比如 APS（高级计划排程）、能量优化、预测等，需要从图谱上截取一截线段进行应用。而对于质量追溯的应用，完全就是图谱的最短路径算法。这种生产上图谱总分应用的模式，已经突破了零碎的、片面的生产流程改进的误区。可以在生产的上层和下层之间，建立起全局和部分的有机联系。

总之，通过知识图谱将不同层次的目标关联在一起，通过最小化的数学机理实现参数优化，这样就把知识图谱中关于图的部分和企业目标中关于数的部分，有机地整合在了一起。从业务和数学两方面对知识图谱进行理解和应用，将极大地扩展知识图谱应用的深度和广度，对于工业知识的挖掘、关联和应用具有极其深远的意义和价值。

8.5 工业知识加工的工具

如图 8-19 所示，工业知识加工的工具分为三类：第一类是从原始资料（数据库中的数据、研究文档、影像图片等）中抽取知识点的工具；第二类是将这些不同来源的知识点有机地结合在一起，形成知识之间大范围关联的融合工具；第三类就是面向模型开发的管理训练工具。模型管理训练工具能够支撑知识点抽取和知识融合所需的模型及算法，而加工模型的应用结果可以将语料反馈给训练工具。

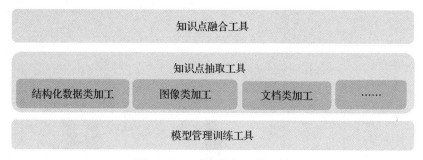

图 8-19　工业知识加工的工具

8.5.1 模型管理训练工具

知识点抽取和知识融合的过程中都需要不同的加工模型，而加工模型随着不断的使用和数据量的增加要持续训练更新。根据人工校验过的语料进行持续训练才能保证模型的准确率得到不断提高，反之则会因为业务数据的变化使准确率下降直至不能满足业务要求。基础模型管理训练工具需要具备语料管理、字典管理、语料标注、模型训练、模型评估、算法管理等功能。

1. 工具的功能设计

工业模型的训练工具一般要满足两个特点，第一是持续训练机制，第二是适应多变的业务。

- 持续训练机制：工业知识加工相关的技术、算法和工具对一般企业用户来说，学习成本和实施运维成本非常高，不利于知识工程在企业的推广和应用。而事实上，在多数项目实施过程中，对于这些知识挖掘技术、算法和工具的需求有非常多的共性，只有极少数是需要专业人员进行深入的技术攻关。故而，我们坚信 80% 的工作是可以在 20% 的时间内完成的，而工具就是实现这一目标的有效手段，能够将这 80% 的工作产品化，让非专业的用户也能快速上手。训练好的模型可以直接应用，应用结果可以反馈为语料，再次参与模型训练，这就形成了模型的良性循环机制。
- 适应多变的业务：工具是为业务服务的，而业务的多变性导致无法将所有的业务类型进行枚举，那么产品设计的工具如何能够适应多变的业务，哪些工具能够为什么样的业务服务，适合什么样的业务，它们多变的组合又能够为什么样的业务服务，这些都是训练工具思考的问题，也是满足第二个特点的设计思想。工具是为业务服务的，同时也要能够适应多变的业务。

图 8-20 所示为知识加工类代表工具 SMART.CUBE（语义魔方）的总体架构图。

这类工具主要包括以下几个层次的内容。

- 首先是管理功能的支撑：包括应用管理、算法管理、模型管理、资源管理和系统管理。
- 最底层是资源层：包括各类数据资源，例如字典、语料，以及各类算法资源，例如 CRF、NaiveB 等。
- 第二层是工具层：将各类数据资源和算法资源集成后，构建面向一个个特定使用场景的工具，为图谱引擎和业务应用提供支撑。
- 第三层是图谱引擎层：实现知识图谱的构建、维护、学习扩展，以及图谱应用的解析，为工业知识融合提供相关模型接口。
- 第四层是业务应用层：三种应用方式支撑具体的应用场景。

2. 工具的流程设计

对于相对比较个性化、千变万化的智能服务分析需求，需要用户理解自己的业务，并通过合适的工具和流程去实现它，工具要以向导式、流程化的方式，让用户可以选择自己需要的工具组件、语料，然后通过在线模型训练，形成用户最终使用的应用或接口。可按照图 8-21 所示的四个步骤进行流程设计。

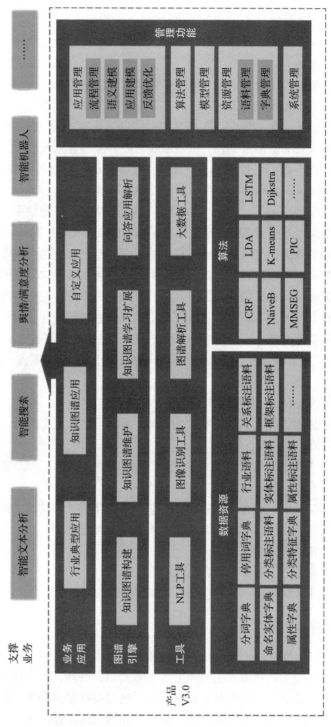

图 8-20 SMART.CUBE（语义魔方）总体架构

图 8-21　流程设计的四个步骤

（1）业务流程梳理：用户根据自己的业务需求，绘制业务流程，选择合适的工具组件将业务串连起来，如图 8-22 所示。

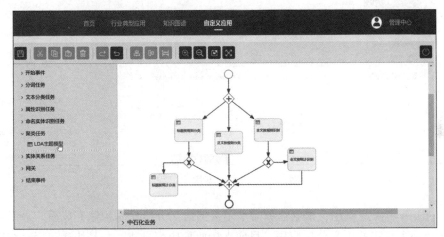

图 8-22　业务流程梳理

（2）业务资源收集：涉及特定的行业时，还需要准备一些业务语料，比如行业字典、行业文本材料等，为语义建模做准备，不同的专业文案需要识别的要点不同，内容也不同，那么语料就是这些不同内容的体现，如图 8-23 所示。

图 8-23　业务资源收集

（3）语义模型构建与训练：根据业务流程的定义构建相应的语义分析模型，按照向导的指引一步步完成模型的构建和训练。只有将模型构建完成才能支撑具体的场景机器人工作。语义模型构建过程如图 8-24 所示。

图 8-24　语义模型构建过程

（4）开启配置应用：根据业务需求定义的语义分析模型构建完成后，最终需要实现一个特定的语义分析应用。目前支持两种应用方式，一是快速应用，在产品中生成一个 DEMO 应用页面；二是服务型应用，提供服务接口给其他应用系统调用。输出的结果内容和形式的展示可由用户自行定义，支持文字、饼图、柱状图、网状图、热力图等展示方式，如图 8-25 所示。

图 8-25　配置应用

用户在配置应用后便可以在界面看见显示效果。用户输入想要分析的文本后，系统根据业务流程的设计以及构建完成的语义模型，进行语义分析和计算，最后将结果按照开启的应用配置项来进行展示，如图 8-26 所示。

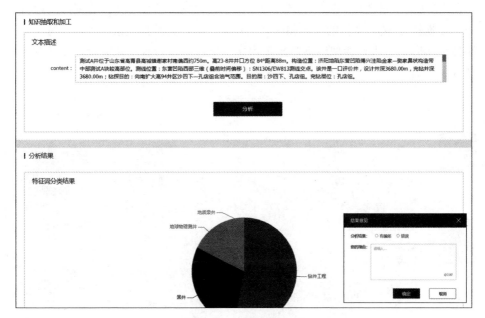

图 8-26　应用界面展示

如果用户对于分析结果不满意，可以填写反馈意见，以便更新和完善语义模型。

8.5.2　知识点抽取工具

对不同的数据类别提取的知识内容不同，有针对结构化数据的知识抽取工具和针对非结构化数据的知识抽取工具。在企业内存储的数据更多的是数据库中的数据和文档图片类数据。下面主要介绍针对数据库数据、图片数据和文档类型数据的抽取工具。

1. 数据库类处理

对于数据库中的数据，主要用到的工具是数据 DNA 提取工具。经过工具的提取最终能够从数据库的维度获取隐藏在内部的业务处理逻辑知识。首先进行数据同步，这时会用到 ETL 数据转换工具，来获取原数据库的具体数据内容和结构性数据，比较常用的开源工具有 Kettle。目前 ETL 过程更多地被企业所认可，不需要将所有数据都进行同步，可以先进行数据注册，在使用过程中根据使用的情况进行数据同步或直接调用原数据库的内容。然后进行数据 DNA 获取，其中数据关系获取部分主要分析字段和字段间的关系、字段和表之间的关系、表和表之间的关系、表和库之间的关系、库和库之间的关系。提取的方式包括直接分析数据库中的 ER（实体—联系）图、存储过程。利用大数据统计技术分析数据库的运行日志，根据执行 SQL 文件的内容和前后关系来获取数据结构关系，通过对每个数据字段的实际内容进行相似度判断来获得两个字段间是否有关联关系。详细过程如图 8-27 所示。

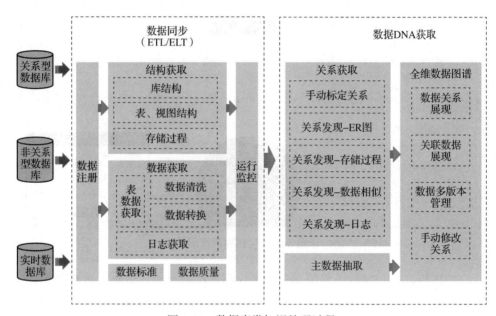

图 8-27 数据库类知识处理过程

另外，对于数据内容还会做大数据类的分析统计，比如趋势分析、周期性分析、异常波动分析、数据聚类统计等。这类工具已经比较成熟，比如 Tableau、QlikView、FineBI 等，这里不做过多介绍。

2. 图像类处理

图片处理类工具可以代替人工来提取图片内的相关信息，在工业上的应用逐渐成熟，是很多自动化处理的必需环节。例如查看工业生产过程中是否泄露气体，设备是否存在零件脱落，产品外观是否合格等。随着技术的发展，图像处理工具渐渐向边缘层设备转移，更多的处理直接在工厂或产线上进行，并根据结果实时做出响应。对这类工具一般都会有处理速度快（能够符合工厂产能要求）、准确率比较高（要降低成本）等要求。

　　图片处理的过程一般分为三个阶段：图像预处理、目标区域检测和目标内容识别。图像预处理主要是去除干扰信息并放大特征信息，以方便后期处理。目标区域检测是在整张图片中找到需要处理的区域，找到目标区域后可以提高处理速度和目标识别的准确率。目标内容识别是将目标区域中的图像信息，转化为结构化的认知信息，例如获得商品的好坏、商品的等级信息等。后续还会有自动化的分拣处理或者进行分析统计和管理绩效关联等环节。

　　最初，图像处理是通过对像素点值的运算，如求差、权重求和、卷积滤波等操作，来进行图像特征提取。后来应用 OpenCV 开源库，使用其中多样化的算法函数来进行图像处理。图像预处理的技术有：形态学变换（膨胀腐蚀、开闭运算、顶帽黑帽）、边缘检测（Sobel、Laplacian、Canny 检测）、轮廓检测提取、外接矩形圆形、直方均衡、霍夫检测、特征点提取（Harris、SIFT、SURF）、特征点比对等。

　　最初的目标区域检测是通过手工划定兴趣区域（ROI），或基于数字图像处理的轮廓检测完成。后来引入深度学习 bounding-box 回归算法，完成复杂场景的目标区域检测，检测结果如图 8-28 所示。目标区域检测的方法有：基于数字图像处理的方法（如轮廓检测提取、外接矩形圆形、霍夫检测等）、基于深度学习的方法（如 Faster-RCNN、EAST、CTPN）等。

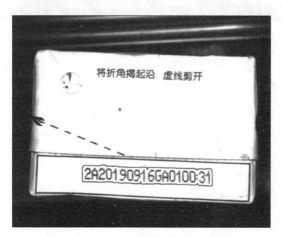

图 8-28　目标区域检测结果示意图

　　最初的内容识别是通过数字图像处理中的像素值运算，或者目标检测结果来进行的，后来发展为由数字图像匹配算法及深度学习任务的方式完成。目标内容识别的方法有：基于图像像素加权累加的阈值判别、基于目标检测结果形态或个数判别、基于数字图像处理的匹配算法（模板匹配、特征点匹配）、基于深度学习的目标种类或内容识别（如 Faster-RCNN、CRNN）等。图 8-29 为目标内容识别界面。

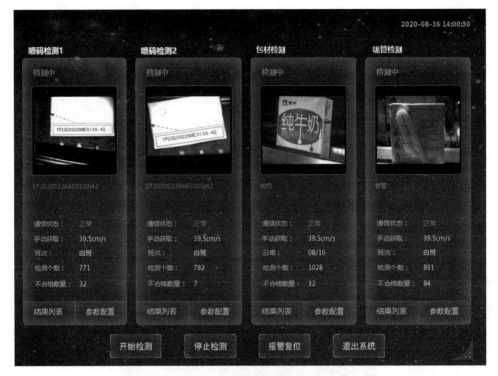

图 8-29　目标内容识别界面

3. 文档类处理

文档处理工具主要加工两种类型的文档资料。一类是标准规范类文档（包含国际标准、国家标准、行业标准、企业标准等），定义和描述业务活动的处理过程，告诉企业该怎么去做。另一类是成果类文档，在实际业务活动中记录过程或结果的文档，包含企业的最佳实践经验。

文档类内容处理流程如图 8-30 所示。

对于整篇文档一般都会先进行碎片化处理，碎片化的文档也要与原文档的组织结构保持一致。碎片化过程中要根据文档类型先做文本转换，其中可能用到 OCR 技术。最终将文档分为三类数据：文本类数据、表格类数据、图片类数据。对文本类数据可以做进一步的细化，如进行篇章、段落、句子的识别。如图 8-31 所示。

碎片化后的文本先进行分词（会涉及专业词的处理），根据情况再进行词性识别（命名实体识别），包括传统的人名识别、地名识别、机构识别、时间识别、工具识别、业务活动识别、相关技术识别等。基础类型词性识别后，按照篇章—段

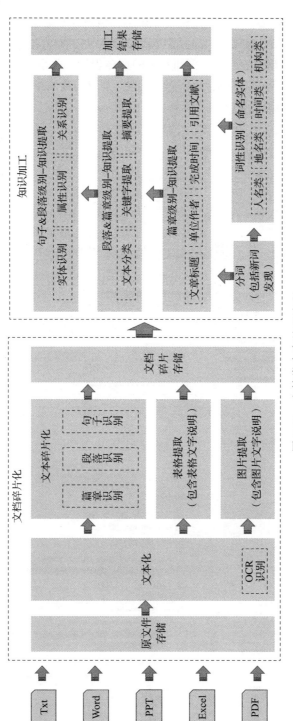

图 8-30　文档类内容处理流程

落—句子颗粒度再对文章进行业务性内容识别，包括针对篇章的标题识别、作者识别、时间识别、引用识别等，针对篇章和段落的文本分类、关键字提取、摘要提取等，如图 8-32 所示，针对段落和句子的实体识别、关系识别、属性识别等，如图 8-33 所示。将整篇文章进行结构化表达，生成整篇文章的图谱，如图 8-34 所示，最终让机器能够读懂文档。

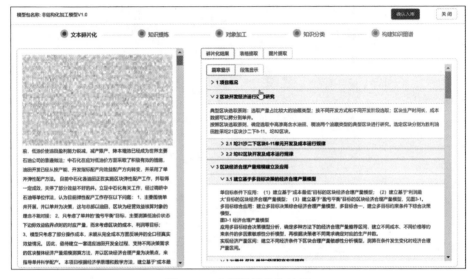

图 8-31　文档的碎片化处理

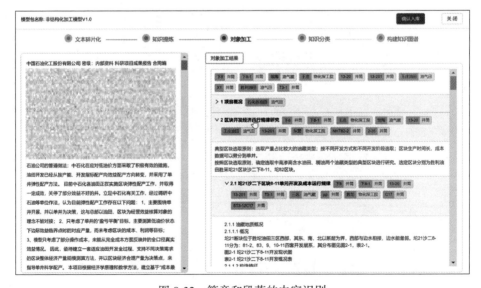

图 8-32　篇章和段落的内容识别

图 8-33　段落和句子的内容识别

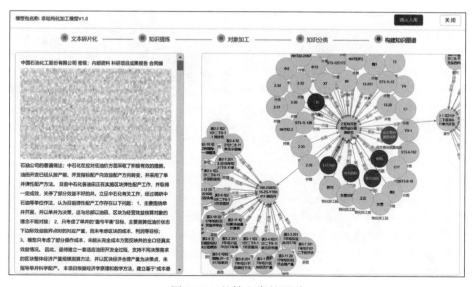

图 8-34　整篇文章的图谱

8.5.3　知识点融合工具

　　企业内的各种类型数据经过第一个阶段的工具加工，已经形成可以结构化表达的知识点。将这些知识点有机地融合到一起，形成工业企业的知识大脑，可以更好地辅助企业决策。知识点融合工具更多地使用知识图谱技术进行实现。

在工业知识当中更多的是采用自上而下的方式进行知识体系的设计和实现，即先在概念层设计好业务范围及相互关系，后在实际数据中有针对性地获取相关知识点构建知识实例。知识融合工具也采用双层图谱的设计理念，分为概念图谱和实例图谱。针对不同行业的业务流程、业务活动、相关技术、相关成果等进行抽象化设计，更好地提炼行业的通用性内容，最终形成概念图谱。这样设计出的图谱不仅行业复用性高，而且提供了大量的线上操作，便于开发人员最终实现知识融合工具。

1. 概念图谱设计

概念图谱的构建方式有两种，第一种是行业专家参与人工的构建概念图谱，另一种是机器读取标准规范自动构建知识本体，由知识本体投影出概念图谱。目前的工具还是以第一种方式为主，构建界面如图 8-35 所示。第二种构建方式还在探索当中。概念图谱构建工具更多考虑概念的属性设计和概念之间的关系设计。构建方式有线上拖拽式构建形式，也有线下文件整理好分批次导入的构建形式。

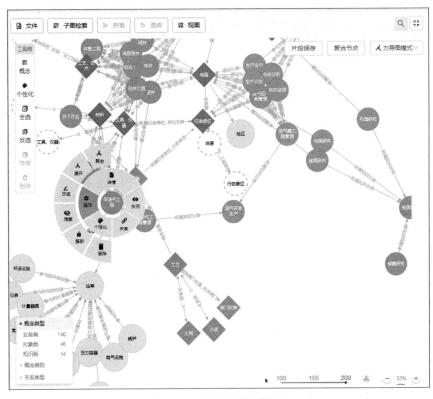

图 8-35　概念图谱构建界面

该工具的图谱内内置了和业务处理相关的属性关系，并有对应的处理方式，如图 8-36 所示。比如对一个业务活动的条件、约束、参与对象、作用对象等，针对每种关系都有相应的处理方式。

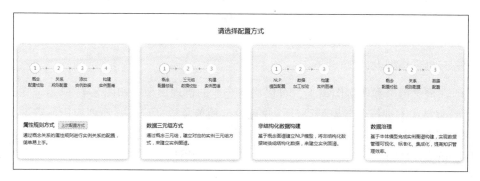

图 8-36　概念属性设计

2. 实例图谱构建

分析实际的数据内容和概念图谱的关系，生成对应的实例。首先根据数据类型不同选择不同的配置方式，比如数据读取形式、文档读取形式、三元组读取形式等；再选择要进行加工的模型（如果已经抽取完知识点，这部分会省略），对数据进行知识提取；将相同的实例和关系进行融合（一般是根据属性有无和属性值判断），人工校验后进行入库处理，最后形成企业实例图谱，其软件支持界面如图 8-37～图 8-40 所示。

图 8-37　选择配置方式

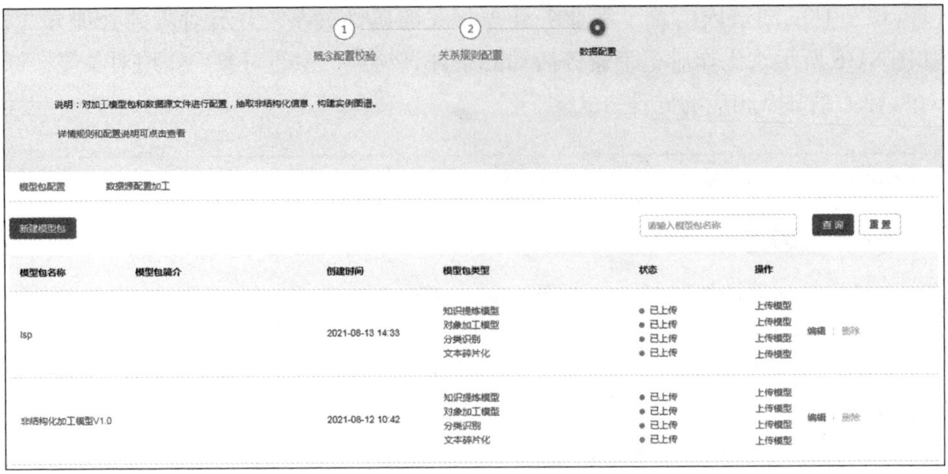

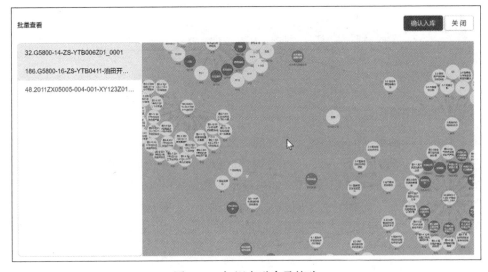

图 8-38　选择加工模型

图 8-39　知识点融合及校验

3. 机理模型设计

在概念图谱和实例图谱上，可以构建企业的机理模型。如图 8-41 所示，在概念图谱层次上进行业务模型设计，并且设定相关参数，形成一系列应用所需的处理模型逻辑，代入实例图谱后进行计算便可以得到最终结果，从而实现在分析问题、解决问题过程中的隐性工业知识的模型化、软件化。

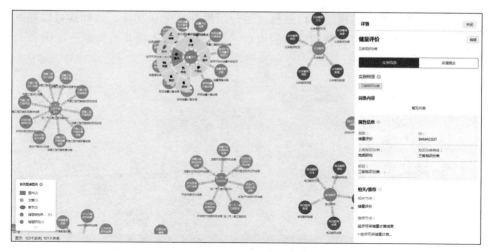

图 8-40　企业实例图谱

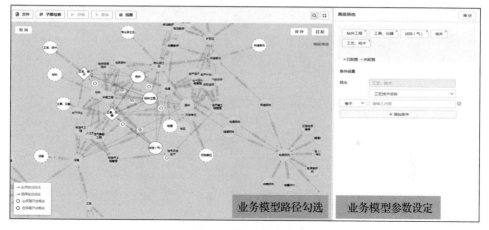

图 8-41　机理模型设计

对于复杂的模型可以拆分成多个模型运行，最后将多个模型的结果进行融合。这样既可以保证运行速度，也可以达到复杂模型的实现效果，如图 8-42 所示。

图 8-42　多模型融合

　　对于模型的设计过程、运行过程、运行结果都有保存功能，这样既可以随时查看，方便设计人员快速利用已有的成果，也方便研发人员排查问题，如图 8-43 所示。

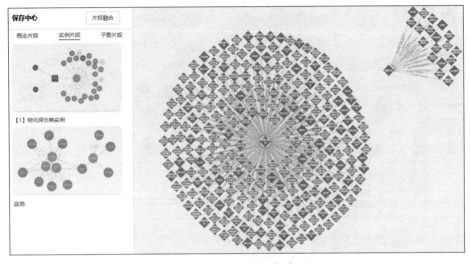

图 8-43   模型结果保存

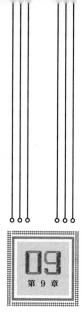

第 9 章

工业知识软件化

现代化企业的管理一定是建立在一整套的标准之上，否则，根本谈不上是现代化的企业。比如生产加工类企业，其中一类标准就是以产品为线索，首先是产品的标准，来定义用户的需求；然后是技术的标准，来定义每个工序是怎么做的；接着是如何做到，也就是作业标准和说明书。这些标准就是工业知识的体现，为什么必须软件化，放到计算机里呢？道理很简单，以轧钢为例，几分钟一块钢就过去了，期间很多工艺参数需要下达，如果一个参数错了，就会出问题。对于这类问题，人可能忙不过来、也容易出错。所以这些知识必须要计算机去执行。当钢来了之后，计算机根据工艺要求把它下达出去，这就叫工业知识的软件化。

在工业领域，工业知识软件化是将工业技术进行数字化表达和模型化，并将其移植到软件化平台中，以便驱动各种软件、硬件和设备的运行，从而完成原本需要人去完成的大部分工作，将人解放出来去做更加高级、更具创造性的工作。同时，工业知识软件化还能通过对企业历史数据和行为数据的深度挖掘，利用机器学习技术把经验性知识进行显性化和模型化表达，进而实现工程技术知识的持续积累，实现工业技术驱动信息技术，信息技术促进工业技术的双向发展。这对于建立数字化的工业技术体系，以及促进工业化、信息化深度融合具有十分重要的战略意义。所以，工业知识软件化在被视为国内制造业突破口的同时，更应当被视为知识表达和知识智能的一次重要变革。目前为止，只有它第一次实实在在地将知识直接输出成了生产力，实现了人与机器的重新分工。

我们注意到：相当多的标准，包括产品标准和技术标准，其实都可以用一个数据结构来描述。一块钢坯来了之后，计算机读取数据结构，然后按照这个标准进行执行控制。但是，仅有这样的标准是不够的。比如化工厂，当生产状态发生变化之后，固定的标准就不适合了。这时，往往涉及一个动态标准调整的过程。因此，用软件来解决这些问题，能做得更好。于是，我们又需要一种软件承载的知识。在工业行业称为模型，在具体的行业中如 APC（先进控制）或者 RTO（实时优化）都是用软件承载了工业知识去进行的实际操作和应用。

我们再看看工业的发展历史，在这个历史过程当中，我们也能从知识的角度来分析工业如何发展。

如图 9-1 所示，工业 1.0 阶段用机器操作，或者甚至再之前是手工操作，那时许多知识是在人的大脑中，当制造一个汽车，会有师傅教给你怎么做。但是到了2.0 之后，流水线生产阶段就有了一个巨大的改变，这个改变就是把一个加工过程变成若干岗位上简单化的操作。有的人专职拧螺丝，有的专门敲榔头。所以，一旦过程流水线化之后，其实就已经把工作过程解析开来，进行了标准化，只有标准化之后才容易让机器去做。换句话说，工业 2.0 时代已经把知识进行了解析和标准化。

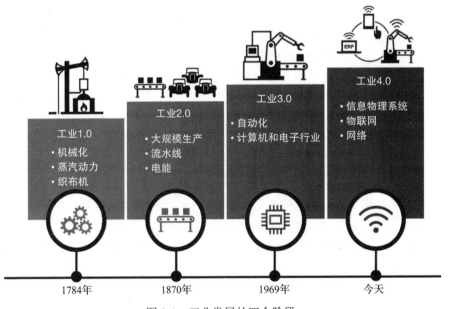

图 9-1　工业发展的四个阶段

工业 3.0 时代，有了计算机，我们就可以把这些标准化后的内容放到计算机里进行存储和调用。只是在工业 3.0 阶段，计算机能够处理的问题还不够复杂，很多复杂的问题还是需要人来做，靠的是专家的经验和隐性知识，比如质量出现异常情况时的处理。因此，到了工业 4.0 阶段，需要把大量这类经验以及专家知识放到计算机里，完成这些过去由人才能去做的事情，因此在这个阶段就有了智能化。

上面是我们从知识的角度去看待工业发展的过程。而现在的智能化过程，还有一个重要的趋势，就是通过互联网能方便地实现知识的共享，把获得知识的成本大大降低，从而更好地促进了智能化。

这四个阶段很好地体现了工业知识软件化的发展过程，是在不断进阶的。先是把人从重复低端的劳动中解放出来，进而通过智能化提高工业运转的效率和质量。

9.1　工业软件的分类与布局

一定程度上，工业知识蕴含于工业软件之中，而工业软件或可被视为工业技术与信息技术进行融合的直接产物。在描述工业知识软件化之前我们先来看看工业软件的发展现状和趋势。

工业软件主要可分为五大类。其一是 PLM（产品全生命周期）软件，以西门子、达索和 PTC 三大厂商为代表，它们基本垄断了高端装备制造 CAD 领域，并且凭借占有设计数据源头的优势，大力开展和强化 PLM 业务，覆盖了从设计、工艺到制造的环节，并通过大量并购，力求建立起完整的软件生态系统；其二是各学科领域的建模、仿真分析软件，以 MSC、Ansys 等为代表；其三是多学科优化和设计自动化厂商；其四是面向资源管理和项目管理的软件，比如 SAP、用友等 ERP 软件，以及西门子、黑湖、智通云联等 MES 软件；其五是通用中间件软件，主要解决管理信息系统的集成问题，如 IBM、Oracle 等。

通过图 9-2 可以清晰地看到，工业软件主要集中在工具、系统和平台三大领域，主要提供通用性、可复制型的产品和解决方案。在上层的业务领域即工业知识模型化、软件化领域，由于差异化大、市场分散、技术难度大，各类企业均涉足较少，也尚未形成垄断性的产业生态。然而需要指出的是，该领域所对应的业务恰好也对应着不少国内中小企业的迫切需求。因此工业知识软件化也是中国发展工业软件的突破口。

在工具、系统、平台这些基础和通用技术领域，市场成熟、厂商众多，西门子、达索等国际工业软件巨头已经形成了排他、封闭和垄断的生态系统。这些领域已经不利于创新技术的出现，也不适合国内中小软件企业的生存和发展。而工业知识软件化领域，由于和各个行业的专业知识结合紧密，且与各厂商涉足较少，故而正是中国发展工业软件的良好土壤和市场突破口。

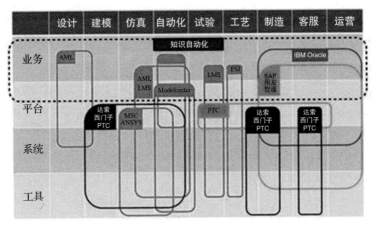

图 9-2   工业软件的分类与布局

9.2   知识与软件化

软件是知识的载体，软件承载的知识是"封装知识"。企业的管理流程、规定、制度、组织架构、人力资源配置、业务管理需求、工资、分配制度、供应链设计、市场策略以及行业标准、企业标准等，都是企业重要的知识。管理软件就是将这些知识解构、综合、设计成为各种不同的模型。这些模型能够展现采集或输入数据的信息属性，一个、一组、一个数据阵列所包含的信息必须通过数据模型的解读来获取，否则就仅仅是数据而已。一个企业流程管理软件就是企业知识的综合体，软件的运行就是知识的应用过程。

从另外一个维度来讲，一个工人、管理人员，或者一个普通人，其实日复一日做的工作 90% 以上都是重复的、单调的、简单的。无论是工具软件还是管理系统软件，其实它们最大的价值就是两件事：让我们少做重复事情和让我们少犯低级错误。在企业生产一线没有多少工作是创造性的，90% 以上也是标准化的重复性劳动，包括产品设计和工艺设计。所以采用工业化软件可将设计的周期大幅度地缩短，提高效率和减少错误本身就体现了知识的价值。

9.2.1   软件的作用：闭环知识赋能体系

软件是一系列按照特定顺序组织的计算机数据和指令的集合，也是程序和文档的集合体。软件不仅仅是一行行的程序代码，也不仅仅是一个个的算法模型，这些都只是软件的某种具体表现形式而已。从根本上看，软件是对客观事物的虚拟反映，是知识的固化、凝练和体现，是现实世界中经济社会范畴下各个行业领域里各种知识的表现形式。

被誉为"大师中的大师"的彼得·德鲁克在《经济学人》杂志上发表过一篇题为《下一个社会》的文章。他从政治、经济、社会、管理等诸多视角，全方位地研究了组织管理对于人类社会的深刻影响。他预见并深信"下一个社会"是知识社会。随着知识社会的临近，知识将以"加速度"方式积累形成"知识爆炸"，并产生越来越多的知识产品；知识将由工业社会中的非独立性生产要素变成独立性生产要素；知识将超越资本，成为社会的关键资源；知识作为重要的生产要素，将建立起新型的生产关系，催生出远超现今的强大生产力。知识资产及其产生的生产关系将催生以知识经济（信息经济 / 数字经济）为核心的社会形态，这个社会亦可称为知识社会，知识社会是信息社会发展到高阶段的产物。

发生在当下的新一轮工业革命，实质是信息技术给社会、企业、个人之间的关系（生产关系）带来的"颠覆性改变"，是未来经济的生产要素——知识通过大数据、云计算、人工智能、工业互联网等各种"外化"形式不同的新型软件实现由虚到实的"物化过程"，是对产业生态的重新布局，是我们进入知识社会 / 信息社会的基础和前提。

另外，国家提出的大数据战略，强调大数据是基础战略资源，是新型生产要素。这与知识作为生产要素并不矛盾，而是一脉相承的。毫无疑问，数据已经成了当下重要资源。但数据要经过处理成为信息，再升华成知识才能更好地为人所用，产生智慧、体现价值。

软件是人类认知事物运行规律产生知识的代码化，是指导甚至控制物理世界运转的工具，是技术体系的载体，也是人类经验、知识和智慧的结晶，是人类大脑的扩展和肢体的延伸。

基于安筱鹏博士提出的赋能体系，我们认为软件承载了知识管理，并且对知识要素进行优化及配置，建立起一条"物理运行—知识—软件优化"的链接，构建起物理（Physical）空间到赛博（Cyber）空间的软件闭环知识赋能体系，如图9-3所示：物质世界运行—人类认知世界—认知知识化—知识模型化—模型算法化—算法代码化—代码软件化—软件不断优化和创新物质世界运行，从而产生强大的生产力。

物质世界运行，产生客观规律，这种规律不以人的意志为转移，与人没有产生直接关系，更不能为人所用；若要利用，需要人类通过种种方式去认知这个世界。人类在认知世界过程中，将接收到的大量的数据、信息转化成为知识；将知识进行形式化和结构化的抽象，形成模型；将模型演化为解决问题的方法、流程、策略等，并对一定规范的输入，在有限时间内给出所要求的输出，形成算法；将算法用代码来表达；进而将代码形成软件；人们通过使用软件，发挥软件"赋能""赋值""赋智"作用优化物质世界的运行。周而复始，不断前进。

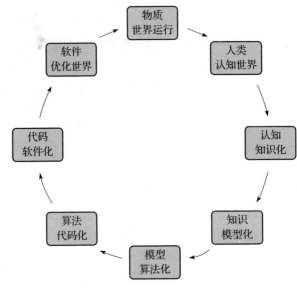

图 9-3　软件闭环知识赋能体系

　　这一体系的本质是通过信息变换优化物理世界的物质运动和能量运动以及人类社会的生产消费活动，提供更高品质的产品和服务，使得生产过程和消费过程更加高效，更加智能，从而促进人类社会的智能化发展，实现人与自然的和谐统一。从古至今，人类都想把知识代代相传，然而三百六十行，行行出状元，每一行里面都具备特有的知识和技能，到底怎么样才能更好地传承下去呢？这就是知识软件化的内容。

　　在图 9-3 所示的知识闭环赋能体系中，很重要的一部分是将事物运行的规律转化成软件，用软件反映客观事物，将知识凝练、固化和体现，这一过程可称之为知识软件化，如图 9-4 所示。具体来说，完整的知识软件化是人类对客观世界运行规律产生的认知进行显性化表述、结构化分析、系统化整理与抽象化提炼，实行知识化、模型化、算法化、代码化、软件化的过程。一般依次包括认知知识化、知识模型化、模型算法化、算法代码化、代码软件化五个环节。

　　软件由知识软件化产生，这中间凝聚了知识的应用和逻辑分析，其核心是知识革命、知识工程。

　　知识软件化能够推动知识泛化，让知识被更好地保护、更快地运转、更大规模地应用，从而千倍万倍地放大知识的效应，进而支撑实现知识更高效的创新。

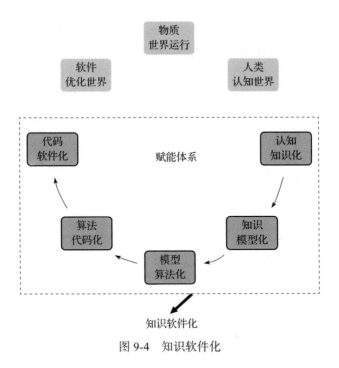

图 9-4　知识软件化

9.2.2　工业知识软件化

　　自动化阶段的知识多数可以用数据结构表述，但这些数据结构是怎么来的，我们却不知道。先给大家讲两个故事，来说明工业知识软件化是怎么回事。

　　大概在 21 世纪初，宝钢在生产冷轧板的时候遇到一个问题：轧机的能力不够了。这个时候他们找到了国外的设备供应商，国外专家认为他们应该做改造。因为仅仅更换一个电动机就要 1.3 亿元，而且还会影响生产。要知道，当时的冷轧厂的生产就像印钞机一样，影响非常大。

　　宝钢的冷轧机是 5 个轧机一起工作的。需要一个负荷分配表来分配 5 个轧机的工作，这个表就是前面讲到的"数据结构类知识"。此时宝钢有位老专家发现：按照国外给的表格，有的轧机已经接近 100% 的负荷，确实没有办法提高了。但是，有的轧机却负荷不高，但负荷高的这一台，限制了整个轧制机组的能力。这张表格过去是从国外引进的，但引进的时候并没有考虑到要轧怎样的板材，这就是问题的根源。因此这位专家就提出了另外一种思路：修改轧制负荷设定的表格。

　　但是，当时宝钢引进的就是这样的一个表格，国网厂商没有明确的解释这个表格是怎么产生的，虽然他们应该有计算表格的办法，但引进的时候不会告诉你，因为这是人家的核心技术。

于是，这位专家根据他对轧钢原理的理解，给出了计算模型。按照新计算的负荷分配轧钢，结果一次性成功。

另一个小故事也是类似的。有次宝钢接到一个特殊要求的合同，连续铸钢生产了6000吨，结果只有一半合格，损失达几百万元。后来分析时发现，生产时设置的几个参数有问题，而这些参数同样是从国外引入的。专家们分析后用自己的软件计算了一套新的参数，然后用这套参数进行生产，结果出奇地好。

这两个小故事有一个共性，就是当企业在开发新产品、特殊产品时，就很容易出现了解工业知识或模型内核的需求。据说在美国的波音公司，这种类型的软件有5000多款。

但这些和研发过程、生产工艺等密切相关的技术和知识都是国外厂商核心的东西，我们很多企业虽然引进了国外的生产技术，但国外厂家却不一定会告诉你这些与研发、创新相关的技术和知识，很多企业甚至根本不知道有这样东西。所以，如果企业没有达到一定的高度，很少有新产品研发，也就没有这样的需求，也就无法理解工业知识软件化的意义。换句话说，这些技术的需求，往往是研发和设计推动的。

那么这类核心的技术也就是我们所说的工业知识的重要组成部分，有哪些需要进行软件化呢？

具体来说就是根据领域范围，对工业领域运行规律认知形成的知识，进行工业知识软件化，通过工业知识软件化形成工业软件。而工业软件的核心是工业知识。

参考朱焕亮与徐保文的《工业软件浅析》一文中对工业知识与工业软件的论述：工业知识一般主要可以分为方法、过程和装置三个要素。不同要素的工业知识软件化产生不同类型的工业软件：方法层面的工业知识软件化后，产生了基于物理原理与专业学科发展的各类专业工具；过程层面的工业知识软件化后，产生了以流程管理为核心的各类业务系统；装置层面的工业知识软件化后，产生了各类嵌入式软件。工业知识软件化产生了覆盖制造全过程、产品全生命周期的工业软件，并使它成为推动生产组织方式的变革和工业转型升级的重要动力。

所以只有企业发展到一定程度之后，开始重视研发了，才能意识到工业知识软件化的问题是非常重要的。中国现在整个工业企业都在转型升级，深刻理解并有效的应用工业知识这个需求就提出来了。所以，很多企业觉得"工业技术或工业知识软件化"是个突然冒出来的概念，也就不足为怪了。

现在在谈的智能化很大程度上就是把人脑当中的知识放到计算机里。有人认为，智能制造就是人工智能、深度学习在工业中的应用。但是实际上依靠深度学习获得的知识，只是工业知识中极少的部分，更多的工业知识还是长久以来在过程中沉淀下来的存在于专家头脑中的经验和知识等。

除了图像识别，机器学习在工业中的应用场景有限。智能制造需要的知识，深度学习获得的知识不是主食，只是佐料或味精。而智能制造所需的主要知识，应该是从专家的脑子里转过来的。所以我们可以看看，现在哪些知识还依赖于人脑。在研发、设计、异常处置、用户服务等方面，大量的工作是由人类专家来做的，我们应该尽量把其中的一些知识变成标准化的东西。只有数字化、显性化的知识才容易传承。

我们发现日本人做事的一个特点是，不管做任何一个事情，不是拍脑袋，而是在做什么事情的过程中或之后都会写一个规范，其他人拿过来按照这个规则就能做事。所以最终要实现智能化，往往就是把人脑子中的一些知识拿出来。这就是知识软件化的过程，通俗一点讲就是把人的逻辑数字化、模型化。比如你为什么知道效率低了三个百分点？你把你的逻辑告诉我，我把数据收集上来，我按照你的逻辑来算。你凭什么知道是烟道堵了？你把你的逻辑告诉我，我把数据采集上来，我按照你的逻辑去算。你再告诉我什么时候应该让他扫灰，我发的指令和他扫灰之间的间隔是多少？

美国的大河公司其实就是按照这个逻辑走的。按照这个逻辑，国内企业的一个质量组需要几十人到上百个人，然而大河公司的质量组只有几个人，就是因为他们做到了很多方面的知识软件化。比如对用户需求通过统计分析进行数字化，这样在设计和异常处理时，就能够判断方案是否能够满足需求，以及将产品和工艺设计的全过程也进行数字化，特别是与质量、用户适用性相关的数字化。

但是，"把人脑中的知识放到计算机里"其实并不简单。因为这些知识是碎片化的、不容易管理的，当把这些知识放入计算机的时候，可能会影响正常生产。这也是工业知识软件化过程中需要考虑的一个重要问题。

9.3　工业 App

工业 App 是什么？工业 App 与工业软件有什么关系？与工业互联网平台又有什么关系？与软件定义制造有什么关系？本节从源头开始一步步缕析工业 App 是怎么产生的，以及它与诸多要素的关系与内涵。

9.3.1　工业 App 的产生

工业软件自诞生以来，推动机械化、电气化、自动化的生产装备向数字化、网络化、智能化发展。经过几十年的发展，工业软件也在不断变化。目前，工业软件呈现以下主要发展趋势：从软件形态角度，工业软件朝着微小型化发展，软件模块→软件组件→ App →小程序→微小应用。

从软件架构角度，一方面，在工业软件微小型化发展的趋势下，软件架构朝着组件化、服务化发展，从面向服务的架构到基于微服务的架构；另一方面，基础工业软件朝着平台化发展，工业软件向一体化软件平台的体系演变，特别是基于技术层面的基础架构平台。工业互联网平台就是某种意义上的工业软件平台。

从软件使用角度，工业软件朝着云化发展，软件和信息资源部署在云端，使用者根据需要自主选择软件服务。

从工业知识角度，工业软件朝着知识化发展，从通用工业知识到特定工业知识，从工业知识创造、加工、使用、分离到统一。工业软件的"知识"与"软件"两个要素发生变化，即工业知识软件化中的"知识"与"软件化"发生了变化。

在"知识"要素方面，由通用工业流程、方法等要素的集合，自然科学与技术科学等通用科学知识，向基于通用工业知识，面向特定应用场景、解决特定问题的流程、方法、逻辑、经验、诀窍以及数据挖掘分析得出的参数等一般人难以把握的工业知识转变。

在"软件"要素方面，由原来的面向服务的架构向微服务架构演变，由架构复杂、功能耦合向架构简单、功能独立演变。

在这两个要素变化的背景下，工业知识软件化产生工业 App。工业 App 是人们将研发设计、生产制造、运营维护、经营管理等制造全过程的运行规律进行知识化、模型化、算法化、代码化、软件化，是承载工艺经验、业务流程、员工技能、管理理念等知识的新载体。工业 App 将隐性、分散的知识显性化、系统化，促进知识沉淀、传播与复用，放大价值创造，发挥软件"赋能、赋值、赋智"作用，推动工业提质增效升级。工业 App 一般有知识化、轻量化、灵巧化、独立化、可复用、可移植等特点。

9.3.2　工业 App 的定义与特征

1. 解读工业 App

工业 App 是一种承载工业技术知识、经验与规律的形式化工业应用程序，是工业技术软件化的主要成果。工业 App 是为了解决特定问题、满足特定需要而将工业领域的各种流程、方法、数据、信息、规律、经验、知识等工业技术要素，通过数据建模与分析、结构化整理、系统性抽象提炼，并基于统一的标准，将这些工业技术要素封装固化后所形成的一种可高效重用和广泛传播的工业应用程序。工业 App 是工业技术软件化的重要成果，本质上是一种与原宿主解耦的工业技术经验、规律与知识的沉淀、转化和应用的载体。

工业 App 所承载和封装的具体工业技术知识对象包括：

（1）经典数学公式、经验公式。

（2）业务逻辑（包括产品设计逻辑、CAD 建模逻辑、CAE 仿真分析逻辑、制造过程逻辑）。

（3）数据对象模型、数据交换模型。

（4）领域机理知识（包括航空、航天、汽车、能源、电子、冶金、化工、轨道交通等行业机理知识，机械、电子、液压、控制、热、流体、电磁、光学、材料等专业知识，车、铣、刨、磨、镗、热、表、铸、锻、焊等工艺制造领域的知识，配方、配料、工艺过程与工艺参数的知识，以及故障、失效等模型，还可以是关于设备操作与运行的逻辑、经验与数据等）。

（5）工具软件适配器，工业设备适配器。

（6）数学模型（设备健康预测模型、大数据算法模型、人工智能算法模型等）。

（7）将多领域知识进行特征化建模形成的知识特征化模型。

（8）人机交互界面。

工业 App 有两个关注点，第一是关注对工业数据的建模以及对模型的持续优化，第二是关注对已有工业技术知识的提炼与抽象。两类不同的关注对象形成两类工业 App，大多数工业互联网平台所做的都是工业数据建模。

同时，工业 App 强调解耦、标准化与体系化。

- 强调解耦是要解决知识的沉淀与重用，通过工业技术要素的解耦才能实现工业技术知识的有效沉淀与重用；
- 强调标准化是要解决数据模型和工业技术知识的重用及重用效率，通过标准化使得工业 App 可以被广泛重用，并且可以让使用者不需要关注数据模型和知识本身，而直接进行高效使用；
- 强调体系化是要解决完整工业技术体系的形成，以便通过整个体系中不同工业 App 的组合，完成复杂的工业应用。工业 App 一般用于解决特定的问题，当需要解决复杂问题时，必须通过一系列的 App 组合来支撑完成，所以要形成面向不同工业、不同行业的工业 App 生态，才能完成对复杂对象的描述与应用。

工业 App 可以使工业技术经验与知识得到更好的保护与传承、更快的运转、更大规模的应用，从而十倍甚至百倍地放大工业技术的效应，推动工业知识的沉淀、复用和重构。

2. 工业 App 的典型特征

作为一种特殊的工业应用程序，工业 App 具有七个方面的典型特征，区别于一般的工业软件或工业应用程序。

（1）完整地表达一个或多个特定功能：解决特定问题的每一个工业 App 都可以完整地表达一个或多个特定功能，是解决特定具体问题的工业应用程序。这是工业 App 区别于一般的工具软件和工业软件的特征，工具软件和工业软件的功能通常具有普适性，可解决一大类相似的问题。

（2）工业技术要素的载体：工业 App 是工业技术要素的载体，在工业 App 中封装了具有特定功能和解决特定问题的流程、逻辑、数据流、经验、算法、知识、规律等工业技术要素。工业 App 固化了这些技术要素，即每一个工业 App 都是一些特定工业技术要素结合特定应用场景的集合与载体，这一特征赋予了工业 App 知识的属性。

（3）工业技术要素与原载体解耦：从工业 App 的定义看，工业 App 是高效重用并广泛传播的一种工业应用程序。如果工业 App 承载的工业技术要素不能与原载体解耦，高效重用和广泛传播的目标就很难达成。因此，工业 App 所承载的工业技术要素必须与原载体解耦。这里所说的原载体可以是拥有工业技术经验、掌握规律与知识的人或由人构成的组织，也可以是隐含或潜藏着规律与特性的客观存在的某一个事物。

（4）小巧灵活、可组合、可重用：工业 App 目标单一，只解决特定的问题，不需要考虑功能普适性，因此，每一个工业 App 都非常小巧灵活；不同的工业 App 可以通过一定的逻辑与交互进行组合，解决更复杂的问题；每一个工业 App 集合与固化了解决特定问题的工业技术要素，因此，工业 App 可以重复应用到不同的场景，解决相同的问题。

（5）结构化和形式化：工业 App 是流程与方法、信息与规律、经验与知识等工业技术要素进行结构化整理和抽象提炼后的一种显性表达，结构化提供了可组合应用的基础；以图形化方式定义这些技术要素及其相互之间的关系，并提供图形化人机交互界面，以及可视的输入输出，方便工业技术知识的广泛重用。

（6）轻代码化：轻代码化不是排斥代码。工业 App 需要一个非常庞大的生态来支撑，这就要求让掌握工业技术知识的广大工程技术人员尽量都能参与到工业 App 生态建设的进程中。所以，工业 App 的开发主体一定是"工业人"，而不是"IT 人"。这就要求工业 App 的开发是在一种图形化的环境中通过简单的拖、拉、拽等操作和定义完成的，不需要代码或仅需要少量代码。即便如此，工业 App 并不排斥通过代码方式实现的工业用途的 App。轻代码化的特征主要是从工业 App 生态形成的角度，对生态中绝大多数工业 App 实现方式的概括。

（7）平台化、可移植：工业 App 集合与固化了解决特定问题的工业技术要素，因此，工业 App 可以在工业互联网平台中不依赖于特定的环境运行。平台化、可移植的特征与工业 App 建模密切相关，由于工业领域四类模型的不同建模方式和所需建模引擎的差异，工业 App 的平台化将以工业互联网平台能否提供完善的建模引擎为前提。只有提供通用的建模引擎时，工业 App 才能实现平台化、可移植。

工业 App 的这七个典型特征充分映射了工业 App 的根本目标：

- 便于"工业人"实现经验与知识的沉淀；
- 便于利用数据与信息转化为规律与特性涌现；
- 便于将经验与隐性知识转化为显性知识；
- 便于在一个共享的氛围中实现知识的社会化传播；
- 结构化、显性化、特征化表达，便于知识的高效应用。

3. 工业 App 的本质

工业 App 本质上是一种与原载体解耦的工业技术经验、规律与知识的沉淀、转化和使用的应用程序载体。其中包含三层意思：

第一，工业 App 是工业技术经验、规律与知识的沉淀、转化和应用的载体；

第二，这种工业技术经验、规律与知识必须是与原宿主解耦的；

第三，这种融合了工业技术知识的应用程序，为人们一直以来孜孜以求的"知识驱动的应用"（如知识驱动的设计）提供了支撑。

从工业 App 的本质来说，有以下几个比较容易混淆的问题必须明确：

（1）工业 App 承载的是已经与人解耦的结构化、显性化、特征化表达的工业技术知识、经验与规律。

（2）工业 App 不承载设施设备等资源。虽然设施设备也是各种工业技术的集合与成果，但是由于这种设施设备中的工业技术并没有被抽取出来，使其独立存在并可与该设施设备解耦，因此不能说这个设施设备资源可以作为工业 App。但是，工业 App 可以承载操作与使用设施设备的经验与知识，以及通过数据所发现的规律。

以飞行器风洞试验中的风洞设施为例来说明这个问题。虽然风洞本身是一套复杂的高技术设施设备，但不能把风洞本身当作一个 App。风洞的操作很复杂，尤其是天平调节，严重依赖操作人员的经验。如果我们把天平调节操作人员头脑中的经验进行梳理、解析、封装并形成一个工业应用程序，这就形成了一个风洞试验天平调节 App，因为其中的操作经验已经与特定的天平调节操作人员解耦了。

这个例子也同样说明了上面提到的关于与人解耦的问题。这个天平调节操作人员本身不是一个 App，但是抽取出来的天平调节经验是工业 App。

（3）要注意区分利用工业 App 定义、描述以及实现的工业品实例与工业 App 的差别、定义、描述以及实现。某工业品对象的工业应用程序是工业 App，但是工业品实例不能作为工业 App。

例如，某企业使用齿轮设计 App 设计了 100 个不同的齿轮实体，虽然这 100 个齿轮实体都是齿轮设计技术与知识的结果，但都只是一个齿轮设计 App 的设计实例，而不是 100 个工业 App。

（4）App 的应用是一种"知识驱动的应用"，如知识驱动的设计等应用。工业 App 实现了以前大家一直想要实现的"知识驱动设计"。比如对数百个工业 App 进行组合，实现完全由工业 App 驱动完成一款民用飞机的总体设计。App 驱动包括飞机的气动外形、气动布局、飞行性能、重量重心、操稳等总体设计和分析活动。

在工业 App 驱动产品设计的过程中，工程师不需要直接操作 CAD 和 CAE 分析软件来进行设计，只需要在人机交互时输入与飞机总体设计相关的需求和技术参数，而其他建模和分析过程全部由 App 中所承载的工业知识驱动完成，这就是典型的知识驱动设计。

9.3.3　工业互联网平台：工业 App 发展的新方向

工业互联网的出现，为工业 App 的发展带来了强大的活力和增长机遇。基于工业互联网平台全新架构和理念开发的工业 App，让工业知识软件化有了新的路径，让工业 App 有了新的方向。

工业互联网的本质作用，是让知识持续沉淀的过程风险降低，质量提高，成本降低，速度加快。打一个比方来说：在过去的软件系统中增加一个功能，就像建栋大楼一样麻烦；而现在增加一个功能就像搭个帐篷一样简单。这个帐篷，就是沉淀的知识，就称为工业 App。

过去增加一个功能的时候，需要从很多设备上取数据。不仅麻烦，而且会对生产带来风险。现在，我们把一些准备工作提前做好，需要数据的时候直接从平台上拿。这样，工作量和风险就降低了。

有些工业互联网平台还采用了数字孪生技术。这种技术的特点，是实现了知识的复用、有利于专业分工协作。这又进一步降低了风险和成本。

我们设想一下：假如一个 App 能够带来 100 万元的效益，而开发成本却要 150 万元，这样的 App 就不具备经济性；反之，如果开发一个只需要 10 万元，就会具备经济性。所以，工业互联网平台降低了知识沉淀成本，也就让智能化的持续改进之路变得更加容易。

所以，从以下三个方面，我们可以说工业互联网平台，是工业 App 发展的新方向。

1. 工业互联网平台带来了知识沉淀、复用与重构

安筱鹏博士曾提出，工业互联网平台的本质是通过提高工业知识沉淀与复用水平构筑工业知识创造、传播和应用新体系。其中，工业 PaaS（Platform as a Service）把大量的工业原理、行业知识、基础工艺、模型工具规则化、模型化，封装成为可重复使用的微服务组件。通过平台，创新的主体可高效便捷地整合第

三方资源、创新的载体变成可重复调用微服务和工业 App、创新的方式变成基于工业 PaaS 平台和工业 App 的创新体系。这些都将大大降低知识创新的成本和风险，提高研发效率，加速知识传播。

知识复用提升知识价值，改变知识生产方式。正如《工业互联网平台白皮书》所述，通过数据积累、算法优化、模型迭代，工业互联网平台将形成覆盖众多领域的各类知识库、工具库和模型库，实现旧知识的不断复用和新知识的持续产生；通过提供基于工业知识机理的数据分析能力，实现知识的固化和积累；将传统上分散于不同企业、不同系统、不同个体的工业经验有效沉淀和汇聚起来，并通过平台功能的开放和调用，以及网络的传播，加速工业知识传播。

2. 工业互联网平台带了新的软件研发方式

传统工业应用软件往往开发难度大、开发要求高，不能灵活地满足用户个性化需求。

工业互联网平台中，一方面传统架构的工业软件拆解成独立的功能模块，解构成工业微服务；另一方面工业知识形成工业微服务。工业 PaaS 实质上是一个富含各类功能与服务的工业微服务组件池，这些微服务成为了不透明的知识"积木"，面向应用服务开放 API，支持无专业知识的开发者按照实际需求以"搭积木"的形式进行调用，高效地开发出面向特定行业、特定场景的工业 App。此外，工业互联网平台支持多种开发工具和编程语言，图形拖拽开发、API 高级开发等。这些为不会写代码的工程师快速开发出人机交互的高端工业软件，为欠缺工业理论和工业数据资产的 IT 人提供高效复用的专业算法模型带来了可能；让原本封闭的企业专业化开发转化为社会通用化共享，使知识得到传播，能力得到复制与推广，极大降低了工业 App 的开发难度和成本，提高了开发效率，为个性化开发与社会化众包开发奠定了基础。

工业软件未来的开发和部署将围绕工业互联网平台体系架构，以工业 App 的形态呈现，不需要每个开发者都具备驾驭庞大架构的能力。但依托底层平台架构的支持，将众多的小型工业 App 组合在一起，就能组成一个个庞大的场景。这就好比一支可以打败大象的蚂蚁军团，从而能够颠覆性地化解传统工业软件因为架构庞大而给企业带来的实施门槛和部署难度。

在传统工业软件被国外工业巨头把持的局面下，工业 App 为我国提供了一条"换道超车"的路径。工业 App 有助于实现工业软件核心技术的突破，补齐高端工业软件的短板，加快解决我国工业软件发展中存在的卡脖子问题。

3. 工业互联网平台带来了新的价值呈现平台

工业互联网平台是以互联网为代表的新一代信息技术，是从消费环节向制造环节扩散、从提高交易效率向提高生产效率延伸、从推动制造资源的局部优化向全局优化演进的必然结果，是构建现代化产业体系、推动经济高质量发展、抢占新一轮产业革命制高点的重要举措。

一方面，工业 App 的发展将成为推动工业互联网发展的重要手段。安筱鹏博士将工业互联网平台概括为：数据＋模型＝服务。工业互联网平台最终需要通过提供服务来体现价值。工业 App 是应用服务体系的重要内容，支撑了工业互联网平台的智能化应用，是实现工业互联网平台价值的最终出口。没有工业 App，工业互联网平台就像没有了功能丰富的 App 的苹果手机、安卓手机，用户无法享受到便捷智能的服务，自然也不会愿意付高价购买。

另一方面，工业互联网平台给了工业 App 全新的展现舞台，全新的价值呈现。基于工业互联网平台，面向特定工业应用场景，激发全社会资源形成生态，推动工业技术、经验、知识和最佳实践的模型化、软件化和封装，形成海量工业 App；用户通过对工业 App 的调用实现对特定资源的优化配置。工业 App 通过工业互联网平台，进行共建、共享和网络化运营，支撑制造业智能研发、智能生产和智能服务，提升创新应用水平，提高资源的整合利用。

工业知识软件化产生工业软件，工业软件定义智能制造。各个国家先进制造计划的基础是实现"硬件"、知识和工艺流程的软件化，进而实现软件的平台化，是新型工业软件的平台或者操作系统，本质是"软件定义"。工业软件是由工业知识软件化形成，核心是工业知识，软件定义制造的另一种解读是工业知识定义制造。进一步来说，工业知识软件化构建软件化的工业基础、软件定义的生产体系，促进生产关系的优化和重组，奠定了软件定义制造的基础与前提。而工业 App 是以软件形式定义工业业务应用，是一系列软件化、可移植、可复用的行业系统解决方案，是软件技术与工业技术的深度融合。

知识型 App 是相对于效率型 App 而言的。效率型 App 通过多维数据整合、信息及时推送，来提高业务流程效率、办公效率，而知识型 App 侧重决策建议的提供，来提高业务决策效率（如设备异常检测、操作参数调整建议等）。效率型 App 的开发侧重于软件功能云化、用户体验设计、采集与提升，而知识型 App 的重点在于决策知识的融入和及时推送。

如业界诸多专家所见，未来人是知识的生产者，智能机器是物质的生产者，需要将"人智"以软件形式转化为"机智"。知识软件化一方面将人的知识提炼出来以软件为载体储存，把软件嵌入机器设备，通过软件运行，人的智慧以知识形式变成机器智能；另一方面通过工业大数据与机器学习，替代人工积累经验，并自动发现知识、学习知识、积累知识，形成新的软件，提高机器智能。通过封装工业知识的工业 App 对机器进行"赋能""赋智"，形成机器智能，并不断增强机器智能，则可使机器智能突破人体使用知识的时空局限。

综上，工业知识软件化变得极其有意义。知识是所有智能的源头，没有工业知识软件化就没有工业软件，没有工业软件就没有机器智能，没有机器智能就没有智能制造。同样也就不会有工业互联网，软件定义制造也成了无本之木。

9.4　知识工程云平台

随着工业互联网的发展，工业知识越来越被重视。随着知识图谱和相关算法的引入，产生了很多高质量的工业 App。知识工程云平台是企业全面实施知识工程解决方案的信息化管理基础，是知识工程各项核心技术的落地点，是典型应用场景的实现地，为其他系统提供了智能的知识服务。知识工程云平台主要面向企业用户，建立一套企业统一的知识汇聚、挖掘、管理、应用和创新的知识云服务系统，支撑跨部门、组织、地域的知识分享；针对具体的业务场景，实现面向业务的知识汇聚、共享、沉淀的应用机制，促进业务提效；同时作为个人工作、学习与交流的知识助手，最终实现企业智力资产可持续的积累、有效的复用和创新。工业互联网的发展过程中，要求知识工程平台也要进行组件化设计，在平台提供的基础组件上能够快速构建工业知识相关 App。每个工业 App 针对某个特定业务场景进行设计，使企业能够在业务运转过程中发挥知识的最大价值，在公司整体层面提质降本增效。

9.4.1　总体架构

从工业知识全生命周期的角度看，以"采、存、管、用"四个层次定义的知识工程云平台应用架构如图 9-5 所示，分为信息采集、知识存储、知识管理、知识应用四部分（参考智通云联 Smart.KE 产品设计）。

1. 信息采集

信息采集是按照业务的知识需求，将知识需要的数据、信息从采集源中采集出来，经过数据清洗、知识转换、知识加工、对象识别、知识自动分类后，再由人工进行校验，校验合格后，发布到知识库的过程。采集源包括三类，一类是企业外部知识源，另一类是企业内部知识源，还有一类是来源于企业员工的贡献。针对不同类型的采集源，需要采用不同且适合的采集技术和方式去实现，以达到信息汇聚的目的。

2. 知识存储

知识工程云平台内的知识存储有三类，第一类是按照知识类型的存储，第二类是按照知识体系的存储，第三类是按照知识图谱的存储。基于知识类型对知识

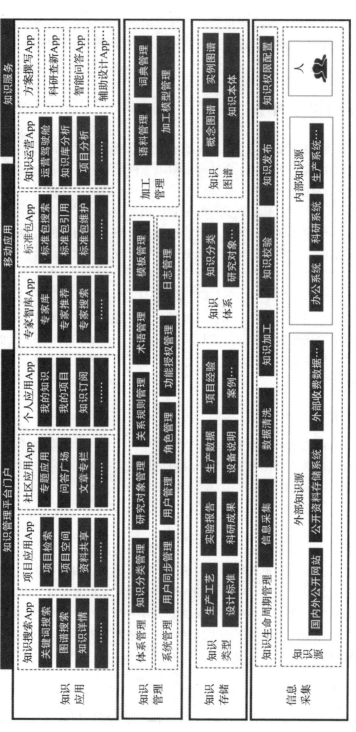

图 9-5　知识工程云平台应用架构

进行分库存储时，由于企业 / 行业业务的不同，所需要的知识类型也不尽相同，需要读者根据实际业务需要来梳理知识类型以及其知识的来源。这里列举几种常见的知识类型，供读者参考，包括生产工艺、设备说明、科研成果、案例经验、生产数据、标准流程、期刊文献、百科知识、行业图书、知识产权、案例库、行业资讯等。知识体系的存储，包含知识分类、研究对象、研究技术、生产设备等。知识图谱主要存储的是知识之间的关系，将各类知识有组织地汇聚成知识图谱，包含知识本体、概念图谱、实例图谱。

3. 知识管理

知识管理主要提供对知识体系、系统管理等基础数据的管理和维护，是知识工程云平台的运维基础。知识体系，即知识的组织与表达体系。它是让系统能够从信息中找到知识，将知识与知识、知识与人形成连接，是实现高效知识获取的基础。知识体系管理维护对象包括知识的分类体系、研究对象、知识模板、关联关系、专业术语词典等，此外，对在知识加工过程中使用的模型同时提供了加工管理功能，包含对过程数据语料、字典等训练资源的管理。系统管理提供了用户、用户同步机制、角色、功能权限等系统基础管理功能。

4. 知识应用

知识应用是由多个 App 组成，直接面向知识工程云平台的普通用户，可以为知识工程云平台的用户带来最直观的应用价值。不同的业务阶段所需要的知识支撑场景不一样，比较典型的应用模式有智能搜索、业务空间、专题应用、知识社区、专家智库、科研查新、方案辅助编写、智能问答等。随着工业信息化的不断发展，知识工程云平台主要提供三种应用方式：PC 端、移动端、知识对外服务（平台接口形式）。

9.4.2　组件设计

知识工程平台要符合工业平台的设计特性，一般遵循高内聚、低耦合的原则进行。对于能够独立完成某个业务场景、耦合度高、复用性强的功能尽量封装成一个独立组件，可以对外提供标准接口服务从而保证平台的可扩展性及灵活性（并不是所有功能都要封装成组件），同时还要考虑原始文档的安全性、内外部知识源的分散性等约束。知识工程云平台通常可以划分成八类组件，如图 9-6 所示。分别是知识应用服务类组件（KA）、知识加工服务类组件（KP）、移动应用服务类组件（KAPP）、智能搜索服务类组件（ES）、数据采集服务类组件（KC）、知识社区服务类组件（KSN）、文本分析服务类组件（TA）、基础管理服务类组件（SA）。

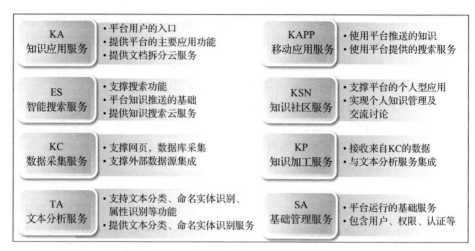

图 9-6　知识工程云平台组件设计

1. 知识应用服务类组件（KA）

知识应用服务是知识工程云平台的入口，同时也是整个平台的云服务出口，提供平台的主要应用，如图 9-7 所示，包括智能搜索、业务空间、专题应用、运营统计分析管理、体系管理等。将应用架构中的大部分知识应用功能、与之关联比较紧密的知识运维中的知识体系部分单独出来形成知识应用系统。

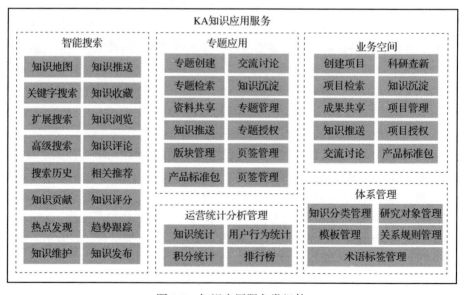

图 9-7　知识应用服务类组件

智能搜索：主要功能有知识地图、知识搜索、知识推送、知识浏览、知识评论、相关推荐、知识贡献、知识评分、热点发现、趋势跟踪、知识维护、知识发布等。

专题应用：主要功能有专题创建、交流讨论、专题检索、知识推送、专题授权、产品标准包应用、知识沉淀等。

业务空间：主要功能有项目创建、查新辅助、知识沉淀、成果共享、产品标准包应用等。

运营统计分析管理：主要功能包括知识统计、用户行为统计、积分统计、排行榜计算。

体系管理：主要功能包括知识分类管理、知识模板管理、关系规则管理、词典管理等。

2. 智能搜索服务类组件（ES）

智能搜索服务是知识工程云平台整体知识搜索和推送的基础，可以为知识应用系统中的智能搜索功能提供基础支撑，也可以对外提供知识搜索云服务。智能搜索服务主要包括文档索引管理组件、知识搜索组件、知识关系计算组件、知识搜索服务组件、索引库组件。

- 文档索引管理组件：主要负责文档索引的增加、删除。
- 知识搜索组件：主要负责对文档进行关键词搜索、单索引搜索、文档分词。
- 知识搜索服务组件：根据描述的关系进行多索引搜索。
- 知识关系计算组件：对外提供文档的提交、删除、知识关系计算、知识关系地图服务，同时从本体服务组件获取本体扩展词。
- 索引库组件：主要存储知识文档索引。

3. 知识社区服务类组件（KSN）

知识社区服务支撑平台的社区型应用，是知识工程云平台经常使用的功能之一。主要组件有个人空间、我的知识管理（我的贡献、我的专题、我的收藏等）、知识订阅、交流话题、积分管理、专家资源、积分商城、专题运营管理等，如图 9-8 所示。

4. 移动应用服务类组件（KAPP）

区别于 PC 端的应用，移动端拥有移动便捷等特点。在划分上会相对独立，与 PC 端主要在数据层进行交互，主要组件有关键字搜索、知识详情、我的消息、交流讨论、知识贡献、知识订阅等，同时记录了移动平台的搜索历史和浏览历史，如图9-9所示。

图 9-8　知识社区服务类组件

图 9-9　移动应用服务类组件

5. 数据采集服务类组件（KC）

数据采集服务主要针对内外部知识源的数据采集来设计，需要提供网页采集和数据库采集等功能，也需要支持内外部等各类知识源的数据级集成。主要组件有采集源管理、采集任务管理、采集任务控制、采集规则定义、数据校验、文档加密等。

数据采集服务组件的具体功能如下。

- 采集配置：负责采集源，网页采集任务，数据库采集任务的配置，包括采集属性，采集实时、定时配置、代理配置等。
- 采集执行：根据已配置的采集任务，实时或者定时地执行网页链接采集、数据采集以及数据库内容的采集，同时负责断点续传、增量采集等功能的实现。
- 数据存储：数据采集结束后调用数据存储组件进行数据存储，存于采集库中。

- 分表：为了支撑大数据的快速读取，针对采集到的数据基于任务进行数据分表，为数据存储提供分表标识。
- 附件采集：主要负责附件数据、图片数据的采集，采集完成后，存储在附件库，同时附件采集组件还提供附件的预览、下载等功能。
- 采集库：采集库主要存储了采集源、采集任务、采集链接、采集到的数据以及采集校验的历史等数据。
- 附件库：附件库存储了采集下载的源附件、知识贡献的源附件、加水印的附件以及附件的基本信息。
- 采集服务：负责提供外部服务，包括数据导出服务、附件下载服务、附件预览服务、附件信息读取服务、附件存储服务等。

6. 知识加工类组件（KP）

知识加工服务与数据采集服务进行通信，将来自内外部知识源的采集数据输入加工流程，与知识挖掘服务集成。例如，以文本处理为主的知识挖掘，通过与文本分析服务集成，提交未加工的知识给文本分析服务，接受已经加工的知识去更新知识加工库。主要组件有任务管理、任务监控、模板映射、数据转换、文本抽取、文档拆分等。

知识加工服务分为知识的预加工和知识加工两部分。

知识预加工部分，通常有以下几个功能。

- 数据转换集成：主要负责加工任务的配置以及采集属性和知识模板属性的映射配置。
- 数据转换读写：根据映射配置，调用采集服务接口，将读取的数据转成待加工的知识，同时发送知识到总部知识加工组件；转换知识的同时，调用文档拆分组件，针对附件进行文本抽取和文档拆分。
- 分表：根据知识类型进行分表，一个知识类型对应一个存储表。
- 文档拆分：从采集服务组件处，读取采集数据的附件，针对附件进行文本提取、根据章节拆分知识、根据期刊目录拆分文档。
- 待加工知识库：主要保存了知识加工配置，以及转换后的待加工知识。
- 预加工服务：从采集组件采集获取数据、从总部知识加工部分获取知识模板、知识加工状态；将待加工知识发送至总部知识加工组件。

知识加工部分，通常有以下几个功能。

- 加工驱动：接收院企发送的待加工知识，转储进知识加工库，调用计算管理平台的知识加工服务，单条或批量提交待加工知识、接收来自计算加工平台加工后的存储请求，根据加工配置，将加工后的数据进行加工知识库更新，同时更新加工状态；根据获得的研究对象实例列表，调用本体服务组件的本体验证服务，查看对象实例是否存在，如果存在则获取该实例的标识，如果不存在，则验证是否存在临时本体库，若不存在，则增加一条临时本体，同时将该临时本体存储在该条知识上；根据获得的项目实例列表，调用知识应用组件的项目验证服务，查看项目实例是否存在，如果存在则获取该实例的标识，如果不存在，则验证是否存在临时项目库，若不存在，则增加一条临时项目，同时将该临时项目存储在该知识上。

- 知识校验：针对已加工的知识，或者个人贡献已提交的知识进行人工校验，校验后，如果知识满足完整性需求，则调用知识应用组件的知识提交服务，将知识提交给知识应用组件；同时根据知识类型，可以批量导入待校验的知识，批量导入的待校验的知识，状态为未提交状态，待知识校验后，将校验的原数据转存至知识校验库。

- 知识加工库：主要存储了待加工的知识、已加工待提交的知识、批量导入的未提交的知识、临时对象库、临时项目库、知识校验历史库。

- 知识加工服务：主要提供加工任务状态、获取项目实例验证、临时项目转正式项目、临时对象验证、临时对象转正式对象、属性识别服务、属性识别知识转储服务、知识提交服务、获取采集附件预览、下载服务。

7. 文本分析服务类组件（TA）

文本分析支撑知识工程云平台的知识加工，主要实现知识自动分类、命名实体识别等功能，同时提供相应的云服务。主要组件有自动分类、实体识别、属性识别、语料管理、词典管理、模型管理、应用配置等。

8. 基础管理服务类组件（SA）

基础管理服务是整个知识工程云平台运行的基础，主要组件有用户管理、角色管理、组织管理、权限管理、管理员日志、登录日志等。

9.4.3 技术架构

为了使知识工程云平台能够更好地推广应用，通常建议采用 B/S 技术架构，基于 J2EE 体系进行构建。整体技术架构可以分为三层，分别为应用层、服务层（包括中间件支持层和服务支持层）、基础支持层。在部署时，为了适应采集源和实际应用分开的情况，通常将知识工程云平台和采集部分分开部署，下面介绍一种典型的技术架构（参考智通云联 Smart.KE 产品），如图 9-10 所示。

知识工程云平台技术架构，要适用公有云或私有云环境的建设要求，组件能够微服务化。知识工程云平台技术架构包含的三层具体如下：

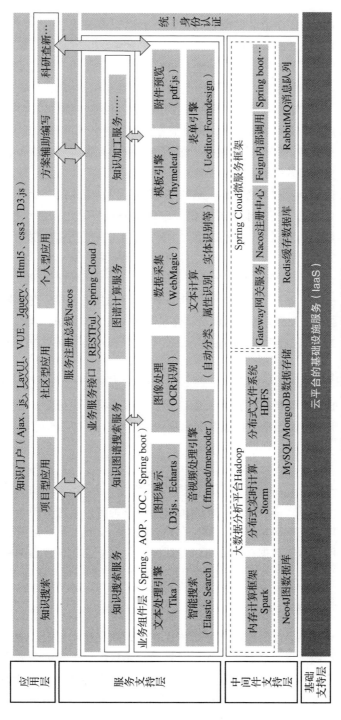

图 9-10　知识工程云平台技术架构

1. 应用层

主要使用 EasyUI、JSP、HTML、Bootstrap、Vue 等技术开发整个系统应用。系统应用通过访问业务服务接口，来获取底层提供服务和数据。

2. 服务层

分为三层，包括业务应用层、服务支持层、中间件支持层。

- 业务应用层：系统提供的 PaaS 层服务，如专业分词服务、知识搜索服务、图谱搜索服务、图谱计算服务、知识加工服务、业务分类服务、领域本体服务、文档碎片化服务等。
- 服务支持层：通过业务组件支撑业务接口层以及应用层，所有的业务组件都在服务中心进行注册，并提供标准的服务接口。业务组件有表单引擎、推荐引擎、图形展示、图像处理、附件预览、智能搜索、规则引擎、文本处理、属性识别、知识分类、社区以及基础开发平台等。
- 中间件支持层：对于大数据分析部分采用 Hadoop 平台进行处理，包括 Spark、Storm、HDFS 等。平台整体采用 Spring Cloud 微服务框架，包括网关、注册中心等组件。在存储方面有针对结构化数据存储的 MySQL、非结构化存储的 MongoDB、图数据存储的 Neo4J、缓存数据库 Redis、消息队列 RabbitMQ。

3. 基础支持层

基础层一般是企业构建的私有云或公有云的虚拟机，也可能是容器环境。云环境可以保证平台资源的动态扩展及安全稳定。

9.4.4 部署架构

知识工程云平台采用分布式部署架构，部署到企业云平台。如图 9-11 所示，依照一个平台、分布式部署、动态调整的原则进行部署；采用集团＋分公司的分级部署方式，集团支持应用部署、数据存储以及统一交付、统一运营，分公司支持企业本地应用、本地数据存储；通过专线网络将采集的知识传递到集团的知识加工服务处进行处理；集团及分公司通过统一的知识工程平台获取知识。

9.4.5 知识工程平台的演进

目前，知识工程平台的智能化主要体现在知识挖掘技术层面，通过知识挖掘技术将知识按知识体系关联起来，然后通过各种不同的、甚至创新的应用模式将知识推送到最需要的用户手里。随着 AI 时代的到来，技术手段的不断创新，知识工程平台能做的事情还有很多，将逐渐向智能平台方向发展和演进，演进的方向主要包括以下几个方面。

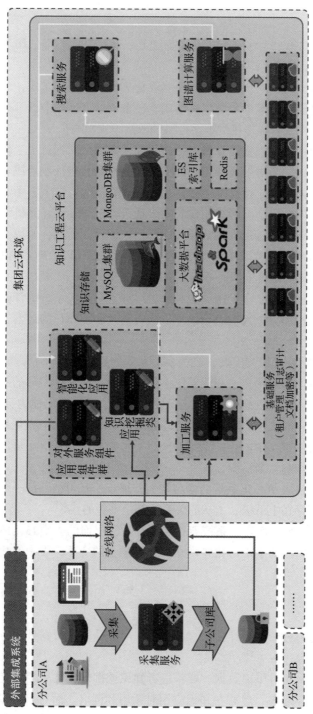

图 9-11　知识工程云平台分布式部署架构

1. 去中心化

去中心化是让每个个体都有机会成为中心，而每个中心都依赖于个体，可以从三个方面来衡量是否实现了去中心化。

- 系统架构层面：系统设计时物理部署是集中式还是分布式，由多少台物理计算机组成，由多少台虚拟机组成，在系统运行过程中，可以承受多少台物理计算机或者虚拟机的崩溃而系统依然不受影响？
- 计算层面：去中心化计算是把硬件和软件资源分配到每个工作站或办公室的计算模式，而集中式计算则是将大部分计算功能从本地或者远程进行集中计算。去中心化计算是一种现代化的计算模式。一个去中心化的计算机系统与传统的集中式网络相比有很多优点，例如现在计算机发展迅猛，其潜在的性能远远超过大多数业务应用程序的性能要求，所以大部分计算机存在着剩余的闲置计算能力。一个去中心化的计算系统，可以充分利用闲置资源，最大限度地提高资源利用效率。
- 用户和管理层面：多少用户个人或者组织，对组成系统的计算机拥有最终的控制权？部分个人或组织的不作为，是否会对知识的运营、管理和应用会产生影响？

去中心化主要具有如下优点。

- 解决容错性问题：去中心化系统不太可能因为某一个局部的意外故障而停止工作，因为它依赖于许多独立工作的组件，它的容错能力会很强。
- 抗攻击性：对去中心化系统进行攻击破坏的成本相比中心化系统更高，攻击中心会使整个中心化的系统瘫痪，而去中心化的系统，攻击任何一个节点都不会影响整个系统。
- 抗勾结性：去中心化系统的参与者们，很难相互勾结，每一个节点都是平行的，不存在上下级、主从的关系，都是平等的。

对于知识工程平台而言，系统架构层面和计算层面的去中心化体现在技术方面，用户和管理层面的去中心化体现在设计思想上的变革，去中心化的知识工程平台将更加合理和智能。

2. 实时计算

实时计算是相对于离线计算而言，不存在离线计算在数据处理方面有延迟性的问题。

知识工程平台在对历史数据、资料进行知识挖掘时往往采用批处理式的离线计算，将结果缓存起来，然后在知识应用时调用和读取。而对于更多的应用方式来说，例如最新的热点是什么？这样的业务场景需要实时的数据计算结果，需要一种实时计算的模型，而不是批处理式的离线计算模型。

3. 边缘计算

知识工程平台在知识挖掘和分析处理、应用等方面需要大量的计算工作。目前企业级知识工程平台通常采用私有云的方式来解决计算问题，而 Smart.KE 产品则更进一步，可以采用公有云的方式，让用户成为其租户来解决计算和应用问题。

云计算有着非常多的优势，比如云计算的整合和集中化性质被证明具有更大的成本效益和灵活性，以及云中心具有强大的处理性能，能够处理海量的数据等。但集中式云计算并不适合所有的应用场景和实际业务。云计算需要依赖高速的网络和频繁的网络传输，而联网设备的数据处理主要是在云端进行的，将海量的数据传送到云中心是其中一个难题。云计算模型的系统性能中网络带宽的有限性是另一个难题，联网设备和云中心之间来回传送数据、云中心处理数据不可避免地带来一定的时间延迟，当数据量大时还可能需要更长的时间。当然对于很多应用场景和目前发展越来越快的网络传输来说，这点延迟可以忽略不计，但涉及一些对时间灵敏度大的场景，甚至有一些应用场景发生在网络不够发达的地方时，这就非常致命。这时，边缘计算应运而生。

边缘计算指的是在网络边缘结点或者数据产生源附近来处理、分析数据，使得数据能够在最近端（如电动机、传感器或者其他终端设备）进行处理，能够减少在云端之间来回传输数据的需要，进而减少网络流量和响应时间。

对于知识工程平台来说，业务范围会越来越广。很多应用场景是发生在移动端，甚至是野外作业的情况，此时网络环境往往并不好。采用云计算方式导致的时间延迟，甚至无法使用的情况，对用户来说非常不友好，甚至会影响知识工程平台的推广应用和智能化发展。因此边缘计算是知识工程平台未来发展的一个重要方向。

4. 认知能力

认知能力是指人脑加工、储存和提取信息的能力，即人们对事物的构成、性能与他物的关系、发展的动力、发展方向以及基本规律的把握能力。它是人们成功地完成活动最重要的心理条件。知觉、记忆、注意、思维和想象的能力都被认为是认知能力。

认知能力包括学习、研究、理解、概括、分析以及接受、加工、贮存和应用信息的能力，是 AI 研究的重要研究内容和方向。在这一方面，目前的知识工程平台只能够实现其中一部分，而对于学习、研究、概括等能力还有待 AI 技术的进一步发展。因此知识工程平台想要向智能平台跨进还需要提高认知能力。

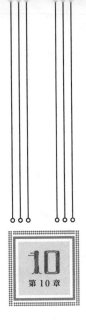

10
第 10 章

工业知识应用与创新

在知识经济条件下，技术的快速变化，使产品的生命周期不断缩短，这就要求企业能对外部环境的变化做出快速反应。不仅要生产不同的知识产品，而且要挖掘不同的消费对象、消费方式和消费观念。因此，创新成了企业的灵魂。全方位地开展创新是企业保持稳定和长久发展的关键，这依赖于企业对内部已有知识的管理程度，以及知识的应用与创新程度。

企业可持续发展的手段是革新与改善，实质就是知识创新。根据知识螺旋原理，只有经过多轮完整的知识螺旋才能创造出新的有价值的知识。根据工业企业的特点，实施工业知识的应用与创新，主要包括以下几个方面。

（1）组建知识创新团队，以创新团队为主体，实施知识管理、应用与创新。通过知识螺旋的社会化和结合化过程，以团队协作促进员工间的相互学习，实现广泛的知识交流与共享，从而使某项隐性知识不再仅仅为单个员工所拥有，而是被团队成员所共有。

创新团队进行知识创新主要是通过对知识进行重构来完成的。知识重构是指在具体的任务情景中，创新团队成员将通用的专业技能与基于特定情景的知识相结合，经过反复的诊断、推理、应用和反馈，将知识个体间离散的、无序的知识、技能片段整合成有机式、互嵌式的团队系统知识，最终形成团队的核心知识。这一过程的有效进行，依赖于团队成员间的相互信任和协调。

知识创新团队主要由企业家、知识管理者和知识员工组成，并各自在知识创新中扮演着不同的角色，承担着不同的职责和功能。

（2）构建知识工程云平台。知识工程云平台能够全面支持知识工程的核心流程，包括知识产生、采集、加工、存储、应用以及知识再创新的整个过程，主要表现为以下几点：具有支持内部与外部信息、知识资源获取采集的通道；具有存储知识的知识库；具有支持采集、加工、存储、分发以及呈现知识的工具；具有支持知识工作者进行知识分享、应用以及创新的工具。

具体的工业知识应用与创新包括面向一般性知识应用的知识的快速与准确获取，以及面向设计或生产的知识可视化、知识推送与智能化应用。

10.1 知识的快速与准确获取

10.1.1 一站式智能搜索

传统的搜索引擎一般提供关键词的快速检索、相关度排序等功能，让人们能够在搜索引擎的作用下快速找到所需的信息。根据功能侧重的不同，搜索引擎又可以分为综合搜索、商业搜索、垂直搜索等类型。但是我们也需要看到这类方式的局限性：单一的搜索引擎不能完全提供人们需要的信息；而关键词的检索方式受限于用户输入的关键词，对于用户真实意图的理解能力有限，往往无法呈现用户真正需要的内容。

基于此，万维网发明者蒂姆·伯纳斯–李（Tim Berners-Lee）在 1998 年提出了一个概念——语义网。与现在万维网不同的是，万维网是面向文档和网页内容的，语义网则面向文档和网页内容所表示的数据。语义网更重视计算机的"理解与处理"能力，并且具有一定的判断、推理能力。可以说，语义网是万维网的扩展、延伸和智能化，当然目前要实现语义网仍面临着巨大的挑战，时机并未完全成熟。

对于知识系统而言，我们面向的是 ToB 的企业 / 行业用户，他们对于知识的需求相对专业，因此相对于万维网而言，我们需要做得更深入。因此我们提出了行业化、智能化的一站式智能搜索应用，来满足不同用户对业务、研究等知识的查询、阅读和知识溯源需求。相比于传统的搜索引擎，这种搜索应用有如下特点。

1. 一站式内容搜索和汇聚

知识系统将企业内部的业务成果、经验案例、隐性知识，以及来源于网络的资讯、专利、文献等各类知识汇聚在一起，统一管理，为用户提供一站式搜索和内容呈现，并对搜索结果进行智能排序，确保用户快速找到最关注、最需要的相关知识。可见这种应用的最大价值在于让用户寻找知识的过程变得简单、高效，而且提高了搜索结果的质量。以往用户需要翻找几十个系统翻箱倒柜才能找齐这些种类的知识，而使用一站式智能搜索方式则可以大大节约时间和提高效率，为科研研究提供了极大的便利。图 10-1 所示为知识一站式智能搜索应用场景。

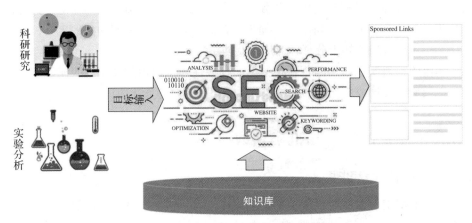

图 10-1　知识一站式智能搜索应用场景

2. 精准搜索与智能关联

在搜索方式上，智能搜索首先要兼容传统的关键词搜索和自定义搜索中组合条件的高级搜索；更重要的是要能够支持业务扩展搜索，即识别用户搜索内容中的业务含义，并根据行业知识图谱，理解内容中隐含的背景需求。搜索引擎只有懂业务、更智能，才能找得更准更全，从而提供更好的搜索体验。

另外，用户在检索大量资料之后，通常需要对检索到的内容进行一系列的特征分析。智能搜索的应用模式能够在搜索的基础上，针对搜索结果进行统计分析与关联推理，让用户快速掌握这个知识集合的主要特征，全面掌握领域发展的全景图，找到关注点，而不仅仅是一个片面的文档或者网页内容。例如，可以提供热点分析服务和趋势分析服务，汇聚当前最新最热的知识，了解技术发展趋势，为技术研究提供助力。

这里涉及的行业知识图谱，就是基于语义网技术的行业化应用。通过业务分析构建的行业知识图谱，让知识间形成有效的关联，知识之间不再是链接对链接，而是内容对内容，用户甚至可以按图索骥找到知识。知识搜索过程如图 10-2 所示。

针对用户输入的搜索内容，进行语义解析，包括意图识别和实体识别；然后通过图谱进行检索，得到精准的搜索结果，或者基于解析结果通过图谱进行扩展搜索；

将上述两类搜索结果按照与原搜索内容的语义关系的紧密程度进行排序，形成搜索结果序列返回用户。同时，也可以根据图谱进行相关内容的推荐，或以图谱的形式展示搜索的结果。油气行业的一站式智能搜索 App 搜索结果界面如图 10-3 所示。

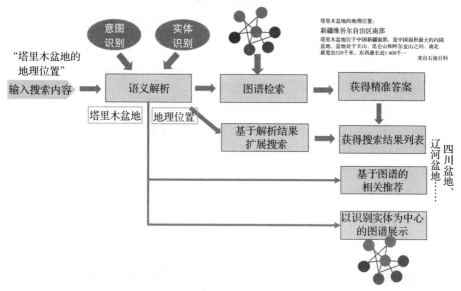

图 10-2 基于自然语言处理及知识图谱的知识搜索过程

图 10-3 油气行业一站式智能搜索 App 搜索结果界面（来源：智通云联 Smart.KE 产品）

不同行业的相关词汇和普通词汇的搜索有很大的不同，要理解的内容也不一样，比如对于油气行业，要理解什么是钻井设计，这个业务活动在哪个阶段，会涉及什么技术、工具。只有这样才能利用 NLP 技术进行解析，找到真正涉及的技术有哪些，比如激光钻井、冲击钻井、涡轮钻井等。对于工业 App，只有和行业知识相结合，才能对实际的生产研究发挥作用。当然这也是在行业内不断积累的过程。

10.1.2   项目型应用

很多企业的工作都是以项目维度来开展的，一个项目组在一定时间周期内就某个项目目标去协同研究或工作，输出项目成果。而项目型应用就是以项目为中心建立虚拟的项目空间，来承载项目开展过程中的知识查询、资料共享、讨论交流、知识沉淀等需求。该空间不仅能够促进项目研究更加有效地开展，同时实现了项目组织知识的沉淀与传承，能为相近方向、前后端业务的项目起到很好的支撑。

项目型应用对科研过程提供的知识支撑涉及的阶段如图 10-4 所示。

图 10-4   项目型应用对科研过程提供的知识支撑涉及的阶段

- 项目预立项阶段：针对项目负责人及外部专家提供相关知识输入，主要包括查看相关主题历史资料、查看技术发展现状、查看相关项目技术使用的实验成果等；
- 项目开题阶段：针对项目负责人及内部专家提供知识输入，主要包括推送相关开题报告和技术动态、查看最新的行业专利和规范、相关单位开展的相关课题等；
- 项目研究阶段：针对项目成员提供资料共享、知识获取、交流讨论等工具，辅助项目研究过程有效开展；
- 项目总结阶段：此阶段主要是将项目成果进行沉淀、项目资料进行归档留存，帮助单位积累知识资产；

● 项目后评估阶段：项目结题后，项目过程中留存下来的科研资料、经验总结可以很好地为其他项目成员提供参考，提高知识的共享价值。

针对以上活动，项目型应用能够为工作团队提供一体化的知识共享、项目协同与学习交流空间，是工作团队完成业务工作的知识助手。这里业务工作对应的工作团队可以以项目、临时团队的形式来组织，也可能是正式的组织，都可以通过业务空间去实现一个共同的目标。

相对于其他应用模式而言，该模式主要包括以下几个特点。

1. 业务空间

业务空间首先是一个贯穿业务工作全过程的学习空间。

业务工作启动时，工作团队需要将基础资料从原先七零八落的状态变成一个规范的知识包，供工作团队成员学习参考。在业务工作开展过程中，业务空间能够主动推送业务相关、过程相关的成果资料给相关的人员。例如，在课题开题前，需要收集前期研究成果、相关技术动态等，业务空间主动推送的实时资讯能够大大减少收集资料的时间，并避免人为遗漏重要资讯；同时也可以基于此进行分析挖掘，如支持科研查新，让工作团队全面掌握该项业务工作领域的研究现状。在问题攻关过程中，业务空间主动推送的就是类似问题的案例，用于协助定位问题产生的原因；制定方案时，类似问题的处理方法、措施、方案等成果一键可得，能够有效地帮助科研人员快速找到解决方案。在业务工作完成后，工作团队可以方便快捷地提炼总结经验，达到知识沉淀的目的。由此，通过事前学、事中学、事后学以及发现并解决问题时学这几个方面，能够实现业务空间的最终目标：工作团队的全面学习和有针对性地学习。

2. 协同空间

项目型应用还是针对具体研究任务、学习任务和创新问题的跨部门的协同创作和研讨空间。

在协同研究过程中，该空间能够实现对平台各类知识的一键调用，提供全流程的协同创新模式与过程管控记录，实现对项目研究的全过程记录与管理。同时支持针对某一个文档或文档片段或某一具体问题进行协同研讨，支持发表多种形式的研讨意见，例如表文字、图片、音频格式等。最终形成的解决方案，能够支持多次迭代以及研讨内容的总结。另外对于创作过程，该空间能够提供在线文档创作的工具，支持多人协同和单人创作。

3. 共享交流空间

在处理业务过程中，工作团队可以随时在业务空间开展交流和共享，实现伴随业务全过程的资料、成果共享和即时交流。

4. 成果沉淀空间

业务工作结束后，该应用还是支持实现前期成果可继承、产生成果可积累的成果沉淀空间。

项目型应用可以将业务工作过程中原本零零散散分布、无用武之地的交流经验和项目经验，以及业务成果，进行统一总结提炼，及时沉淀下来，并转化为可有效利用的知识，真正实现人走知识留，实现组织知识有序化。

5. 项目空间

项目型应用的项目空间可与企业内部的项目管理系统互通互联，实现伴随项目过程的知识服务。同时提供项目信息维护和项目成员管理等功能，令项目进程一目了然，使企业的其他业务管理系统与 AI 知识工程云平台能够有效结合起来，避免重复劳动，项目空间如图 10-5 所示。

图 10-5　项目空间 App 界面（来源：智通云联 Smart.KE 产品）

将企业内的知识按照业务的维度进行服务，既可以辅助业务活动快速地开展，也可以从整体看见知识的全貌，针对问题也可以进行讨论，形成的结论可以直接沉淀为知识供其他人使用。对于新人培养有标准包可以参考，让不同岗位的新人能够快速地熟悉业务范围内的知识，知道在什么时候要做什么事，怎么去做。

10.1.3　社区型应用

社区型应用的定位是为企业各个岗位的人员提供一个围绕知识开展社交的空间，在这里能够结交同行、交流讨论、发表观点、问题求助，不断增强自己的专业能力和拓展人际关系。

社区型应用的典型场景是知识社区，如图 10-6 所示。

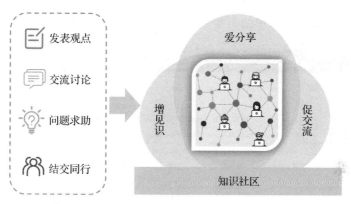

图 10-6　知识社区应用

知识社区的核心是知识分享。交流讨论是知识分享的重要形式，可以从知识分享的目标、阶段、分享动机、内容承载媒介几个维度来分析知识社区的设计，如图 10-7 所示。

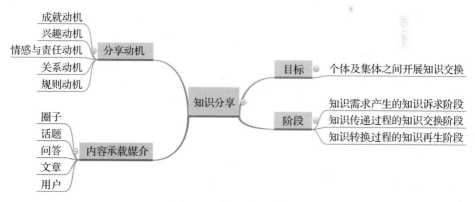

图 10-7　知识分享的维度

充分考虑用户在不同场景的动机和诉求，例如等级、头衔、专家问答、获得关注、积分规则等动机；知识表达、参与评价和经验总结等诉求。在应对系统实现层面，融合专题、问答、交流讨论、个人贡献等功能构造知识社区应用，打造易用、可促进知识共享氛围的知识社区，主要关注以下几个方面。

- 提供完善及丰富的积分产生与利用机制，形成积分生态闭环；
- 利用知识专题、话题/问答交流广场、经验部落……系列社区型应用，营造知识社区氛围；
- 基于用户画像提供针对用户的知识自动推送，促进用户参与；
- 建立用户知识等级体系，基于用户行为及知识动态评估用户等级。

如图 10-8 所示是知识社区应用系统实现界面之一，该系统从内容个性化推荐、聚焦关注内容等方面围绕个人兴趣展开，保持用户黏性。

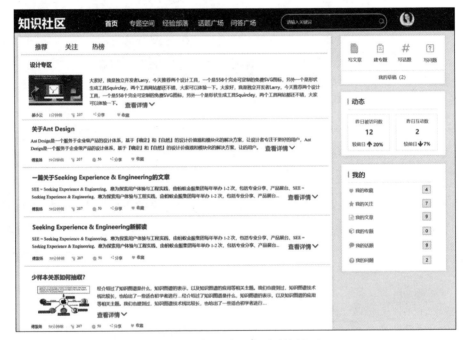

图 10-8   知识社区应用系统界面

10.1.4   个人型应用

个人型应用围绕个人知识应用诉求，将个人相关的、感兴趣的知识以及相关的行为轨迹进行集中管理，打造个人专属的知识应用空间。在此空间中能一站式获取到自己关注的、感兴趣的内容。其应用场景如图 10-9 所示。

- 个人知识行为轨迹：个人贡献、项目参与、社区参与等内容集中、一站式查阅及管理；
- 个人兴趣：个人收藏、个人订阅、个人关注……分类汇聚，按需查找；
- 个人信息：个人基本信息多维度展示，结合个人主页为他人提供一个了解自己的窗口；

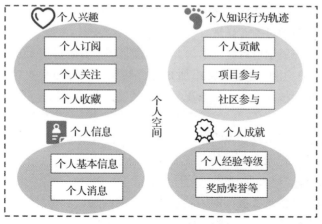

图 10-9　个人型应用场景

- 个人成就：积分、经验值、等级排名……清晰展现，促进用户积极参与。

个人型应用涉及的功能范围如图 10-10 所示。

图 10-10　个人型应用功能

相关功能说明如下。

- 我的信息：包括基本信息、工作信息、参与项目、奖励荣誉、论文 / 专著、专利、软件著作权、专有技术、成果 / 成就。其中，参与项目、论文 / 专著、行业专利三项内容会分别根据项目参与人、文献作者、专利申请人或发明人与当前用户进行自动关联，关联的项目、论文 / 专著和专利可点击进入详情页。

- 我的贡献：记录我贡献的知识全集，可跟踪其状态，未提交的可继续编辑，已发布的可查看详情。
- 我的项目：展示所有我负责或参与的项目，可查看详情。
- 我的订阅：用户可自定义添加知识订阅条件，订阅个人感兴趣的领域知识；系统会按照个人订阅情况，按订阅展示相关知识，点击标题可查看知识详情。
- 我的专题：记录我管理的和我参与的专题，可快速跟踪专题动态。
- 我的话题：记录我发起的和我参与的话题，对于我发起的话题，可快速跟踪是否有人参与，可查看话题详情。
- 我的问答：记录我提问的问题和我回答的问题；对于提问的，可快速跟踪是否获得回答，可查看问题详情。
- 我的关注：记录我关注的人和关注我的人；我关注的可查看用户卡片及详情，可取消关注；关注我的可查看用户卡片及详情，可添加至我的关注。
- 我的收藏：我的收藏列表，显示收藏内容的标题、缩略图、时间。用户可通过时间条件查找该时段的收藏内容；也可按知识形态分类查看收藏的内容，支持查看知识详情。
- 我的网盘：基于网盘提供个人文档管理，可自定义目录进行存放，实现个人知识的基础管理。
- 我的积分：包括我的积分基本情况，显示我的积分值，以及积分获取及消耗记录情况，可查看详细的积分计算规则。
- 个人资料维护：可对个人资料进行修改，包括基本信息、头像、论文/专著、学术成就、奖励荣誉等。

10.1.5　产品标准包

产品标准包以某项业务为中心，围绕业务流程，将业务开展过程中需要的支撑资料汇聚组成业务标准包，包括业务指导书、工具模板、标准、案例经验、研究文献等。在开展业务活动时，业务人员获取该知识包，就能够非常方便、全面地了解这项业务的相关知识，从而使业务专家聚焦于业务工作的创新内容，提高效率；同时，对于新员工来说，该知识包能够帮助其快速适应新的岗位，降低新手学习成本。

当然，这些产品标准包本身就是宝贵的专家知识、经验的集合，需要提前整理完成。业务专家整理后的标准包可压缩后一键整包上传，系统会自动对压缩包按设定的文件目录进行解压缩，同时抽取业务指导书中的前后端业务，自动构建标准包之间的前后端关系；还可针对标准包分配访问权限，按需灵活配置。上传的标准包可在项目和专题中按需引用。

产品标准包整体逻辑图如图 10-11 所示。

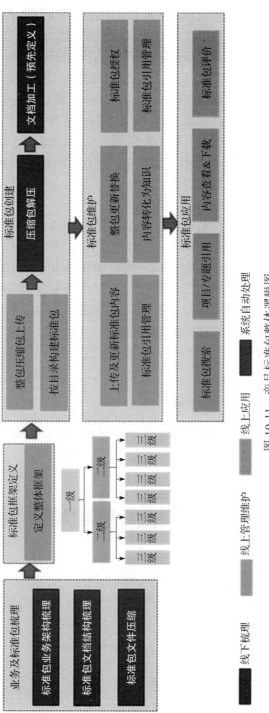

图 10-11　产品标准包整体逻辑图

- 业务及标准包梳理：是指业务专家基于业务活动梳理标准包资料，包括标准包业务的整体架构以及单个标准包的文档结构。
- 标准包框架定义：定义标准包的整体框架，以标准包地图的方式，呈现起来会更加直观；框架也可不定义，以列表形式呈现。
- 标准包创建：上传标准包有两种方式，一是将标准包整体压缩后直接上传，由系统进行解压还原文档结构；二是直接按维护目录 + 文档的方式进行线上维护。对于通过上传压缩包的方式，系统会在上传的时候自动进行解压，还原为目录 + 文档的形式；同时，系统自动对业务指导书进行加工，抽取文中定义的前后端业务构建标准包的前后端关系，以及识别出知识分类和研究对象。
- 标准包维护：对上传后的标准包进行管理，主要包括标准包授权、整包更新替换、基于单文档的维护（上传、删除、在线查看等）、将内容转化为某种知识类型，以及该标准包在项目和专题中的引用管理等。
- 标准包应用：上传并启用后的标准包可在权限授权范围内被查看，对于可在线预览的文档支持在线查看，部分文档支持下载；同时，项目和专题中也可根据实际需要对这些文档进行引用。

产品标准包管理与维护界面如图 10-12 所示。

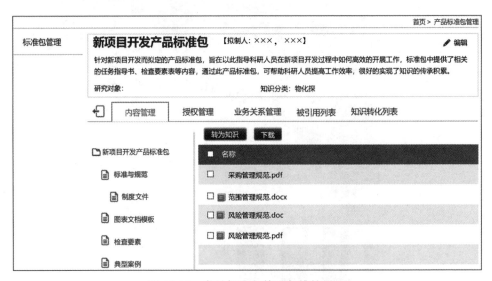

图 10-12　产品标准包管理与维护界面

产品标准包应用界面如图 10-13 所示。

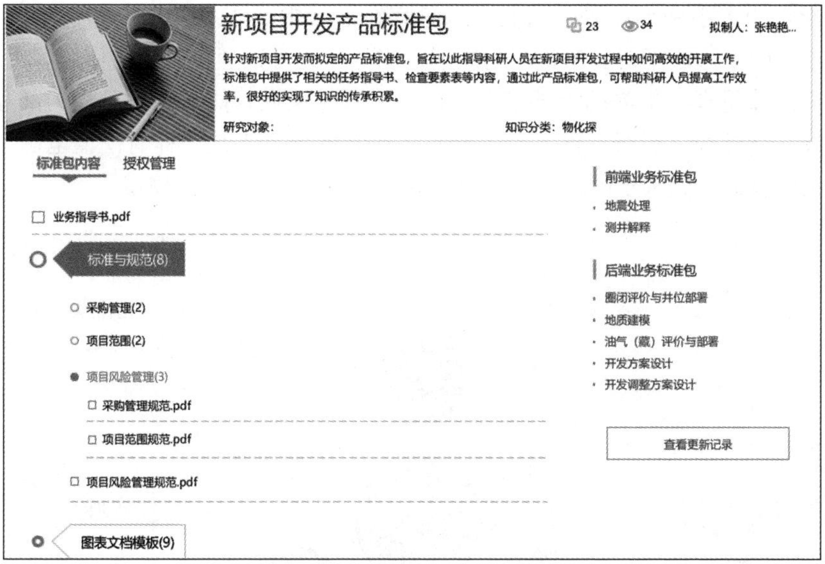

图 10-13　产品标准包应用界面

10.2　基于知识的可视化展示、知识推送与智能化应用

10.2.1　知识可视化下的数字孪生

1. 数字化孪生

首先我们来思考一下，在早期人类是怎么去设计一款产品的？在最早原始人时期并没有书，做一件事情就是在脑海里面构想。比如在树上造一个房子、打制一把石斧，首先在脑海里要先有一个想法，一个大体上房子或石斧的样子，然后基于脑海里面的想法去实操构建，我们可以把这个脑海中产品的样子称为脑海孪生。

当然，造的房子也好，造的石斧也好，要用什么样的方式把知识传递下去呢？可以是语言孪生的方式，即告诉同一个部落的其他人，如何造房子和石斧。后来文明进化产生了文字，这时期就进入到了青铜器时代，所有的知识都是用文字和书籍来表达的，包括古代的甲骨文，再后来的铁器时代等都是用书的形式来表达的。

大约两三百年前，在工业革命时期出现了摄影技术，人们可以通过拍摄把一个人做事的过程记录下来，其他人可以借助这个视频去学习。从二十世纪五六十年代的计算机时代开始，人们更进一步用数字化的方式来表达这些产品，标志着进入了数字化孪生的时代。

数字化孪生由体验孪生、数据孪生和虚拟孪生组成，如图 10-14 所示。体验孪生是直接用感官去体验，比如摸一摸桌子就可感受到它的温度和硬度、用眼睛能判断它的大小和形状等，从而通过感官在大脑中形成对客观世界物体的印象，也是在大脑中形成了对真实世界的映射。当然，人可以通过感官去体验客观世界，但并不能获得真实世界的全部信息。比如人通过视觉只能看到可见光的部分，而红外线、紫外线、无线电波则看不到。人的其他感官也是一样有阈值范围，所以说人用体验的方式去了解这个世界只能获得部分信息。

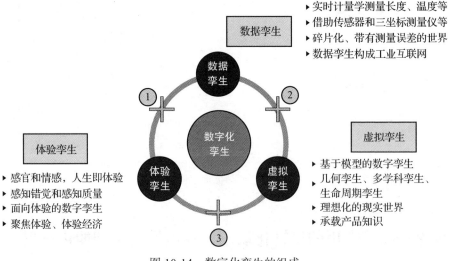

图 10-14　数字化孪生的组成

　　用测量结果产生的数据来描述客观世界事物的方式，称为数据孪生。人先是发明了尺子、钟表、温度计等工具，并用这些工具进行测量，后来又发明了传感器、游标卡尺、三坐标测量仪等智能仪器以获取更准确的信息。但这些测量方式获得数据也是碎片化的。首先，世界上任意一个产品，它都有无穷多的属性，也就是所谓"一花一世界，一树一菩提"，人只能测量其中有限的属性；其次，测量都会有误差，无论准确度是百分之多少个九，也是存在误差的；最后，世界是瞬息万变的，测量之后，数据会发生变化，或者测量过程本身也是有延迟的。与体验孪生类似，数据孪生也是对真实世界的一个局部性、碎片化、有误差的表达。举例来说，如图 10-15 所示，采集的工业数据包括几何量计量、热学计量、力学计量、电子学计量等。在工厂生产线上的每台设备在每一道工序都可测量数据，并可基于模型去承载这些数据，这也是工业大数据的来源。

　　虚拟孪生是基于计算机建模的，如通过计算机建模创建飞机、汽车等产品的模型。在真正生产产品之前，可以在虚拟世界里面打造一个虚拟产品。这个虚拟孪生产品承载的信息包括丰富的多学科的信息。在虚拟世界里创建的产品其实是理想化的，比如通过计算机建模来画一根轴，这个轴正好一米长，在实际的现实世界里面，却不可能造出正好一米的轴，它总是存在一定误差的。

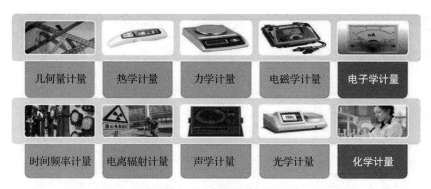

图 10-15　工业大数据的源头

2. 数字孪生的发展阶段

这种通过计算机创建模型来表达产品知识的虚拟孪生就是数字孪生。数字孪生表达产品的知识是有不同的信息丰度级别的，如图 10-16 所示。最简单的是几何数字孪生，即虚拟构建产品的外观和结构，也就是所见即所得；然后是多学科数字孪生，在几何数字孪生的基础上附加了多学科的信息；接着再不断扩展产品信息，直至包含全生命周期的信息，即生命周期数字孪生；最后是塑造与产品相关的使用环境，并把它扩展成三维体验数字孪生。

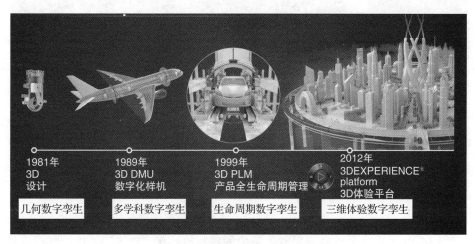

图 10-16　数字孪生的发展阶段

在数字孪生的第一个阶段几何数字孪生，是用计算机建模语言描述产品知识，即描述它由什么组成，由哪些零部件组成，它整体长什么样子，每一个零部件长什么样子，装配在一起是什么样子，包括它的外观、颜色等。如图 10-17 所示是几何数字孪生的示例。

图 10-17   几何数字孪生示例

第二个阶段是基于模型的多学科数字孪生，如图 10-18 所示。当用计算机对一架飞机进行建模时，不仅包含飞机几何结构的信息（即几何数字孪生），还包括飞机的特性和功能信息，比如结构学、热学、流体、电磁学、控制学、化学、生物学等各个学科的信息。缺失任何一个学科的信息，飞机都不能安全飞行。

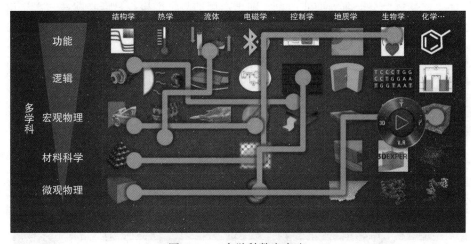

图 10-18   多学科数字孪生

图 10-19 所示为全生命周期数字孪生的挖掘机示例。首先，要把挖掘机设计出来，它长什么样子，由什么零件组成，怎么动起来，这是产品设计阶段的数字孪生；其次，挖掘机在实际场景中可能需要挖不同的东西，可能是在矿山用，也可能在建筑工地上使用，这就需要根据不同的条件来进行配置，从而组成不同型号的产品，这就是产品配置的数字孪生；然后，对它进行多学科仿真和优化，打造多学科数字孪生；接下来是建造制造工厂和工艺的数字孪生；最后是挖掘机维

护和维修的数字孪生。

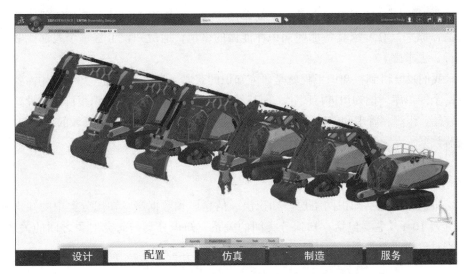

图 10-19 全生命周期数字孪生示例

我们怎么知道一个产品的使用体验好不好呢？比如汽车在城市里面行驶，如果要验证这个车是不是好车，能否给我们带来最佳的使用体验，就要把城市的模型构建出来，让虚拟的汽车在虚拟的城市里面行驶。这就需要做到从宏观到微观去表达整个城市各个尺度的知识。这时就可以在计算机中从原子到星球或者从宏观到微观表达一个产品的所有知识。图 10-20 所示为包含星球规模、国家规模、城市规模、基础设施规模、产品与企业规模、分子与材料规模的三维体验数字孪生。

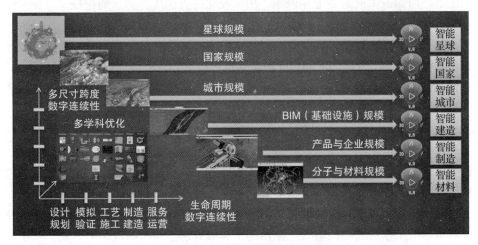

图 10-20 三维体验数字孪生示例

10.2.2　基于知识工程的设计

费根鲍姆对知识工程做过一个简单的定义——知识工程是人工智能的原理和方法，原来只有专家具备那些知识才能做的事情，通过知识工程每个人都能够去执行、去求解。

我们反复讲到，知识工程就是研究知识的获取、表达、推理。知识使用需要构建一个知识库，把知识进行固化，使其易操作、易利用，形成知识集群，在计算机中存储、组织、管理和使用。这些知识放在工业领域里，就是工业领域的理论知识、实验数据，专家发现的知识，相关定义、定理、运算法则等。

1. 知识分类与知识关系

知识分类包括知识网络层、知识层、信息层和数据层。知识分类中的知识关系见表 10-1，主要包括：知识分类间的关系、知识分类与研究对象之间的关系、研究对象之间的关系、知识之间的关系。

表 10-1　知识分类中的知识关系

一级中心节点	二级节点	三级节点	四级节点	关系备注
知识分类	所属分类	知识分类		中心节点所属的上级分类
	研究对象	对象实例		作用于中心节点的研究对象
	相关项目	项目		"知识分类"属性包含该分类的项目
	相关专题	专题		"知识分类"属性包含该分类的专题

2. 知识图谱

知识库里这么多知识，怎么建立知识间的联系呢？这里需要的核心技术是知识图谱。用知识图谱来支撑知识库，用可视化的方法进行知识的挖掘、分析、构建、绘制和显示等。

除了现实物理世界的数字孪生，知识图谱的万物互联关系也是一种孪生，在人类语言当中所出现的词汇和之间的关系都可以用知识图谱来进行可视化的表达。几何形体需要映射到数字空间，描述和关系也需要映射到数字空间，挖掘和展现过去工业中没有发现的关系，这对工业知识软件化具有非常重要的意义。

基于知识图谱的知识地图是一种知识导航系统，显示了不同知识之间重要的动态联系。知识地图是知识系统的一个重要组成部分，便于用户快速找到需要的相关知识。业务类知识地图是基于知识分类（企业具体业务维度）、研究对象、项目、专题等维度之间的关系，构建起以这些维度为节点的地图，从而借助这样的关系地图进一步查看对应的知识。另外，还有岗位类知识地图，是由基于该岗位可能负责的工作所需要的输入、使用的工具或方法、输出的成果等形成。基于知识图谱的知识地图示例如图 10-21 所示。

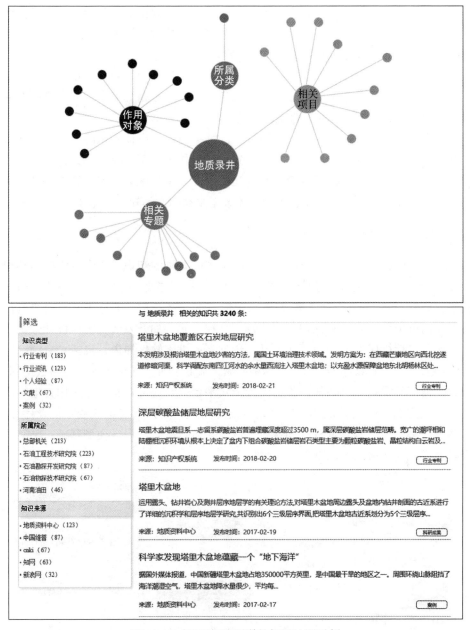

图 10-21　基于知识图谱的知识地图示例

3. 知识建模

计算机首先获取的是数据，从数据中挖掘信息，由信息挖掘出知识，由知识再形成知识网络。知识网络研究最重要的是进行知识建模。

知识建模有四个趋势与特点：第一个是从结构化数据发展到异构化信息；第二个是由低价值分析发展到智能化挖掘；第三个是从大范围检索发展到个性化推送；第四个是从定性化经验发展到大数据定量。

知识建模需要解决的问题：第一是如何整合大量分散、异构的设计知识，第二是如何高效利用已有的设计知识辅助创新设计，第三是如何发现并满足潜在的设计知识需求，第四是如何改进定性化的设计经验知识。

解决以上四项问题需要六项关键技术：第一是产品设计知识的多层次关联转换技术，第二是产品功能语义需求模糊知识获取技术，第三是产品设计知识深度学习智能挖掘技术，第四是基于多粒度演化的知识可拓配置技术，第五是基于多领域应用的知识主动推送技术，第六是大数据驱动的产品知识进化技术。

4. 知识工程建模

获取知识后，还要生成新的知识，凝练成更高阶的知识。这个过程包括知识获取、知识表达与建模、知识配置与处理、知识导航与进化、知识挖掘、知识集成，将该过程与广义配置集成结合，便形成了一套可操作的知识工程建模技术。我们可把设计知识和知识工程建模结合在一起，如开发数控机床设计知识的建模库，包括机床硬件知识，如工具、量具等；机床软件知识，包括 CAD 软件、CAE 软件、CAPP 软件等；以及机床数据资源知识，如工艺数据库、材料数据库、刀刃数据库等；再把这些知识集成到云模式平台上。还可以将技术运用在电梯产品大批量定制、超大型低能耗空分装备设计制造、高档数控机床数字化设计等。这些设计都需要参考各种标准和规范、设计手册、已有的设计模型基础、已有的经验公式、专家知识等，如图 10-22 所示。

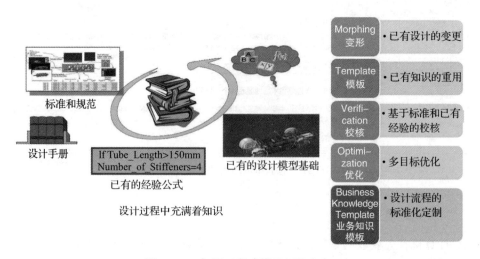

图 10-22　知识工程建模的相关内容

5. 知识工程的自动化设计过程

如图 10-23 所示，基于知识工程的设计过程是以需求规格作为设计前提的。设计师知道首先要做一个什么样的产品，然后在电脑里进行设计，设计完之后再做出来。虽然知识工程的自动化设计的源头是需求和规格，但是在系统里面已经建立好了各种设计规则，可以对设计完成的产品进行自动检查，以判断是否符合工程的各种标准。为了方便使用，企业里面也都会建立特定的模板，比如齿轮的模板、装配件产品的模板等，在这些模板之上再进行全方面的优化。图 10-24 展示了基于知识工程的自动化设计过程，即从需求开始，需要设计一个什么样的产品，经过知识工程把专家的知识、校核的知识等变成一个自动化的过程，最后产生一个设计结果。

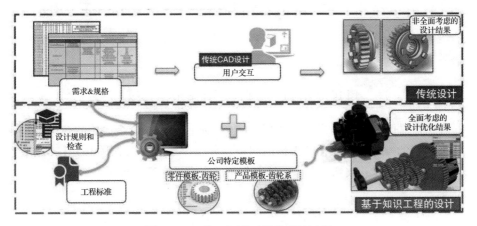

图 10-23　基于知识工程的设计过程

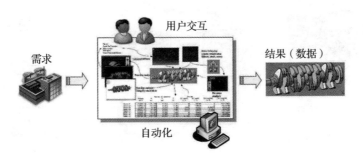

图 10-24　基于知识工程的自动化设计过程

6. 知识工程设计优化

下面介绍知识工程设计优化包含哪些内容。

第一是设计变更。假设设计一个零件，比如齿轮，这个齿轮在设计的时候有15个齿。我们通过对其进行参数化，当需要一个20个齿的齿轮时，则可以自动调整齿的宽度、高度、布局等数据，生成设计成果，也就是对已有设计进行变更。图10-25所示为基于知识工程进行快速的设计变更。

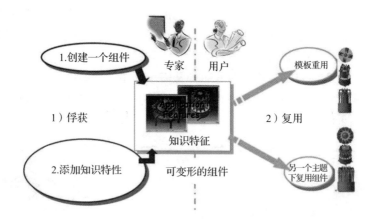

图 10-25   基于知识工程进行快速的设计变更

第二是对已有设计的重用。如图10-26所示，我们把这个齿轮的知识做成一个模板，它的哪些参数变化使得齿的间距、分布、布局发生了哪些变化，用数学的方式来表达出来并放到知识库，从而基于这个模板来建立新的产品模型。

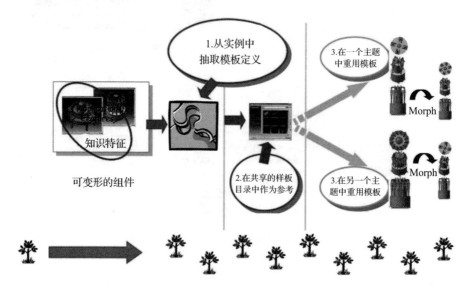

图 10-26   基于知识工程进行设计重用

这个模板可大可小，最简单的可以只是一个复制粘贴，其次是基于特征的模板，再次是零件的模板，然后是装配件的模板，最后是产品的模板，甚至业务知识的模板。

第三是设计后的自动化校验。如图 10-27 所示，在设计电子器件——PCB 时，我们可以利用自动化校验来核查设计完之后的 PCB 有没有问题。对于 PCB 这个产品来讲，校验有电源完整性、信号完整性、电磁兼容完整性三个通用指标。比如电源为 3V 或者 5V，它传送到每一个元器件上的时候，都会产生一些衰减，我们需要保证每一个元器件在特定的地方有足够的电压和电流，这就是电源完整性。还有就是信号完整性和电磁兼容完整性，这两个指标靠人去检查很复杂，基本上都是用知识工程的方式依据一些原则进行自动的检查，比如不能短路、线路不能交叉、每两个线之间的距离要超过一定的距离等。

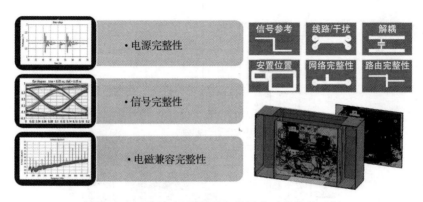

图 10-27　基于知识工程进行设计自动化校验示例

第四是面向设计优化的应用。通常我们在设计一个产品的时候希望它各个指标都是最优的，但实际上这是不可能的。比如设计一个汽车，我们希望它的制动性能好、动力好、噪声小、耐用、安全、驾驶的舒适度好等，这都是我们想要的指标。实际上我们在制造一个车的时候需要综合考虑这些指标，找到一个最优解，在各个指标之间做一个平衡。

第五是设计流程的标准化定制。如图 10-28 所示，比如完成汽车的总布置，第一步是调入整个新车型的总布置、装配的总体布置模板；第二步是调入新车型的总体参数表，这个参数表包括轴距、轮距、车的高度等；第三步是调入人体的布置模板，如司机和乘客坐在车里的什么位置；第四步是调入各种人体的模板，如这个车未来司机要坐在哪里，乘客要坐在哪里；第五步是调入详细的布置模板，比如前后视镜、外后视镜的布置、挂水器、雨刷的布置等；最后是进行校核，这样就实现了完整的设计流程。

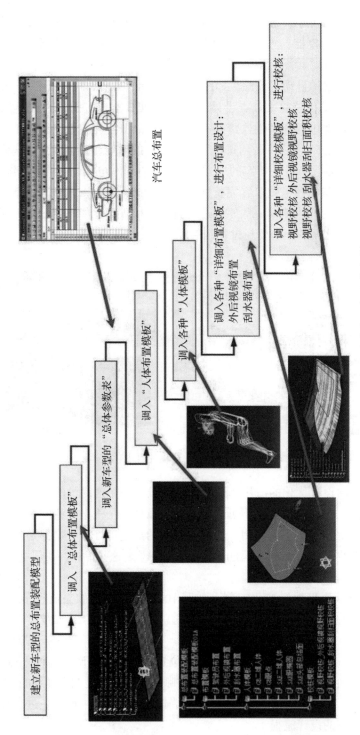

图 10-28 基于知识工程的设计流程标准化定制

7.知识工程设计实例

　　某市政工程设计研究总院在没有应用知识工程设计大桥或隧道时，每设计一次需要花很长的时间，哪怕是同一种类型大桥，变更需求后都需要重新设计。采用了知识工程设计后，同一种类型的大桥设计过一次，当某些参数产生变化时，其他参数就可以自动调整。那他们是怎么做的呢？1）建立大桥的骨架和模板；2）将骨架和模板分解成不同的构件并组成组件模板库（见图 10-29）；3）分析当大桥的各项参数（如高度、长度、中心线、曲率等）发生变化时每一个部分发生的变化。

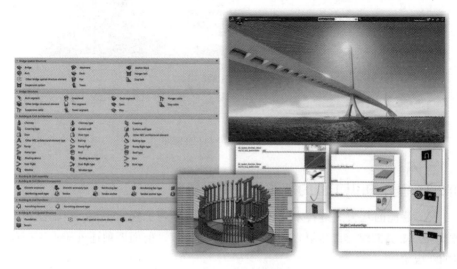

图 10-29　包含专业知识的组件模板库

　　最终在骨架的基础上把这些模板都装配起来形成一个模型，如图 10-30 所示。当大桥参数发生变化时，大桥的每个组成部分可以自动调整，这就是采用知识工程设计的结果。

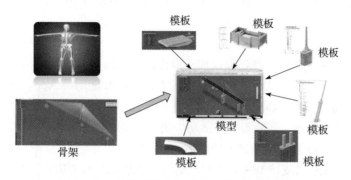

图 10-30　骨架设计中的模板与模型知识应用

如图 10-31 所示为钢筋设计模型库。无论是造大桥还是造房子使用钢筋的频率是非常高的，使用的数量也是非常多的，那么多钢筋如果一根根去画是很费劲的，如果用知识工程的方式就可以直接生成把钢筋设计模型库出来。

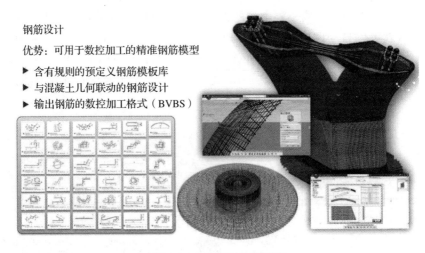

钢筋设计

优势：可用于数控加工的精准钢筋模型

▸ 含有规则的预定义钢筋模板库
▸ 与混凝土几何联动的钢筋设计
▸ 输出钢筋的数控加工格式（BVBS）

图 10-31　钢筋设计模型库

10.2.3　基于知识工程的智能化应用与创新

人工智能的八大关键技术是深度学习、增强学习、模式识别、机器学习、数据搜索、知识工程、自然语言处理、类脑交互决策，前面四项还处于人工智能发展的初级阶段。

人工智能的中级阶段是数据搜索和知识工程。知识工程的核心是知识，用知识来指导我们的工作，用知识来引导算法的实现。

而人工智能的高级阶段是自然语言处理和类脑交互决策。中级和高级阶段的核心方法也是知识工程面向智能化应用的核心技术和方法。

这里我们举两个基于知识工程的智能化应用的 App 案例。

1. 智能问答 App

为了应对用户查询信息过程繁琐、操作复杂的问题，知识工程平台提供一种简单的、以一问一答形式呈现的信息查询方式，即智能问答 App。其采用语音转换、语义识别等技术，以一问一答的形式为用户提供便捷、准确、高效的知识获取方式，支持在科研、实验等业务活动中快速获取问题答案。

智能问答 App 的应用场景，如图 10-32 所示。

智能问答 App 可支持 Web 端及移动端的应用方式，其应用设计如图 10-33 所示。

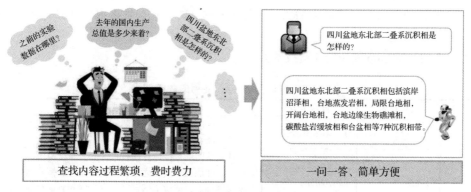

图 10-32　智能问答 App 的应用场景图

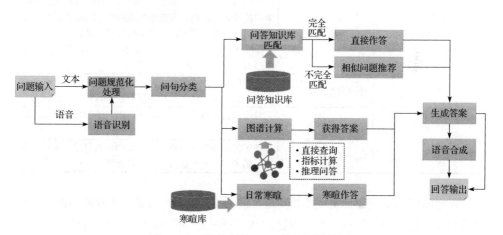

图 10-33　智能问答 App 的应用设计图

智能问答 App 的应用流程如下：

- 用户可直接以自然语言的形式，在问答会话界面输入文本内容；也可直接以语音方式输入。
- App 对输入的问题进行规范化处理，包括去首尾空格、去中间空格、全半角统一化、去首尾无意义的词；语音输入的内容会自动进行语音识别转换为文本，然后进行后续的统一处理。
- App 对规范化处理后的问题进行语义解析，识别问句意图以及问句目标实体和相关约束。
- 将识别到的内容对应至知识图谱，通过图径搜索确定问句答案。
- 如果语义解析后获得的图谱要素不全，或是通过图径搜索未找到目标答案，App 将按问答知识库匹配的方式获取库中相似问题的答案作为目标答案返回。
- 当移动端为语音输入时，获取的答案也会被转化为语音之后进行播报。

- 移动端的交互还可借助 AR 等更加形象化的方式，带给用户更加有趣的使用体验。

智能问答 App 使用的关键技术如表 10-2 所示。

表 10-2　智能问答 App 使用的关键技术

序号	关键技术	技术类型	关键技术描述
1	语义解析	自然语言处理技术	指对文本内容进行语义理解，主要包括实体识别、文本分类、属性抽取、关系抽取等一系列技术
2	图数据库	知识图谱技术	一种关系图的数据库存储技术，具备深度遍历、数据关系插入性能高、实体之间关系表达简洁、概念结构易于建模等特点，能够为图计算提供良好的数据存储层解决方案
3	图计算	知识图谱技术	"图计算"是以"图论"为基础，对现实世界的"图"结构抽象表达，以及在这种数据结构上的计算模式。通常在图计算中，基本的数据结构表达就是：$G=(V, E, D)$ V = vertex（顶点或者节点）E = edge（边）D = data（权重）
4	知识推荐	自动推荐技术	基于用户行为或知识之间的关系规则，为用户自动推荐可能感兴趣的或与当前所要查找内容相关的知识
5	语音识别与合成	智能语音技术	对输入的语音进行文字转换，以及基于文字转化为语音输出
6	自然语言生成	自然语言处理技术	基于得到的答案，以自然语言的形式返回；或在日常寒暄场景下以自然语言形式进行回答

智能问答 App 应用到工业能切实地帮助到生产及科研人员，不仅能够回答文档内的知识，也能回答数据库中的内容，其应用示例如图 10-34 所示。智能问答 App 要做出效果，在现阶段仍有一定的难度，问答能解决什么问题取决于后端连接的知识内容多少以及图谱的组织形式，用知识图谱技术关联起所有的知识点，这样问答才能够找到正确的答案。在一定业务范围内，智能问答还是能够取得很好的效果。

2. 方案辅助编写 App

方案辅助编写 App 的应用场景是在碰到某个问题需要制定解决方案时，可以先根据一定的参数从知识库中获得类似问题的解决方法，用户在此基础上再进行研究获得解决方案。在编写方案指定主题的情况下，方案辅助编写 App 能够基于大数据及机器学习技术，按模板自动进行组稿形成可供编辑的初稿；同时，编辑过程中，基于知识推荐技术自动推送相关内容，供用户快速引用辅助进行方案编写。以科研领域为例，针对 2～3 类科研方案，如产业发展研究、工业催化研究、装备安全研究，设计方案辅助编写 App。

方案辅助编写 App 的应用场景如图 10-35 所示。

基于该 App 进行方案编写的处理流程如图 10-36 所示。

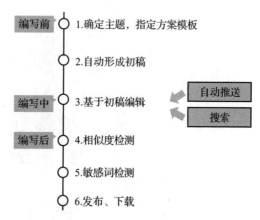

图 10-34　智能问答 App 应用示例　　图 10-35　方案辅助编写 App 的
（来源：智通云联 Smart.KE 产品）　　　　　　　应用场景图

方案辅助编写 App 主要功能包括：

- 针对筛选出的典型业务梳理对应的方案模板；
- 针对具体业务选择并加载对应的方案模板，以快速形成方案基础框架；
- 按章节进行方案编写任务分配，实现方案的协同编写；
- 提供快捷的知识搜索，依托知识库中丰富的内容，以及知识图谱的搜索技术，方便业务人员一键查找知识；
- 基于方案主题及结构，可进行相关知识的自动推送，简化用户获取知识的过程，助力业务提效。

AI 技术实现的方案辅助编写 App，其特点如下所述。

- AI 智能编写：基于大数据及机器学习技术，打造智能化的方案写作应用，根据提纲内容解析写作意图，自动生成方案初稿。
- 超强的纠错能力：准确识别输入文本中出现的拼写错别字，及其段落位置信息，并针对性地给出正确的建议文本内容。
- 一键识别敏感词：一键检测文本中的敏感词信息，降低文章风险值，为内容安全保驾护航。
- 原创相似度检测：智能检测与其他文章的整体相似度，段落相似处，并精准标记。

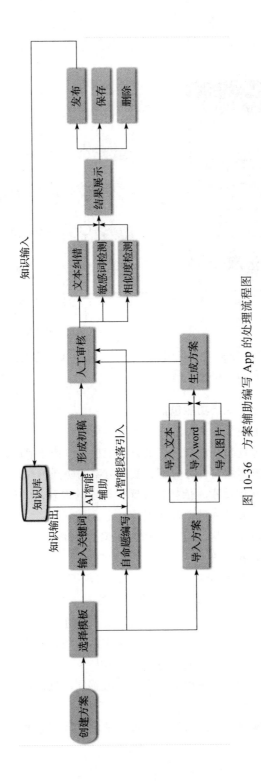

图 10-36　方案辅助编写 App 的处理流程图

方案辅助编写 App 使用的关键技术如表 10-3 所示。

表 10-3　方案辅助编写 App 使用的关键技术

序号	关键技术	技术类型	关键技术描述
1	知识推荐	自动推荐技术	基于用户行为或知识之间本身的关系规则，为用户自动推荐可能感兴趣的或与当前所要查找内容相关的知识
2	文本相似度检测	自然语言处理技术	用于计算两个文本之间的相似度，主要用于原创保护、内容重复性校验、论文新颖性检测等场景
3	自动组稿	自然语言处理技术	根据给定主题，基于方案模板自动生成初稿
4	搜索	搜索技术	根据关键词，对多个搜索域进行搜索，根据相关度获得搜索结果

方案辅助编写 App 在进行研究设计时经常使用，其应用示例如图 10-37 所示。这不仅节省了人工查找资料、判断是否和本次研究问题相关、汇总组织文档的过程，而且能使业务人员将更多的关注集中在真正的研究设计上。通过该 App 可以多人协同一起工作，发挥团队作用，快速解决问题。

图 10-37　方案辅助编写 App 应用示例（来源：智通云联 Smart.KE 产品）

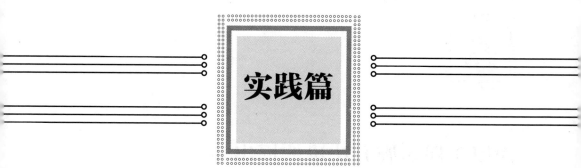

实践篇

　　如前所述，知识工程建设是一项系统工程，在不同行业和企业进行落地建设时，不仅仅是引入一套工具、软件或者平台，还涉及企业的组织、制度的保障，乃至企业文化的变革。本篇结合知识工程实施的特点，介绍了本书作者所在团队通过多年实践，并经过进一步检验，可持续发展的知识工程实施的方法论，并分享了该方法在不同行业进行落地的典型案例，以期给读者带来积极的借鉴意义。

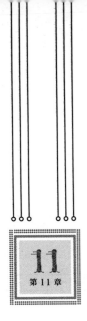

第 11 章

知识工程实施方法论的提出

本章结合笔者及所在团队知识工程实施的实践经验，从客户视角提出知识工程实施面临的典型问题、实施特点，并进一步介绍提出知识工程实施方法论的背景和过程。

11.1 知识工程实施面临的典型问题

在为不同的企业或组织实施知识工程期间，我们经常会面临客户提出的一些问题，最经常被问到的五个问题是：

- 什么是知识？
- 如何在业务环境中应用知识？
- 如何保持知识的活性？
- 隐性知识如何挖掘？
- 知识工程的效益如何计算？

回答这些问题并不容易，我们尝试以自己十多年的实践和经验，向读者介绍一下我们对这问题的认知，当然不能保证这些答复一定是正确的。

11.1.1　什么是知识

知识的定义业界并未达成共识，对我们来说更倾向于以 DIKW 来回答这个问题，然而在实践中，用户并不都认可这样的回答。

例如对于一个新员工来说，飞机部件设计的某个适航标准要求就是他不曾掌握的知识，而这对于一个老员工来说早已熟知，已经算不上他关注的内容。同样，对于一个汽车轮毂设计的工程师来说，总是做不好某种结构的受力影响分析，这对于大多数工作了多年的工程师同行来说同样是个难题。可是公司里的某个专家总是能非常神奇地做出最佳设计，这个过程知识对于其他人就非常珍贵。可见对于不同的人来说知识的定义是不一样的。

从时间的角度看，知识的含义在不同时期也是不同的。

鸡兔同笼是中国古代的数学名题之一。大约在 1500 年前，《孙子算经》中就记载了这个有趣的问题：“今有雉兔同笼，上有三十五头，下有九十四足，问雉兔各几何？”翻译这段话的意思就是：有若干只鸡、若干只兔在同一个笼子里，数头有 35 个，数脚有 94 只，问：笼中有多少只鸡和多少只兔？

《孙子算经》的作者提出了两种解法：

“术曰：上置三十五头，下置九十四足。半其足，得四十七，以少减多，再命之，上三除下四，上五除下七，下有一除上三，下有二除上五，即得。又术曰：上置头，下置足，半其足，以头除足，以足除头，即得。”

这是古代人的算术解法，在古代能掌握这种算术方法的人非常少。

同样的题目到了今天，经常出现在低年级小学生的数学应用题中，这个年龄的孩子能理解的解题思路和《孙子算经》的作者讲的一样。但是如果放在高年级学生及以上学历的人面前，解题方法绝大多数会采用二元一次方程组。

假设鸡 x 只，兔 y 只，则有：

$$x + y = 35$$
$$2x + 4y = 94$$

得：$x = 23$，$y = 12$。

由上可见，解决一个算术题目的方法，确实是需要学习的知识。这种知识在古代很少有人掌握，而在现代年幼的孩子都能够掌握；对于年长的人来说，能够掌握更便捷、更通用、更多样化的知识，解决更多、更复杂的问题。

由此，我们得出知识工程实施要关注的第一个要点：知识要因人而异。对于用户来说，他需要用又得不到的就是知识，而这并不会严格对应到 DIKW 的 K 层，也有可能是 I 层的信息，甚至可能是 D 层的某个数据。所以我们告诫自己，不要和客户争论知识的定义问题，这些概念的厘清仅限于规范化我们内部人员的认知体系。当面对客户时，客户的认知就是沟通的层面，我们要让自己能够快速地理解客户的思维，用客户听得懂、能理解的语言交流。

11.1.2   如何在业务环境中应用知识

客户最希望在业务环境中应用知识，然而知识密集型的业务总是涉及多种学科、需要多岗位协同，这样的业务环境就比较复杂。完成这样复杂业务需要的知识量大，经常是快速变化的；来源也广，经常散布于各个信息化系统、网站，它们可能处于组织内部，也可能处于组织以外。然而对于具体客户来说，他需要的不是大量且粗泛的知识，而是适合他本人、此时此刻完成此任务的具体知识，最好是少量且精准的知识。

这就是一对矛盾：知识又要多又要少。我们可以用 TRIZ（发明问题解决理论）的矛盾分析方法来解决这个问题，按照条件、时间来分离产生矛盾的需求：谁需要的知识多？谁需要的知识少？什么时候需要的知识多？什么时候需要的知识少？应该是企业或组织需要的知识多，越多越好；而对于某个具体业务应用场景中的个人，需要的知识少而精。

知识多容易实现，通过连接尽可能多的知识源，企业或组织内外部的海量资源都可汇聚到知识库中，进行统一管理。知识少相对难以实现，做这个减法需要识别业务场景中的多种要素，例如人的背景：什么部门、什么岗位、什么专业、什么职级、什么兴趣等；还有业务背景：什么产品、什么任务、什么技术、什么工具、什么原料、什么要求、如何控制等。有了这样细致的区分，才能向知识库索要符合要求的知识。显然，知识的多维甚至超维精细刻画，需要和上述的业务场景中的各种维度对应起来，上下一体才能实现精确的应用。

因此，知识工程实施要关注的第二个要点是：知识与业务场景的刻画越精细应用越准确。

11.1.3   如何保持知识的活性

实时的知识总是有价值的，但伴随着时间而增值的知识相对来说比较少，大多数知识的价值会随着时间流逝而被逐渐消磨。这带来了重要的问题：如何保持知识的活性？当用户求知若渴时，如果还要质疑知识的价值，这无异于当头一棒。然而更加让人难过的是，对于保持知识的活性，我们并没有推之四海而皆准的好办法。退而求其次，我们可以给出一个及时发现知识活性丧失的办法：保持和监控知识的可用性。

信息化系统能够帮助我们尽可能地让知识处于可用的状态，并统计和及时地分析知识被应用的状态。例如：按照知识类型分析其被应用的数据，能够告诉我们哪种知识最受欢迎；知识的热度排行榜，能够精确地告知我们具体知识的应用情况。专利、文献、标准的引用关系都是知识应用的描述方式。反之，从来不用，或者很少被用到的知识，多数情况下其价值堪忧；当然也不排除有时"真理掌握在少数人手中"，或高价值的知识因为"高处不胜寒"而无人问津的情况。

也有的企业直接将知识的应用情况作为知识价值的度量指标，从某种程度上说，知识复用确实是有价值的，这种度量也可以接受。同时，在应用中如果发现知识的过时、偏差情况，及时反馈就提供了完善、优化知识以恢复其价值的机会，这也是多用知识的好处之一。

因此，知识工程实施要关注的第三个要点是：促进知识尽可能多地被应用。

11.1.4　隐性知识如何挖掘

显性知识的获取总是容易的，技术在其中起主要的作用。企业或组织在获取显性知识中会遇到的困难，除了技术就是商务。因为某些数据被外部供应商提供的业务系统管理，尤其是国外的供应商会出现拒绝提供数据接口的情况，这只能通过商务谈判来解决。伴随着社会上对于数据价值的认可，企业或组织在采购信息化系统时，越来越多地将提供数据接口服务作为一个必选项提出，这就是对未来数据融合的提前布局。

相比显性知识，大家谈到的隐性知识都是源于内部的。如专家经验、设计过程讨论、项目总结、案例分析思路等，对于类似业务场景或者年轻的业务人员来说，都是非常有借鉴和启发意义的，是重要的隐性知识。因此，基本上在每一家企业或组织实施知识工程时，领导们都会提出，希望能够将隐性知识挖掘、共享、传承。这对于组织或企业来说绝对是一本万利的好事，但是为什么却如此难呢？

我们来看一些隐性知识显性化的实践案例。某研究所为了挖掘退休老专家的宝贵经验，为每一位专家安排了专门的年轻研究人员，协助专家整理头脑中的经验，可能是对于某个问题的长期研究思索，也可能是某些案例的再分析。这个举措非常有效，在几年内就取得了可观的专家经验成果。之后，该研究所又转而面向在职的研究人员，通过人力资源管理要求每人必须每年完成几份案例总结或过程总结，完成的数量与当年业绩达成、个人职称晋升相挂钩。这样严格的管理方式起到了非常有效的作用，几年之内案例经验类知识有序增长，为这个研究院也带来了知识、创新的优秀实践等荣誉。

知识共享，特别是隐性知识提炼和分享传承，是个人对组织的奉献。组织也需要持续地投入，采取相应的措施来引导员工行为，向着组织设定的方向前行，这就是知识工程实施中提到的运营与激励措施。

在某行业制造公司，知识管理已经实施多年，现在已经没有了当初上线时轰轰烈烈的推广活动，也没有了热热闹闹的各种宣传，留下来的就是每年年底的知识盘点。既要回顾当年度完成的知识创建任务是否达标，又要为来年的业务开展提出需要创建的新知识，这新知识的列表就是来年的工作任务目标，也是来年年底标准化审核的依据。在标准化部门组织的年度审核中，我们发现凡是列入了计划的任务基本上都能够完成，当然背后也有考核的力量在推动。除了这个明确的书面化任务单，几乎没有其他新的知识能够创建。这也许是很多企业或组织实施知识工程多年之后的状态，唯有管理措施严格落实，才会有隐性知识挖掘的长期执行。从六西格玛管理法来看，这是典型的组织能力体现，标准化、规范化是三西格玛的水平，当然比不上最开始各种运营活动拉动时的效果显著，但是其持久性却是其他措施都比不上的。

再以某著名企业为例，隐性知识的挖掘主要体现在案例知识总结上。按照企业要求，案例分为标准化案例和个人化案例两种，前者与职称评定挂钩，因此有明确的质量要求，如统一的结构化模板和指定的评审团队；后者是个人自发总结，模板简单，审核简单。对于知识应用，该企业借助于成熟的 IPD（集成产品开发）和项目管理措施，将知识应用活动分为事前学、事中学和事后学。在这些活动中，该企业把知识变成个人的经验，完成 SECI（社会化、外显化、融合化、内隐化）模型的最后一环，实现了组织知识个人化；并且将知识应用活动纳入质量控制管理检查单，在最细节的企业运营层面，把这些事情落实到底，执行力相当强。在与该企业中层管理干部沟通中，他们的反馈很有代表性，他们认为知识管理能够有效，最关键的因素是运营管理体系，知识管理作为外来物种融入其中，自然而然就能够有效运行。

结合这几个案例我们看到了在实施知识工程的不同阶段，隐性知识挖掘的共性和差异。因此，知识工程实施要关注的第四个要点是：知识运营保障与激励是知识工程长期有效运行的必要条件。

11.1.5 知识工程的效益如何计算

最后，我们来讨论企业或组织的高层管理者关心的问题：知识工程的效益如何计算？在一些企业的决策环节，如果能够说清楚这个问题，就能够为信息化系统建设扫清障碍。

知识工程的效益通常可以从直接经济效益和间接效益两个方面分析。

直接经济效益通常可以从业务效率提升和降低成本两个角度测算。对于效率提升，如一个科研查新分析报告，以前一个业务人员需要 20 天才能完成，现在仅需要一分钟。那么他承接的年度任务可以从 12 篇扩大百倍不止，这是效率显著提升的表现，与之对应地，能够为组织带来的经济收入也就增长很多倍。降低成本可以分为降低人员成本和降低不良质量成本，例如将专家头脑中的计算模型显性化、标准化、模块化，变成一个可计算的知识组件。在此基础上，设计人员只要掌握初级技能，就可以做好专业的设计，于是组织聘用人员的要求降低了，自然也就为企业节省了人力成本。又如一个企业特别关注曾经发生过的质量案例，要求通过实施知识工程，把每个质量案例在相应的设计环节推送给新的设计人员，达到全公司范围内犯一次错必不再犯的目的，这就减少了重复犯错的几率，降低了质量成本。

然而，有些企业还是不具备这样测算的条件，例如对于超大系统建设的人员来说，并不能衡量出完成一个工件所需的时间，也就无法计算效率提升。有的企业原有的工时记录系统，无法记录在工业软件知识化之前，做一个任务查找资料花费的时间；没有这个基数，即使改造后的工业软件确实做到了缩短资料查找的时间，仍然无法计算出节省的人力成本。不再重复犯错，是因为完全规避了错误，所以也就无法衡量具体挽回了多少损失，道理同扁鹊评价其三兄弟的医术：防患于未然是最高明的医术。因此，只能从不同时期错误率降低带来的质量成本的减少来计算；如果这期间存在多种质量改善措施并举，那么就难以区分究竟这些措施各自产生了多大影响。

所以直接经济效益的核算，需要企业管理运营达到一定的数字化基础，才能不为了算效益而算效益。不过即使直接经济效益无法准确核算，知识工程带来的好处还是得到了普遍认可。这些就是间接效益，包括组织的经验传承、共享文化塑造、转变为学习型组织、员工的个人成长、满意度提升、忠诚度提高等。

知识密集型组织的最佳发展方向是学习型组织，这是一种在快速变化的外在环境下，能够终身学习、不断自我再造、获得持久竞争力的组织。其重要的特点也是基础之一，就是形成有利于员工相互借鉴、沟通和知识共享的环境和文化。实施知识工程能够为学习型组织的建设，提供有力的内容体系、信息化系统和管理制度支撑；并随着运营的深化，逐步形成适用于学习型组织的企业文化，对企业保持核心竞争力、持续发展起到了重要的作用。

企业或组织实施知识工程，一方面为员工更好更快地完成任务提供支撑，另一方面也能够帮助员工更容易地学习知识，促进员工在工作过程中的成长，提高工作能力。如岗位能力专业知识地图，能够帮助新员工快速学习和了解本岗位的基础知识，包括业务开展相关知识、流程、方法、成果等，快速达到胜任的要求；知识专题能够帮助业务人员全面、快速地获取本技术专题的专业知识和新动态；热点分析聚焦国内外技术热点并分析相关资源的特征，能够帮助业务人员快速确定相关领域的最新发展方向和竞争对手动态；项目空间中的内部协同与互动交流，能够让项目成员有目的地学习项目背景资料，及时沉淀过程知识。同时，在互相的交流中，不仅可以学习到他人的方法、经验，激励员工快速成长，也更容易形成个人认同感和归属感，为企业吸引人才、留住人才起到积极作用。

采用这些应用方式，在工业软件中嵌入知识获取、知识积累的服务，尽量不改变用户既有的业务操作习惯和模式，就能够提高业务效率、减少工作量；依托知识挖掘技术，能够为业务人员提供信息背后的关系、规律、趋势等，降低工作难度，推动业务人员聚焦创新，让员工的职业技能获得提升，个人的职场价值得以持续积累。由此可见知识工程实施得好，组织和个人都能受益，从而实现双赢。

因此，知识工程实施要关注的第五个要点是：平衡投入产出，让组织和个人都能持续受益。

11.2　知识工程实施的特点

由上述分析我们得出了知识工程实施的五个要点：

（1）知识要因人而异。

（2）知识与业务场景的刻画越精细应用越准确。

（3）促进知识尽可能多地被应用。

（4）知识运营保障与激励是知识工程长期运行有效的必要条件。

（5）平衡投入产出，让组织和个人都能持续受益。

我们不仅要理解这些要点，还需要设计一套方法论，把这些要点全部融合进去。实施团队遵照这套方法论按部就班、循序渐进地执行，自然地就可以满足这些要点，达到企业或组织知识工程实施的效果。为此我们首先分析知识工程的实施内容，从中提炼知识工程实施的特点，然后我们阐述企业或组织知识工程实施之后可达成的远景蓝图。

11.2.1　知识工程实施的内容

企业或组织实施知识工程的内容包括三项，如图 11-1 所示。

图 11-1　知识工程实施的三项内容

1.知识内容建设

知识内容建设是对于知识内容本身的处理，包括知识体系设计，以及从源头采集数据或信息，并按照应用要求进行加工处理，从而形成知识。

这些知识源数据，可能是结构化的，更多的是半结构化或非结构化的数据，如文本、图片、视频、音频等；其来源可能是企业内外部的信息化系统，也可能是内外部的网页，或者共享文件夹里的文档等。来源多、格式与结构不一致，数量相差较大，更新频率的差异性也很大，这就是我们面临的知识源现状。按照不同来源的数据特点，分别定制相应的采集策略，在不对知识源造成较大的数据传输负担前提下，精准而经济地实现知识汇聚，是对数据集成的要求。

为了能按照个人的需求、业务场景的要求使用知识，对于源头数据进行加工处理是必须的。随着自然语言处理、图像处理、音频处理等技术的充分发展和应用实践，部分技术已经相当成熟，例如中文分词、通用命名实体的识别、语音识别等。

知识加工的关键首先是对知识加工要求的定义，之后才能选择适合的技术来实现。例如知识的使用需要从业务与人员多个维度进行区分，同样知识的采集和加工也需要从相应的维度进行特征识别，这些特征识别就是对知识采集和加工的要求。

知识内容处理完成的典型标志就是各种类型知识库的建成。

2. 知识工程系统建设

知识工程系统建设，即借助 IT 技术实现知识的管理、应用或服务。通常包括：知识的全生命周期管理功能，如采集、加工、存储、审核、发布等，场景化应用，以及为其他系统提供知识服务的接口等。在国标 GB/T 23703.8-2014《知识管理——第 8 部分：知识管理系统功能构件》中它被称为知识管理系统，在其他场合可能称为知识工程系统或平台，也有称为知识中心、知识引擎的。在本篇介绍中，这些名称的含义是相同的。

当前的 IT 架构受工业互联网的发展影响，正在转变为"数据＋平台＋应用"的模式和云架构，即在数据层实现大数据融合和统一存储，在平台层提供管理、服务，在应用层提供各种各样场景化的应用。知识工程系统也要融入这个浪潮，转变为"知识＋平台＋应用"的模式。如果它融入企业或组织的整体云平台，那么知识层大概率会融入企业的数据湖，作为一种特殊的数据存在；管理与服务作为平台层的一部分，组件化是一个趋势，至少需要部分实现组件化，以符合云平台的管理模式要求；而各种应用都将会成为小、快、灵的 App，走快速开发上线、专业场景应用的道路。

当然，对于知识内容本身的处理也是需要 IT 技术支撑的，通常它是平台提供的知识全生命周期管理的一部分。

3. 保障体系建设

从前述知识工程实施的案例中，我们已经知道长期有效的实施唯有靠管理制度保障，包括组织保障、制度与流程保障和激励措施保障，以及与之相配合的各种运营活动，这就构成了知识工程实施的保障体系。

11.2.2 知识工程实施的五个特点

由上述实施建设内容，我们就可以理解实施知识工程的特点了，它是一项跨业务、跨组织、跨系统、跨专业、跨时代的工程。

（1）跨业务：知识来源于各种业务，各业务也需要应用知识，知识工程实施过程必然要与各业务的人员打交道，了解他们的需求和数据内容。

（2）跨组织：人人都需要知识，各组织都是知识工程的用户单位；同时实施知识工程涉及科技管理部门、人力资源部门、业务部门、信息化部门，是需要跨组织协同的任务。

（3）跨系统：各信息化系统与知识工程系统的交互是双向的，既要向知识工程系统输送源数据，又需要从知识工程系统获得知识服务。在企业或组织的信息化架构中，知识工程系统通常被定位成一个公共管理或服务模块，因此极限情况下它会需要与每一个信息化系统打交道。为了减少交互耦合和开发工作量，提供标准化、通用的服务组件或接口是事半功倍的一种操作方式。

（4）跨专业：在实施知识工程中，三项建设内容分别属于管理专业、信息技术专业和业务专业，需要将它们融合，才能建成符合期望的知识工程系统。

（5）跨时代：客户实施知识工程，必然是希望其长久有效，不仅期望它能够复用过去的知识资产，规范化当前的知识积累与应用，也希望它能够伴随着客户的业务发展做到与时俱进，始终为业务发展提供动力。这是个很高的要求，面向过去和当下容易做到，面向未来就需要慧眼了。

总而言之，实施知识工程是个系统变革的过程。它几乎涉及企业的方方面面，包括各级、各单位人员、流程，信息化系统，业务系统等。

11.2.3　知识工程实施之后的企业状态

知识工程实施前后，企业的状态差异是很明显的。

1. 从组织的知识资产看，是管理精细化、主动化

以前是不清楚企业或组织的知识有哪些，有多少；实施之后知识资产变得非常清晰、得到了量化。企业不仅能看到总量，还能够随时了解其变化和增量。企业或组织对于知识资产的管理，也从被动获知，逐步转变为主动引导，例如11.1.4节所讲的案例中某飞机制造公司每年的知识识别活动。

2. 从业务应用模式看，是小动作撬动大改变

对于与知识工程平台交互的业务系统中的应用，以前是缺乏知识（也可能是针对本系统的知识能够获取，但本系统之外的知识无法得到），或者需要用户自己去其他地方寻找知识；实施之后，知识融合于业务场景，用户在原业务系统中，操作方式不做改变或者仅做少许改变就可以获取企业或组织的全部知识，用户得到了最大程度的知识自由。而在业务活动中新产生的知识，也能够自动地进入知识库，得到共享和复用。

3. 从个人思维和行为看，是文化潜移默化建立学习型组织

企业或组织的成员对于应用知识提升个人能力、改善个人业绩的需求，从无意识转变为主动做，从做不到转变为只要想到就能做到，这中间产生的转变就是

人的意识变化，以及对于知识价值的认可。个人的主动性和能力提升，必然带来所参与业务活动的效率、效果提升，从而为企业或组织创造更多价值，这就是文化潜移默化建立学习型组织带来的收益。

由知识工程实施的特点可知，它涉及的组织单位众多，各个岗位的人员众多，需要集成的信息来源众多，知识挖掘的过程需要强有力的新技术支撑；建立知识工程系统后，要保证知识的常用常新，就需要不断地激励团队成员，因此需要有企业的流程、制度、激励措施、组织保障。所有这些交织在一起，就是一场持续的管理变革，这不可能一蹴而就，需要一个过程来持续地指导实施团队循序渐进地开展工作，这就是我们建立企业知识工程实施方法论的初衷。

11.3　知识工程实施方法论的诞生

如图 11-2 所示，知识工程实施方法论 DAPOSI 包括六个阶段：定义阶段（Define）、分析阶段（Analyze）、定位阶段（Position）、构建阶段（Organize）、模拟阶段（Simulate）、实施阶段（Implement）。每个阶段的首字母合在一起就是DAPOSI，中文名称的读音就是"大博士"。我们希望用这样一套实施方法论，引导团队稳定地为不同客户提供知识工程实施服务，推动企业或组织实现业务流程可视化、业务活动知识化、运营结果预知化。

图 11-2　DAPOSI 流程

刚开始，我们只定义了方法论最基本的内容，如它的使命、核心理念、指导思想、主要路径、可依托的主要技术等；此后伴随着我们在各种企业和组织中的不断实践和持续验证，我们逐渐清晰地认识到最早的设计有哪些是正确的，哪些是不合适的，哪些是随着时间需要新融入的，又有哪些是在不同的行业或领域中需要具体而论的。

迄今为止，已经过去 10 年多了，我们一边实践一边总结提高，期间以DAPOSI 为主题的书籍已经出版了多本。如果有读者碰巧已经阅读过，应该可以从中发现作者也是在不断地学习和改变思路。然而值得庆幸的是，最初制定的DAPOSI 的核心观念、核心理论，经过时间和实践的考验，其仍然是完全正确的，我们并没有走弯路或回头路。这就保证了这一套方法论的主体稳定性，其变化的部分恰恰是经过我们自身的思考和实践而逐渐成熟的部分。

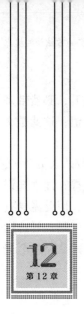

第 12 章

DAPOSI 理论基础

DAPOSI 方法论综合了多种学科的理论与实践，包括系统工程、项目管理、创新方法、软件工程、知识管理、数据仓库、数据挖掘、商业智能、人工智能等。本章对前五个内容以及 DIKW 模型进行介绍，看看它们如何在 DAPOSI 方法论中产生重要的影响力。

12.1 DIKW 模型

实施知识工程，最重要的是找到企业的知识是什么，对其进行管理并应用，实现不断增值。DAPOSI 就是围绕着这个逻辑执行的。

12.1.1 知识的分层定义

DIKW 模型在前文已进行阐述，本章节中重点来看 DIKW 中的知识。如图 12-1 所示，我们进一步细化知识定义，其分层依次是知识结构化、知识关联化和知识模型化。

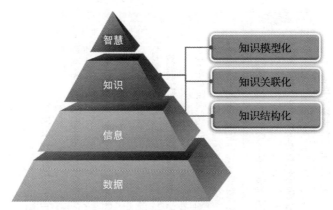

图 12-1　DIKW 的知识定义分层

知识结构化，指的是从信息的内容中继续提炼精确内容，如特征、属性等，通常它是为了解决知识定义不准确的问题，回答知识具体"是什么"。如图 12-2 所示，针对 CNKI 上的一篇文献《无人系统故障知识图谱的构建方法及应用》，我们提炼了它的部分特征：作者、单位、业务主题、研究对象、采用技术等。

知识关联化，是指基于结构化的知识属性实现知识关联，通常用于解决知识查找不全面的问题，回答知识之间"有无关系"。如图 12-2 所示，我们同样也对其他文献提炼了这些特征，由此就可以在文献之间建立起关联关系，在用户搜索时提供主动推送。例如推送同一位作者发表的文献两篇，做"民航飞机故障分析"的文献两篇，研究对象为"无人系统故障分析"的文献一篇，研究对象为"柴油机润滑系统故障分析"的文献一篇，同样采用"知识图谱"技术的民航飞机故障分析文献三篇……可见，这些推动的内容相当精准。

知识模型化即挖掘规律，类似于我们读书时的"把书读薄"的过程，它进一步挖掘有关联的知识背后具体"是什么关系"。如果能够实现这个模型，通常会是一种业务模式的创新，能够带来典型的业务增长。

如图 12-3 所示为中铸网小工具的一个示例"压铸工艺计算工具"，是典型的知识模型化，其应用相当便捷。

如果企业能够将专家的多年经验转变成这样的模型，年轻的业务人员使用起来自然会很快，而且这些业务人员只需要"知其然而不知其所以然"。当然前提是有专家"知其所以然"，并且能够将影响因子全部量化，成为一个可计算的公式。一些企业正在做这方面的尝试，但是这个过程并不容易。首先要对这种计算业务进行标准化；然后再做相关要素的结构化、数字化；千锤百炼提炼出公式后，再将这个运算模型组件化、工具化。当实现以上操作，业务的整体自动化水平就能得以提高，数字化运转自然就更加流畅。

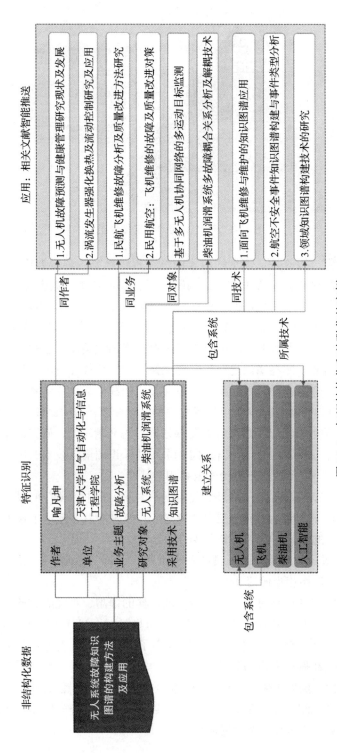

图 12-2　知识结构化和关联化的实例

图 12-3　压铸工艺计算工具

这中间有多个难点，计算业务的标准化还不算难点，可能有些人关注的是要素的结构化和数字化，认为这个过程中 AI 技术的应用是个难点，当然如果它们本来就是数据，则能够减少这一步的难度和结果偏差；然而实践中发现，最难的是得出公式这一步，这对非领域专家来说是做不到的，事实上相当多情况下即使专家也做不到，未来也许 AI 技术能够帮助我们提炼这个规律，减少对专家的依赖；最后的组件化和工具化由 IT 实现，没有多大难度。

这里我们就能够体会到知识关联化与模型化的差异，关联化是可以找到有关系的知识，但知识的关系未必能模型化表达。所以，知识模型化可以说是知识加工的最终发展方向，但我们同时需要理解未必所有知识处理都能够走到这一步，当然也未必所有知识应用都需要模型化。

知识要加工到什么程度，是由应用的要求和技术的支撑能力共同决定的。所以我们把知识分层定义，就能够更清楚地与业务需求对接，看业务需要的知识是结构化、关联化，还是模型化。需求的定义更具体，对于技术的要求也就更明确，如此推进则技术路线将逐渐清晰，技术风险也一步一步降低。半结构化和非结构化数据的知识结构化，多数用的是图像或音频转化为文本、自然语言处理中的特征识别技术，包括命名实体、属性、关系等识别；关联化用的是知识图谱技术；模型化经常会用到模式识别、数据分析中的模拟、深度学习等技术。

12.1.2　DAPOSI 中的 DIKW 逻辑

接下来我们看 DIKW 如何引导实施知识工程。如图 12-4 所示，在定义阶段，我们明确的是实施知识工程的业务目标，这就是确定了 W—智慧；之后在 A 阶段进行业务梳理，找到业务增值点和它需要的杠杆知识，这就是从 W 到 K—知识；在 P 阶段由知识牵引做信息源直至源数据的梳理和分析，这就完成了从 K 到 I—信息到 D—数据的分解，同时要探索好如何进行数据集成，并将数据、信息加工成为知识，例如是分类、抽取精细化的信息，还是关联，甚至是模式识别，这些逻辑上的内容全部在 P 阶段完成；到了 O 阶段之后就是按照这整个贯穿的逻辑进行软件的设计、开发、实施，也就是又从 D 回到 I，上升至 K，直至 I 阶段实施后验证知识工程系统的应用是否确实为企业的业务增加了价值，即确认实现了 W。

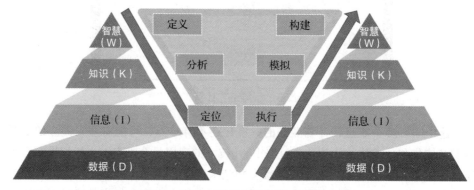

图 12-4　DIKW 引导实施知识工程的过程

这整个过程体现的是"以终为始"的思想，从业务出发，最终也需要用业务来验证实施效果。

12.2　系统工程

12.2.1　系统工程的 V 模型

系统工程是应用系统的思维、原理和方法，来解决复杂问题，并保证把复杂的事情做对、做好的一套方法论。

实施知识工程也符合上述描述，它是一个系统工程，必须按照系统工程的思路和方法开展工作。

传统的系统工程可视化表达有多种形式，如椭圆模型、瀑布模型、螺旋模型等，但 V 模型更加广为接受。1978 年 Kevin Forsberg 和 Harold Mooz 提出的系统工程 V 模型，准确地表示了从系统分解到系统综合的系统演进过程，使得系统工程的过程变得可视化且易于理解和管理，受到了业界广泛关注和应用。现在多数场合都会采用 V 模型的表达，如图 12-5 所示。

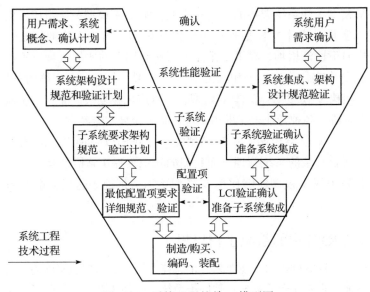

图 12-5　系统工程的单 V 模型图

系统工程遵从下行到上行的过程，下行即系统分解，从对系统的要求和设计分解到子系统，直至最末级配置项的要求和设计；上行即系统综合，按照设计的级别分别验证，之后集成，直至用户在系统级的验证。例如一个软件系统的开发，就是按照此过程进行的。

V 模型提出后，不断地在工程实践中得到应用、演化与改进。1991 年，Kevin Forsberg 和 Harold Mooz 在 NCOSE 第一届年会上，又提出了系统工程的双 V 模型，即架构 V 模型和实体 V 模型，如图 12-6 所示。

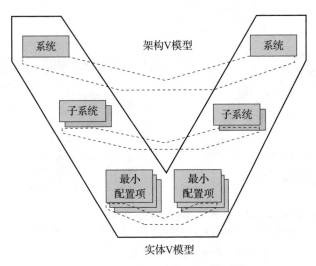

图 12-6　系统工程的双 V 模型图

架构 V 模型关注系统架构的开发和成熟，实体 V 模型关注组成架构的实体元素的开发和实现，实体 V 模型垂直于架构 V 模型。由于系统的复杂性，架构 V 模型的厚度向下逐渐增加，在下一个系统层次级别上的实体数量也不断增加，架构 V 模型的每个实体都有一个相应的实体 V 模型，负责这个实体的开发与实现。系统工程的架构 V 模型结合实体 V 模型，可以应用在复杂产品和系统研发的各个层次、各个阶段、各种专业上，即覆盖全流程、全域、全特性。

因此，与单 V 模型相比，双 V 模型能够让我们以一种立体的视角看待系统开发过程，适合复杂的系统管理。而我们的知识工程实施恰恰是一个复杂的系统工程，因此采用双 V 模型能够比单 V 模型更加清楚地表达任务逻辑和管理整个过程。

12.2.2　DAPOSI 中的系统工程思想

如果我们把 DAPOSI 的实施作为一个总体系统，那么按照实施内容可以把它分为几个子系统：业务分析子系统、软件子系统、硬件子系统、保障子系统、安全子系统。我们能够清晰地看到，各个子系统是不同步的，但又是互相联系和支撑的。

例如，如图 12-7 所示，业务分析子系统的输入来源于 D 阶段的项目范围与目标，在 A 阶段开展具体的业务分析活动，其结果是设计的知识体系，用于指导后续的软件系统设计与开发。因此业务分析子系统的启动早于软件系统，其活动在系统分析过程中主要由人开展，在系统综合过程中依靠 IT 技术验证。所以，它的实体 V 模型处于整个架构的中层。

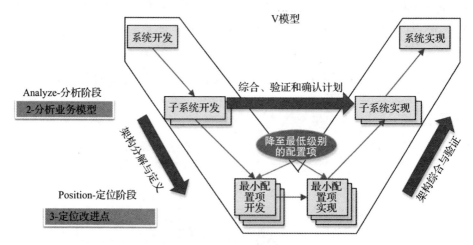

- 分析：业务需求→业务模型→知识模型→信息模型
- 验证：信息集成（→语义模型）→知识体系→业务模型→业务需求

图 12-7　业务分析子系统在 V 模型中的位置

而软件子系统的主要活动覆盖了 P、O、S 三个阶段，主要完成信息系统集成、技术路线验证、软件系统设计、开发与上线。硬件子系统是为了承载和保障软件系统的运行。从项目周期上看，它在 S 阶段与软件子系统线上同步完成采购、部署即可。而保障子系统涉及知识运营的保障系统与运营系统设计、评审、发布、运行，与软件系统有联系，但是更多是企业规章制度、组织架构等的调整与适应。安全子系统要求知识工程系统的运行完全满足企业对于知识安全的管理要求，它具体落实在两个子系统：软件子系统和保障子系统。

可见，经过这样的区分和梳理，我们能够清晰地理解知识工程实践中的各项内容及其特点，能够选拔为之匹配的实施团队，并且让这些团队互相理解彼此的工作节奏和接口关系，让整个复杂和多重的交付物的过程得以有序地开展。

12.3 项目管理

12.3.1 DAPOSI 的核心理念

我们设计的知识工程实施方法论，必须具备良好的可操作性和稳定性。因此，我们在建立之初就定义了它的核心理念，包括三个方面。

1. 面向业务，面向战略目标

DAPOSI 是一种企业或组织自上而下地实施知识工程的策略，以知识的产生和应用为主线，整合企业或组织运营的各个环节。

2. 以项目为基础，以知识继承和创新为手段

DAPOSI 认为企业或组织所处的生态系统是一个自适应复杂系统，在其中生存的秘诀就是不断提高适应环境的能力。而企业或组织的遗传基因就是知识，知识的继承和创新决定了企业或组织的适应能力。DAPOSI 以自适应复杂系统理论为基础，采用 CommonKADS 方法建模，并对企业或组织的知识进行梳理，以实现继承与共享，最后以知识挖掘为核心技术实现知识创新。在实践中，DAPOSI 采用项目管理方式，完成与此业务配套的知识梳理，建设能够适应企业或组织生态环境变化的知识工程系统。

3. 挖掘业务流程中的知识，提高业务绩效

通过对业务流程在时间和空间的知识挖掘，寻找其背后的规律，从而提高业务执行的效率和效果。这是实施知识工程的目的，也是检验其是否有效的标准。

这三个方面分别描述了企业按照这个方法论实践时的需求来源、实践过程和最终效果。可见，对于实施的稳定性和可操作性，我们依靠的就是项目管理。项

目管理的理论、方法都已经发展得十分成熟，在各行各业的实践也非常充分，相关的人才培养也比较规范。因此，依托项目管理的方式来实践知识工程，能够让这个过程具有不容置疑的规范性和可操作性。

12.3.2　项目管理介绍

项目管理是在项目活动中运用知识、技能、工具以及各种资源，以满足或超过项目的需求。项目通常具备五个特征。

（1）普遍性：项目方式普遍存在，不局限于技术领域或工程领域。

（2）目的性：所有的项目管理活动具有同一个目标，即"满足或超越项目有关方对项目的要求与期望"。

（3）独特性：这是区别项目与非项目活动的重要特征，它既不同于一般的生产服务运营管理，也不同于常规的行政管理，它有自己独特的管理对象（项目），有自己独特的管理活动，有自己独特的管理方法和工具，是一种完全不同的管理活动。

（4）集成性：项目是所有相关活动的集成，其管理要求必须是全面的，通常包括范围、周期、成本、质量和风险。项目目标达成，指的是所有这些维度都在可接受范围之内。

（5）创新性：由于每个项目都具有独特性，因此每个项目的管理必然不会完全一样，项目管理负责人必须理解这些独特之处，并且有能力处置。

因为项目都是具有唯一性的工作，因此它们包含一定程度的不确定性。组织在实施项目时通常会将每个项目分解为几个项目阶段，以便更好地管理和控制，以及更好地将正进行的任务与整个项目连接起来，这些阶段就构成了项目的整个生命周期。通常项目管理过程可被分成五个过程组，每个过程组有一个或多个管理过程。

（1）准备过程：识别一个项目或阶段的开始，并完成相关的准备工作。

（2）计划过程：设计和维护一个可以实施的规划方案，以实现项目所要达成的目标。

（3）执行过程：协调人员和其他资源，按照规划的方案共同完成各项任务，以积累完成项目的目标。

（4）控制过程：以适当的形式和时机持续监督和度量项目的进度，并在必要时采取正确的措施保障项目目标的实现。

（5）收尾过程：确认项目成果达成，得到客户的认可，并完整地结束该项目。

12.3.3　DAPOSI 中的项目管理

项目管理的内容是贯穿 DAPOSI 全过程的，从 D 阶段的立项与项目策划，到各阶段的跟踪与监督，直至 I 阶段的验收、复盘和结项，存在于整个项目周期。在各个阶段，都会有相应的项目管理内容穿插其间，知识工程的实施项目中典型的项目管理交付物清单如表 12-1 所示。

表 12-1　DAPOSI 中的项目管理交付物清单

阶段	项目管理交付物
D	项目立项申请及评审记录
	项目总体计划
A	项目跟踪与监督报告
	评审记录
P	项目跟踪与监督报告
	评审记录
O	项目跟踪与监督报告
	评审记录
S	系统试运行计划
	系统交付计划
	项目跟踪与监督报告
	评审记录
I	系统运维服务约定
	用户项目总结报告，技术总结报告
	项目结项评审报告，项目复盘报告

对比可知，知识工程实施项目是依据项目管理的理论和方法，并结合知识工程的特点开展的项目管理实施活动。项目管理的准备和计划过程，在 DAPOSI 中的 D 阶段完成；从 A 阶段到 S 阶段都是边执行边监控；最后的 I 阶段就是收尾工作。我们有侧重地采纳项目管理方法，D 阶段和 I 阶段是遵循得最为完整的，也容易与客户的内部项目管理要求进行对接。显然，我们细化了实施过程，通用项目管理中的执行被我们细化为四个阶段：A 阶段主要是业务分析，它依据的方法主要是流程梳理和知识组织；P 阶段主要是语义系统构建，它用到大量自然语言处理和数据挖掘的原理和方法；O 阶段主要是软件的设计和开发；S 阶段是试运行，包括了各种 AI 算法的模拟训练。

12.4　创新方法

参照国标 GB/T 37097-2018《企业创新方法工作规范》，创新方法是"应用一种或多种科学思维、科学方法、科学工具实现创新的技术"。创新方法可分为三类。

（1）技术创新方法：是指应用创新方法于产品设计、产品制造等活动中，以解决矛盾问题、提高产品质量的技术，如功能分析、因果分析、矛盾分析、物场分析、创新原理、进化规律、标准解系统、创新思维等。这类创新方法以发明问题解决理论 TRIZ 为主。

（2）管理创新方法：是指应用创新方法于产品质量管理、研发管理、生产管理、售后管理等活动中，以减少浪费，降低成本，并提高业务流程的效率和效果的技术，如 SWOT 分析、流程分析、质量功能展开、失效模式与效果分析、仿真模拟、流程优化、精益营销、现场管理等。这类创新方法以六西格玛管理法、工业工程、精益生产为主。

（3）知识工程方法：是指应用知识共享于产品的全生命周期管理和企业经营等活动中，以提升业务活动绩效的技术，如知识搜索、知识问答、知识百科、知识专题、知识地图、实践社区等。

我们看到，知识工程是三大创新方法之一，前述已经进行了介绍，本节主要讨论其他两种创新方法对于 DAPOSI 的贡献。

12.4.1　TRIZ 与 DIKW

TRIZ 理论也称为发明问题解决理论（Theory of Inventive Problem Solving），是由以发明家根里奇·阿奇舒勒为首的研究团队，通过对 250 万件高水平发明专利进行分析和提炼之后，总结出来指导人们进行发明创新、解决工程问题的系统化的方法学体系。

经过多年的发展与实践的检验，TRIZ 已经成为当今世界创新设计的主要方法之一。目前，世界众多企业，如三星电子、福特、波音等都已在 TRIZ 的推广及应用中受益，为企业积累了宝贵的创新人才和技术财富。

我们参照 DIKW 模型来理解 TRIZ 诞生的过程。从专利中发现规律，这是典型的知识挖掘过程，即从 D 到 K；利用这些规律指导产品设计或技术创新，从而产生新的高水平方案，申请新的专利，就构成了知识创新和正向反馈环，这是典型的知识应用过程，即从 K 到 W。让我们用实例来看一下这个过程。

我们通常认为专利是知识，而且是高技术含量的知识。但是从 DIKW 模型看，一篇专利就是一个"数据"；经过提炼，专利数据被结构化，成为"信息"。如图 12-8 所示，这个专利被提炼出了主题、问题描述、方案描述、方案原理等关键信息，这就是将专利进行了结构化。

通过对大量专利进行这样的分析，阿奇舒勒建立了 TRIZ 体系，它揭示了不同行业的不同技术系统在面对同类型问题时，往往会采取同样原理的解决办法，这就是规律。工程师们可以通过学习这些规律，在类似问题出现时直接运用规律来解决问题，产生创新方案。现在这个体系内容完整，从定义问题、分析问题到解决问题，包括了数十种工具和方法，典型的有创新思维方法、矛盾分析方法、物场分析方法、功能分析方法、因果分析方法、资源分析方法、进化规律、ARIZ分析方法等，如图 12-9 所示。

图 12-8　专利结构化实例图

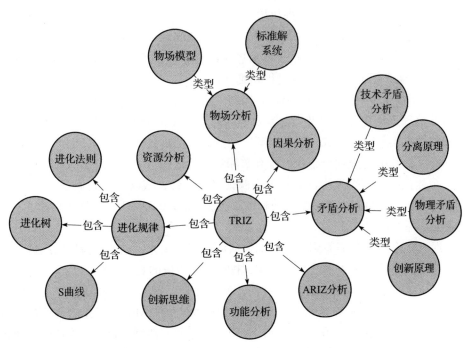

图 12-9　TRIZ 体系图（SmartKG 产品图）

如图 12-10 所示，为技术系统进化路线实例图，即进化规律"能量传递法则"的进化路线：向更高级的场进化。在技术系统中，工具对作用对象产生的作用，其类型总是从机械场依次向声场、热场、化学场、电场、电磁场、生物场和信息场进化。

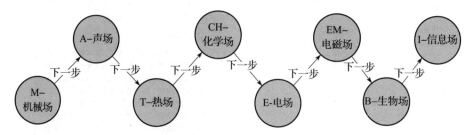

图 12-10　技术系统进化路线实例图（SmartKG 产品图）

显然这样的规律是极为宝贵的知识，掌握了它们，产品研发就可以依据进化路线提前进行预测和规划，例如当前作用位于机械场的，就可以向声场、化学场、电磁场等进化。技术领先的产品能够为企业带来前所未有的声誉，再结合市场策略，便能够为企业带来实际的市场收入，这就是"智慧"。

2016 年在新疆某石油服务公司，我们和企业的技术人员组成了一个团队，依据 TRIZ 体系进化规律中的"进化树"理论，开展了技术进化图谱分析。这次实践在国内创新业界得到了广泛的好评，被认为是当时中国企业创新实践的巅峰之作。于是我们将它撰写成书籍《技术进化图谱在新疆石油石化行业战略布局实践》，具体地介绍了这次实践的过程和成果。

我们围绕油砂开采中的一个核心问题"油砂破碎机粘连导致破碎效率低下"，搜集并梳理了历史上的以及当前来自国内外专利库、CNKI 文献库、公网信息的所有相关方案信息，形成"油砂破碎"功能实现的进化图谱。整张图的节点数超过 200 个，其中对于这个企业而言有实际参考价值的点大约 120 个。在项目实践中，企业选择了三个典型的设计方案验证其可行性，成功地为企业解决了问题，利用闲置数年的进口成套设备，使财务收益达 3400 万人民币，随后还收获了三个专利和一系列的论文。

通过这个实例我们看到了知识如何从数据变成规律，又如何指导实践进行创新，这是完整的 DIKW 过程，也是知识挖掘产生价值的真实体现。

可以这样讲，TRIZ 的诞生过程对于我们来说，就是一个知识工程实践的样板。因为我们的团队曾经那么熟悉 TRIZ，所以才在 DAPOSI 诞生之初，就自然而然地设定了这样的知识挖掘路线。希望某一天我们能够通过技术手段，重新做一遍阿奇舒勒 80 年前做的事情，不知道现在的专利库挖掘形成的规律是否还和

TRIZ 一样呢？ TRIZ 的诞生是源于发明家们的人工努力，然而让我们羞愧的是，迄今为止我们还没有能力用机器来复现阿奇舒勒先生做出的成果，这是我们实践知识工程的时候给自己设定的一个潜在目标，我们一直期待着并且努力着。

12.4.2　TRIZ 与知识的生命周期

1979 年，阿奇舒勒出版了《创造是精确的科学》一书。此书在 1987 年翻译为中文，其中提出了技术系统的 S 曲线这个概念，书中认为"技术系统的生命与其他系统一样，可以表示为 S 曲线，可以粗略地分为婴儿期、成长期、成熟期和衰退期四个阶段"。这个概念与生物体、产品的生命周期理论基本是一致的，它将这个理论的适应性进一步扩大到所有的技术系统中，并丰富了生长曲线的类型。

技术系统的生命周期曲线因其形状类似 S 型，因此被称为"S 曲线"。S 曲线横轴为时间，纵轴为技术系统的主要性能参数，它描述了技术体系的主要参数（如功率、生产率、速度、它所派生出的型号数目等）是如何随着时间而变化的。技术系统 S 曲线的指标，除了考虑主要参数，还要结合其他几个指标来考察技术系统以识别它所处的阶段，包括专利数量、发明级别和利润随时间变化的曲线，如图 12-11 所示。

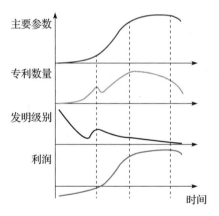

图 12-11　技术系统 S 曲线的指标图

在这四个关键指标中，主要参数和利润两个曲线是典型的 S 形状。值得一提的是"发明级别"和"专利数量"这两个技术指标，它们源于 TRIZ 理论对于专利发明等级的区分和数量的统计。TRIZ 理论将专利按照发明的级别分为五个等级，第一级是最小型发明，指产品系统中的单独组件发生少量的变更，但这些变更不会影响产品系统整体结构的情况，据统计大约有 32% 的专利属于第一级；第二级是小型发明，指产品系统中的某个组件发生部分变化，改变的参数约数十个，即以定性方式改善产品，约 45% 的专利属于此等级；第三级是中型发明，指产品系统中的几个组件可能出现全面变化，约有 19% 的专利属于第三等级；第四级是大型发明，指创造新的事物，它一般需要引用新的科学知识而非利用科技信息，大约有 4% 的专利属于第四级；第五级是特大型发明，主要指那些科学发现，大约有 0.3% 的专利属于第五级。

对照图 12-11 我们可以看到，阿奇舒勒发现的技术系统在不同阶段，其专利数量大体上呈现 S 曲线的形状，而专利的发明级别则大体上呈现的是一路走低的趋势。再结合企业的利润曲线，便可以评估系统现有技术的成熟度，判断技术系统现在所处的阶段，有利于合理分配资源，帮助企业做出正确的决策，采取适合的营销策略、研发策略、专利策略与竞争策略。

理解了技术系统的生命周期发展规律，我们就可以联系到知识本身，它是否也遵从技术系统的生命周期理论呢？在梅小安等人所著论文《知识生命周期的三种诠释》中，论述了企业的知识也具有从创建、成长到成熟和衰退的周期。因此，伴随着时间变化，知识的特性也会发生变化，特别是价值属性，有一个从无到有、从少到多、再从多到少，直至消失的过程。正如梅小安的论文中所说："知识虽然具有永恒性，但随着时间和空间的变化，知识的数量、质量和适应性都在发生变化"，"知识的含量随时间也就是知道并相信的人的多少而改变，由知识逐渐变为常识，由现在时变为过去时。"

前面我们分析过，知识的价值难以衡量，知识工程的效益难以测算。但是现在，我们有了一种途径，可以来判断知识所处的生命周期阶段，再由所处的生命周期阶段，对照其利润曲线便可以判断知识的价值。例如，我们把知识的引用数作为一个主要参数来考虑，并尝试着用几个例子来验证。

我们从 CNKI 上找了一篇文献来看它的引用数据，例如《中国管理信息化》2015 年 03 期的文章《石油化工知识管理方法探讨》，它的引文网络图如图 12-12 所示。可见，它直接引用了 5 篇文献，至今还没有其他文献引用了这篇文章，从这里看这篇文章似乎还处于婴儿期，其价值很有可能还是负值。

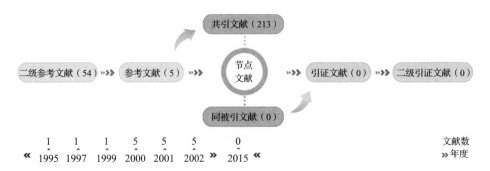

图 12-12 《石油化工知识管理方法探讨》的引文网络图

接着，我们选择了它的两篇参考文献《国内知识管理理论的发展》和《企业协同知识管理框架构建与策略研究》，继续查阅其引文网络，如图 12-13、图 12-14 所示，可见这两篇文章自从发表之后不断被引用，直至当前。

图 12-13　《国内知识管理理论的发展》的引文网络图

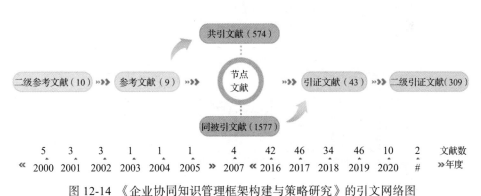

图 12-14　《企业协同知识管理框架构建与策略研究》的引文网络图

这两篇文章的被引用数据曲线图，如图 12-15 所示。

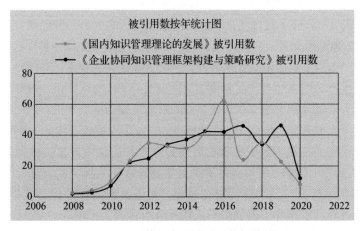

图 12-15　两篇文章的被引用数据曲线图

对于《国内知识管理理论的发展》的引用情况，在持续增长了 8 年之后，峰值已经出现，并于 2016 年呈现了下降的趋势。由此我们可以大体上判断，这篇文章比较可能进入了衰退期，其价值已经得到持续的积累，虽然增量下降，但是总量还是增长的。而《企业协同知识管理框架构建与策略研究》的被引用数据，有两个异常点，一是 2018 年略有下降，二是 2020 年数据较低。但是，这个曲线总的大趋势还是在增长中，虽然增势趋缓。我们可以大体上说，《企业协同知识管理框架构建与策略研究》这篇文章比较可能是进入了成熟期，其价值还会不断增加。

我们可以再看一下这两篇文章的被引用数的累计图，如图 12-16 所示。可以看到《企业协同知识管理框架构建与策略研究》的数据在相当长时间内呈现出了几乎直线上升的态势，这也非常符合成熟期的特征。

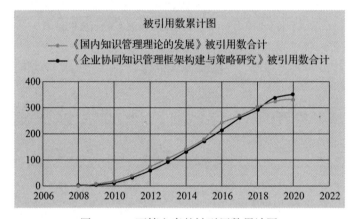

图 12-16 　两篇文章的被引用数累计图

12.4.3 　6Sigma 与 DAPOSI

六西格玛（6Sigma）管理法是对我们的认知有影响的另一种创新方法。六西格玛在 20 世纪 90 年代中期，开始由 GE（美国通用电气公司）从一种全面质量管理方法演变成为一个高度有效的企业流程设计、改善和优化的技术，并提供了一系列适用于设计、生产和服务的新产品开发工具。继而与 GE 的全球化、服务化等战略齐头并进，成为全世界追求管理卓越性企业的最为重要的战略举措，六西格玛也蜕变为以顾客为主体来确定产品开发设计的标尺，以及追求持续进步的一种管理哲学。

可能一提到六西格玛，大家都会联想到这个方法论中繁多的统计方法，但实际上对我们的思维有重大影响的并不是这些处理数据的技巧和方法，而是流程化思维。六西格玛认为，做事情都有个过程，对于过程的衡量指标就是过程能力，它代表的是过程的稳定性。例如十个人操作这个过程，十个人的效果差异性越小，就代表过程能力越高。如果一个过程效果不佳，可以分为两种情况，如图 12-17

所示，以投掷飞镖为例，左图是均值不达标但波动较小，右图为均值达标但波动过大，从六西格玛的角度衡量二者都不是理想的状态。

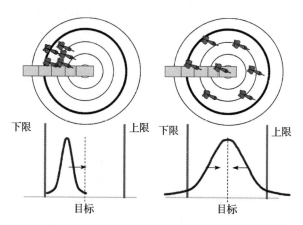

图 12-17 六西格玛看待流程问题示意图

如何改进呢？哪种情况更容易做到呢？实际上左边更容易纠正，例如我们称重时的提前调零，做的就是这个事情；而减小波动是个比较困难的事情。

在实际工作和生活中，问题往往是复合的，既存在均值偏差，也存在波动过大。例如某公司的高管讲了一个故事，他需要一个员工来管理库存，因为只有这个员工管得好，别的人总是做不好；但是这个员工不在他的职能部门，而且本身任务繁重，无法调配给他。怎么办呢？他痛下决心，找了一个团队，模拟此人的管理方式，开发成一个管理工具，然后发现一切问题解决了，管理得又好，也不用去争夺关键资源了。我们用六西格玛的思维来看待这个故事，就是典型的过程能力提升案例。原来的问题是存在高水平的个体，但大多数人水平低，带来的过程能力一定是均值不达标，且波动也大；采用软件系统替代了人之后，软件系统的运行相当稳定，那么波动就减小了很多，同时均值也提升了。这是从过程能力的两个维度同步改进，一个成功的管理优化案例。

这对于我们构建 DAPOSI 有什么意义吗？正是这种过程能力改进的思想，促使我们思考要建立一套方法论，来规范化知识工程实施的漫长过程中不同人员的操作方式，从而减小波动；此外我们将自己的最佳实践不断融入这套方法论中，这个过程就是在不断提升均值。所以，六西格玛的管理思想对于我们建立和长期坚持改善知识工程实施的方法论，是非常重要的。

12.5 软件工程

知识工程的管理系统是个软件系统，因此它的建设要遵循软件工程的标准。软件工程是一门研究如何用工程化方法构建和维护有效的、实用的和高质量软件的学科。它涉及程序设计语言、数据库、软件开发工具、系统平台、标准、设计模式等方面。

能力成熟度模型集成（CMMI）作为软件能力成熟度评估标准，用于指导软件开发过程的改进和进行软件开发能力的评估，是当前软件及系统产品行业中应用最为广泛的软件工程模型，已经成为业界公认的标准。据相关消息称："CMMI官网发布的数据显示，2019年中国大陆通过CMMI认证的企业数量共2403家企业，相比2018年数量（1894家）增加了509家企业。其中通过CMMI2的企业有6家，通过CMMI3的企业有2035家，通过CMMI4的企业有22家，通过CMMI5的企业有341家。"由此可见中国企业对它的认可程度是非常高的。

CMMI源于CMM模型，在20世纪80年代末由美国卡耐基梅隆大学软件工程研究所（Software Engineering Institute，SEI）推出，在20世纪90年代广泛应用于软件过程的改进，极大地提高了软件生产率和软件质量，为软件产业的发展壮大做出了巨大的贡献。然而CMM模型对系统工程、集成化产品和过程开发、供应商管理等领域的过程改进中存在的一些问题难以解决。于是为了解决软件项目复杂性快速增长导致的过程改进难度增大、软件工程的并行与多学科组合等问题，以及实现过程改进的最佳效益，SEI组织全世界的软件过程改进和软件开发管理方面的专家历时四年研发出CMMI，并在全世界推广实施。

在CMMI中，每一种CMMI学科模型都有两种表示法：阶段式表示法和连续式表示法。连续式表示法强调的是单个过程域的能力，从过程域的角度考察基线和度量结果的改善，其关键术语是"能力"；而阶段式表示法强调的是组织的成熟度，从过程域集合的角度考察整个组织的过程成熟度阶段，其关键术语是"成熟度"。需要说明的是，CMMI考察的对象称为组织，代表其适用范围不局限于企业，也包括非企业的组织形式。

按照组织的成熟度，CMMI模型将软件组织的能力成熟度分为五个等级，级别越高，组织的成熟度越高，高成熟度等级表示有比较强的软件综合开发能力。从过程能力上看，成熟度越高组织的过程越稳定，并且效果也越好。

CMMI一级称为执行级，这是初始级别。对应的软件组织的特点是，任务完成具有很大的偶然性，项目实施能否成功主要取决于实施人员个体。即使成功执行过软件项目，也无法保证再次成功。从过程能力看，该级别组织的能力波动性很大。

CMMI二级是已管理级。组织对项目有一系列管理程序，避免了组织完成任务的随机性，保证了组织实施项目的成功率。在评估中，选择2~3个代表性的项目，那就意味着也许这就是这个组织最好的项目，并不是组织的全部项目都能够达到这个水平。

CMMI三级是已定义级。它代表着组织能力的提升，制定了对整个组织所有软件项目都适用的管理流程、标准，并实现制度化。从效果上看，这个级别可以保证在不同的项目实施中取得较为一致的成果；从过程能力看，这个级别无疑得到了显著的提升，组织的过程趋于稳定。这代表着也许整个组织的项目不是最优秀的，但是它们好是雷同的，坏也是一致的。

CMMI 四级是量化管理级。项目管理实现数字化带来了管理的精细化，如项目的进度衡量、质量衡量、风险评估等，都会采用数据分析引导。这个级别体现出了明显的数据驱动管理与决策的特点。这个级别也是六西格玛的技能方法大量使用的时期。

CMMI 五级是优化级。组织能够主动地改善流程，运用新技术，实现流程的优化，适应业务的发展变化。通常这是个比较理想化的状态，代表着组织过程管理的最终理想目标。

CMMI 的五级模型被软件行业广为接受，它能够衡量一个组织的过程成熟度并进行合理的表述，因此可以推广到更多的领域应用。从一级的无序到二级出现优秀的异常点，组织会参照这些偶然闪现的异常点，挖掘其关键因素，通过制度化将其推广到整个组织，这就是三级；当组织的平均能力达到一个可接受的、良好的状态后，组织会谋求更优秀的表现，于是第四级就是量化管理级，以数字化的方式更精细地刻画过程和效果，以持续的量变堆积成为质变；最终的组织优化始终向着高度适应外界变化、内部变化的方向发展，这就是第五级。

理解了这个逻辑之后，我们参照 CMMI 五级模型设计了企业或组织实施知识工程成熟度的评价模型，如图 12-18 所示。对照 CMMI 模型，我们就能够理解这个模型的内涵了，其中 L1、L3、L5 与 CMMI 相应级别的本质含义是一致的。

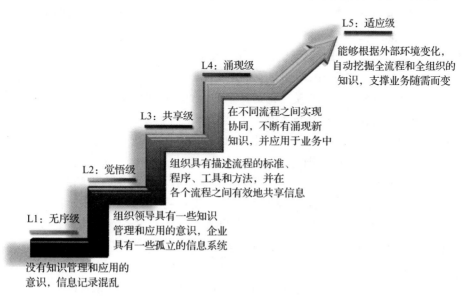

图 12-18　知识工程成熟度评价模型

除了在模型定义方面提供了参考，对于知识工程的实施来说，CMMI 的每个过程域都能够为软件系统的建设提供很好的借鉴，如需求分析、需求管理、测试、验证、评审等。每个过程域的内容中，都会包括过程和方法、工具与设备，以及人员，如图 12-19 所示。这些都是 SEI 在全球的最佳实践中提炼出来的，我们可以以此为基准执行，从而确保知识工程系统的建设有一个较好的基础。

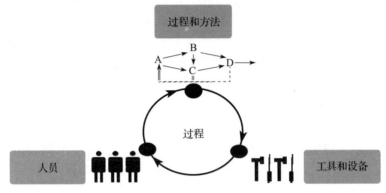

图 12-19　CMMI 过程的规范内容图

12.6　知识管理

12.6.1　中国知识管理的发展

中国的一些企业或组织早在 20 世纪 90 年代就已经开始倡导和实践知识管理。进入 21 世纪的第二个十年，国内的相关高校、咨询公司还积极推动中国的企业或组织参加"最受欢迎的知识型组织"MAKE 奖的评选。这个奖项是国际知识管理领域的最高奖项，被称为知识管理界的"奥斯卡"。在 2018 年，为了响应时代发展，这个奖项更名为 MIKE 奖，即最具创新力的知识型组织。

感兴趣的读者可以在中国 MIKE 大奖官网上看到 2021 年获奖的企业或组织，它们遍布各行各业，其中不乏国际国内的著名企业。这些层出不穷的获奖单位，正说明知识管理在中国仍旧很受关注。在此需要说明一下，这个奖项本身并不区分知识管理或是知识工程实践，后面我们会阐述这二者概念之间的差异。在本书的案例篇"石油化工领域应用案例"介绍的就是在 2018 年获得中国区、亚太区 MIKE 大奖以及中国区单项奖的案例，"船舶领域应用案例"介绍的是获得 2022 年中国区 MIKE 大奖以及最佳运营奖的案例。

总的来说，知识管理在我国已经比较成熟。此外，我国已经制定并陆续发布了知识管理相关的全套国家标准：GB/T 23703 系列的八个标准和 GB/T 34061 系列的两个标准。

在这一套国标中，知识管理的定义是"对知识、知识创造过程和知识的应用进行规划和管理的活动"。知识管理的目的是"将存在于组织的显性知识和隐性知识以最有效的方式转化成组织中最具有价值的知识，进而提升组织的竞争优势。知识管理应根据组织的核心业务，鉴别组织的知识资源，开展管理活动，如鉴别知识、创造知识、获取知识、存储知识、共享知识和应用知识"。

为了保障知识管理的活动持续且有效地开展，还需要以下支撑要素。

1. 组织结构与制度

知识管理活动是组织业务流程中的组成部分。知识管理活动应该是增值的、清晰的、可交流的、可理解的和可接受的。

组织应制定出知识管理运作程序，设置与知识活动相关的工作角色和职责范围。知识管理的组织制度包括知识管理的组织结构、知识管理的流程及运行制度、知识管理考核激励制度。

2. 组织文化

组织应为不同业务领域、不同知识的所有者之间提供沟通交流的环境和氛围。知识在很大程度上依赖于个体，需要在组织内形成一种具有激励、归属感、授权、信任和尊敬等机制的组织文化，这样才能使所有员工做到知识的创造、积累、共享及应用。

组织应为包括决策人员、管理人员、操作人员等在内的全体员工创造良好的文化氛围，参与并实现知识共享与创新。

组织在鼓励员工共享个人知识的同时，还应该通过实践社区、共同兴趣小组、学术交流、研讨等各种形式促进员工在组织内获得个人发展。

3. 技术设施

知识管理的实践需要技术基础设施的支持。现在的信息通信技术使得知识的获取、发布和查找越来越方便。技术设施应致力于支持知识活动的不同环节，此类技术包括数据挖掘与知识发现、语义网、知识组织系统等。

技术设施应满足功能需求，并且是易于使用的、恰当的、标准化的，这样知识管理才能得以真正地运作。

12.6.2　理解知识工程的概念

知识工程的概念是 1977 年美国斯坦福大学计算机科学家费根鲍姆教授（E.A.Feigenbaum）在第五届国际人工智能会议上提出的。现在对于知识工程的定义也有多种。

"知识工程是人工智能的原理和方法，为那些需要专家知识才能解决的应用难题提供求解的手段。恰当运用专家知识的获取、表达和推理过程的构成与解释，是设计基于知识系统的关键技术。"

"知识工程可以看成是人工智能在知识信息处理方面的发展，即研究如何由计算机表示知识，进行问题的自动求解。"

"知识工程的研究使人工智能的研究从理论转向应用，从基于推理的模型转向基于知识的模型，包括了整个知识信息处理的过程，知识工程已成为一门新兴的边缘学科。"

总的来说，从人工智能发展角度理解的知识工程，更多关注的是如何运用工程化手段挖掘知识，并将之 IT 化的过程。2003 年机械工业出版社出版的《知识管理与知识工程》一书，就是从这个思路来理解知识工程的。书中提出"知识工程不是从专家的头脑中挖掘的某种东西，而是由构造人类知识不同方面的模型组成"。它提出了 CommonKADS 方法论，包括了知识管理、知识分析到知识工程的全过程，能够以集成的方式对知识密集型系统进行设计和开发。这个方法论中提到的模型包括六个，如图 12-20 所示。

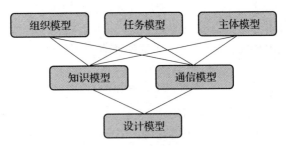

图 12-20 CommonKADS 方法论中的模型

近些年 AI 技术的蓬勃发展，为知识工程的落地应用起到了推动的作用。中国人工智能学会理事长李德毅在主题演讲《从知识工程到认知工程》中说到："知识工程是人工智能时代最有意义的课题之一。知识工程不仅仅研究如何获取、表示、组织、存储知识，如何实现知识型工作的自动化，还要研究如何运用知识，更要研究如何创造知识。""知识工作的自动化遇到了天花板，要靠人工智能来解决。""知识计算引擎与知识服务技术帮助我们搜集海量知识，挖掘关系建立图谱，形成机器的脑认知。"我们此前出版的书籍《AI 时代的知识工程》，对此也有详细的介绍。

不过这些理解过于偏重技术层面，让我们从管理角度来理解一下知识工程，我们认为知识工程与知识管理定位虽有差别，但又相辅相成，是密不可分的。

在前文中已经论述过知识管理与知识工程的关系，即知识管理关注的是企业知识管理平台的搭建、知识体系构建、知识全生命周期的管理，从而为各业务系统提供知识相关的服务；而知识工程是针对具体业务流程，识别需要的知识及时机，与知识管理平台建立获取和反哺知识的服务关系，进而提高业务绩效。可见，我们首先考虑的是客户的需求，然后明确知识工程做什么，能产生什么效果，也就是明确业务需求，而 IT 实现就是为了满足这些业务需求而用的手段。

知识工程是针对具体环境、目标性很强的活动。在实践中，知识工程强调在业务流程运营的过程中，如何获取知识、创造知识、积累知识，并在业务绩效中体现应用知识达到的效果；知识管理关注企业整体知识平台的搭建，包括知识的采集、存储、挖掘、模式提炼、共享交流，企业或组织级知识的管理效率与效果评测，以及制度与文化的变革等。

知识工程聚焦在业务流程中具体的创造价值环节，从知识管理平台中精准获取所需的知识，在运用过程中创造出新的知识，并将这些知识返回到知识库中，纳入全生命周期的管理。二者相辅相成，使知识既能够得到规范化、持续地积累和管理，又能够有效地支撑各种业务应用，全面覆盖企业或组织对于知识创造价值的需求。

12.6.3 从企业实践理解知识管理与知识工程

从企业的长远发展和总体协同来看，知识管理和知识工程其实是不可分的，知识管理重在基础建设，知识工程重在联系业务实践——这原本也是知识管理理论提出的最终目标。因此，也有人说，知识工程是知识管理的新阶段，或者知识管理是知识工程的初级阶段。在我们制定的知识工程成熟度模型中，我们认为一级到三级侧重于知识管理建设，四级和五级侧重于知识工程建设。

我们在实践中看到不同的企业，由于自身的情况不同、诉求不同、主推方的影响力不同，会选择不同的实施策略。例如某油气大型集团企业的知识中心建设，是由集团的信息化部和各下属单位的信息所联合推动的，呈现出的建设成果包含了更多的知识管理特征，即考虑了通用的知识全生命周期管理和应用模式。而某造船公司在知识管理建设时，面对的主要业务难题是建设我国首艘大型邮轮时，如何消化吸收外方设计，并将自身 20 多年的经验进行积累、共享和传承。负责推动的部门是科技管理部，与信息化部门相比更贴近业务，所以它的成功在于将知识服务融入了专用的设计工具，实现了工业软件知识化，这是典型的知识工程特征。

虽然起点不同，但我们仍然认为未来这些企业的实践方向会走向统一，即企业的知识管理平台仍然要建好，处理好知识本身的汇聚、挖掘和服务；与业务应用的融合是最能够体现知识价值的方式，这是个持续建设的过程，不能中断。所以，从知识工程成熟度模型看，建设知识管理系统能够一举将企业或组织的能力提升到三级，而知识工程建设则是持续拓展和创新的方式。当然，知识工程建设离不开知识管理系统的基础性支撑，企业或组织究竟选择哪个作为起点来启动这场变革都可以，这只是时间先后、实施成本和难易度选择的问题，最终的成果是二者协同，条条大路通罗马。

当前业界是怎么看待这个问题的呢？我们通过 CNKI 的文献分析一下。截至 2021 年 12 月 27 日，知识管理文献和知识工程文献的发表趋势图分别如图 12-21、图 12-22 所示。

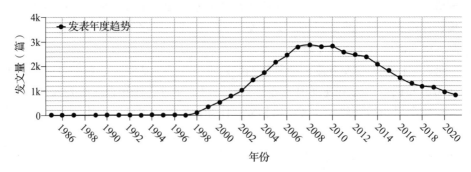

图 12-21　知识管理文献的发表趋势图

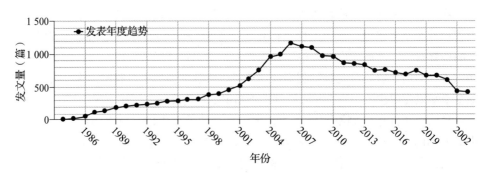

图 12-22　知识工程文献的发表趋势图

由图可知，知识管理文献发表趋势图呈现出明显的峰值已过、逐渐下降的趋势，而知识工程的文献发表趋势图呈现出基本平稳的发展。2020 年是二者的分水岭，知识工程文献的数量超过了知识管理文献。由此可以初步判断：知识管理的发展阶段较知识工程更早，参照 TRIZ 的 S 曲线理论，知识管理已经步入衰退期，而知识工程也已经进入成熟期。

我们按照两个主题共现来查时，有文献 1900 篇左右，相比于这两个主题文献总集的 6 万多文献来说，这个数量不算多。共现文献的主题分布如图 12-23 所示，其中"知识管理"占 31.26%，而"知识工程"仅占 3.77%。可见，业界能将知识管理与知识工程联系起来理解的人还是比较少的，可想而知按照这样的思路去实践的也只有少数人。

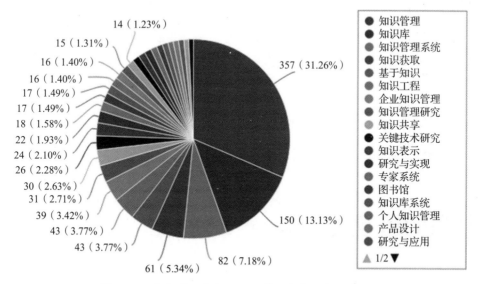

图 12-23   知识管理与知识工程共现文献的主题分布图

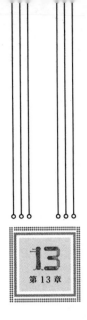

第 13 章

DAPOSI 实施方法

关于 DAPOSI 的详细步骤，我们在《AI 时代的知识工程》一书中有迄今为止最为全面的介绍。在本书中为了读者阅读的方便和连续性，在本书 13.1 节对其主要内容进行了介绍。同时，我们基于最近几年的实践，对具体步骤有个别的调整和改善，也在本节中有所体现。

在《AI 时代的知识工程》一书出版后至今，我们在实践中遇到一些新情况，就是 AI 技术的加速发展与应用。一方面它有力地推动着知识工程的落地，另一方面也在影响着客户对于知识的认知。因此，我们的 DAPOSI 也要随之做出调整，这部分内容，我们将在 13.2 节详细介绍。

在 13.3 节和 13.4 节，我们从更加广阔的时空领域来看待 DAPOSI。按照技术系统的 S 曲线理论，伴随着技术系统的成熟，它会有更加细分的市场，DAPOSI 也面临着不同行业需要进一步定制化的问题，以及如何实现可持续发展的问题。在这两节，我们将简单介绍一下当前 DAPOSI 中比较成熟的内容，供大家参考。当然更多更详细的内容，还要从不同行业的实践中提炼得到，也需要客户和我们一起来推动和持续完善。

13.1　DAPOSI 的流程与步骤

我们在前面介绍知识工程方法论诞生的时候，已经讲过 DAPOSI 整个流程分为六个阶段，每个阶段又细分为三个步骤，共计十八个步骤，如图 13-1 所示。在此我们采用的是 V 模型的表达，左侧三个阶段自上而下是系统分解，右侧三个阶段自下而上是系统综合。

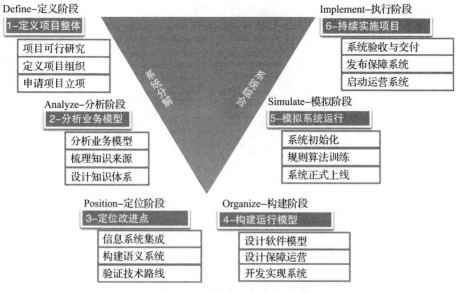

图 13-1　DAPOSI 的流程与步骤 V 模型图

13.1.1　D 阶段

定义阶段的目标，是策划项目整体方案并完成立项。这个阶段的输入包括企业发展战略、企业组织管理架构、企业业务运营机制、企业知识管理现状、行业市场调研信息等，以及客户单位的企业项目立项管理规范及相关模板。输出包括需求调研问卷和分析报告、项目可行性研究报告、项目实施方案、项目立项申请及评审记录、项目总体计划书等。这个阶段完成的标志是项目立项通过，正式启动。

定义阶段的流程如图 13-2 所示，分为：步骤 D-1 项目可行性研究，D-2 定义项目组织，D-3 申请项目立项。总体思路是：分析企业的战略发展方向、组织结构和管理模式，识别企业对于知识工程的业务需求，明确企业实施知识工程的目标、范围、建设路线、团队等，制定合理的项目整体实施方案。这个阶段的里程碑是立项评审，处于第三个步骤，但是重要的基础工作位于第一个步骤，企业的需求调研和可行性研究。第二和第三步骤按照项目管理的要求，按部就班地开展即可，因此第一个步骤完成的质量基本上决定了这个阶段的任务成功与否。

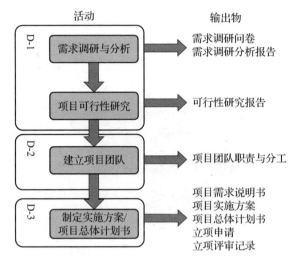

图 13-2　D 阶段的流程图

D-1 项目可行性研究

这个步骤的目标是通过需求调研分析，对企业实施知识工程的可行性进行分析，为项目立项提供可行的依据，判断项目是否应该投资。

D-1 步骤包括企业需求调研与分析和项目可行性研究两个活动。

在需求调研中，当然希望能够获得更多客观的信息。然而知识工程涉及内容繁多，通常在整个项目中会组织多次调研，这就需要我们为每一次调研制定好差异化的目的和方法，才能说服客户配合调研，以达到可行性研究的目的。在 D-1 这个步骤的调研，是以准备立项、明确需求为主要目的的，它的准备工作包括两大类内容。

1. 调研组织准备

作为第一次调研，以覆盖所有相关单位和岗位为主。这不仅仅是一次需求的收集，而且是正式向企业人员宣告：管理层正在认真审视是否要做这样的事。因此，对于人员组织、事务协调都要提前沟通确认。

2. 调研内容准备

调研的目标，是可行性研究和项目立项的输入。因此涉及的内容不仅要全面，还要在一些重要的业务方向上具体、深入，能够切到痛处。因此，要了解什么，如何了解，如何甄别信息真伪，也要提前考虑好。

基于此，知识工程项目的需求调研活动，如图 13-3 所示。从知识工程理念宣贯开始，为不同层级的人员设计不同的调研内容和方式方法，最终形成调研分析报告。

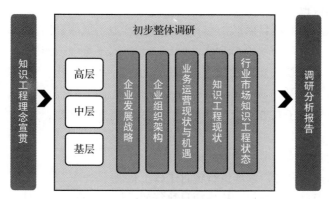

图 13-3　知识工程项目的需求调研活动

基于调研成果，开展企业实施知识工程项目的可行性研究活动，输出可行性研究报告，内容包括：企业现状、实施知识工程的需求分析、项目目标、项目实施范围、可选方案与风险分析、效益分析。

在可行性研究的过程中，也会得到一些初步的结论和项目建议，其中最重要的是项目目标的设定。制定项目目标时，要从企业发展战略这个总体目标、业务发展的长期目标和当前企业知识工程实施状态，三个层面自上而下、从大到小地理解和明确本项目的建设初衷和目标。好的项目目标能够权衡企业短期与长期的利益，兼顾投入与产出，引导制定合理的业务指标和实施计划，可以说是项目实施的核心和基础。

在 D-1 这个步骤可用的工具如下所示。

（1）指导书：知识工程需求调研与分析指导书、项目可行性研究指导书。

（2）模板：知识工程需求调研模板、知识工程需求调研分析报告模板、项目可行性研究报告模板。

D-2 定义项目组织

基于 D-1 步骤的输出《企业实施知识工程项目的可行性研究报告》，本步骤开始准备立项。整个立项活动的完成在下个步骤，本步骤关注的是项目团队组成，采用的方法主要是项目管理中项目策划的干系人管理。这是因为知识工程项目涉及的企业是多层次、多领域、多岗位的，仅靠服务方是很难完成的，必须形成供需双方的联合团队，明确团队的职责、组织架构图、对外汇报机制、对内沟通机制等，并得到相关人的认可与支持，才能启动项目。

这个步骤中可用的工具如下所示。

（1）规范：项目实施规范。

（2）指导书：制定项目总体计划的指导书。

（3）模板：项目团队成员职责表模板、项目组织架构图模板、项目内外部沟通机制约定书模板。

实施知识工程的项目团队由服务方和业主客户组成联合团队，以确保业务与信息化建设的充分融合。考虑到实施知识工程，对于企业或组织是一场变革。为了有效地推进，建议在团队的组织架构中至少包括三个层次：项目领导层、项目管理层和项目实施层。

项目领导层对于双方的合作和项目的顺利开展非常重要，这些成员的职责如下所示。

（1）负责贯彻执行客户领导的决策。

（2）负责定期向客户领导进行项目工作汇报。

（3）负责项目总体管理、检核项目执行的质量、进度、资金使用情况。

（4）负责协调解决项目中出现的重大问题。

（5）负责审核项目的业务方案。

在项目实施层，我们特别推荐在知识工程项目中设置业务专家组，由客户的业务人员组成，他们的参与对于双方增进理解、推动正确的设计非常重要。业务专家的职责包括：

（1）参与知识体系的审核，负责应用过程中知识体系的验证与完善。

（2）负责系统需求提出及确认，测试方案与用例的确认。

（3）参与保障运营体系的梳理与完善，参与体系内审。

（4）负责本单位系统上线的培训和辅导业务人员开展应用。

对于其他的团队设置，基本与典型的软件项目团队一样，只是运维组最好改为运营组，这样既包括系统运行维护，也包括运营保障体系的建设。

D-3 申请项目立项

这个步骤的目标，是完成项目立项的准备、评审，得到企业对于立项的决策结论。它的输入包括 D-1 的需求调研分析报告，项目可行性研究报告；D-2 的项目团队；客户单位的企业项目立项管理规范，项目立项申请表模板，项目立项评审报告模板。输出包括项目实施方案，项目总体计划书，具体包括工作分解结构（WBS）、任务计划及跟踪监督计划、风险管理计划、质量保障计划、需求管理计划、配置管理计划、测试与验证计划、项目内部培训计划，以及项目立项申请和项目立项评审记录。

这个步骤的操作方式通常需要按照客户单位的立项管理规范进行，如图 13-4 所示，是某企业的项目立项评审流程。项目立项评审需要的入口材料，通常包括立项申请、项目需求说明书、项目总体计划、项目实施方案等；然后按照要求开展立项评审工作。如果评审通过，项目启动，正式开始实施；如果没有通过，按照评审结论，调整项目内容安排再次评审，或者终止立项申请。

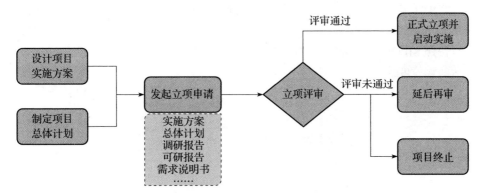

图 13-4   企业项目立项评审的流程示例图

这个步骤用到的工具如下所示。

（1）规范：项目实施规范。

（2）指导书：知识工程项目实施方案撰写指导书、制定项目总体计划的指导书。

（3）模板：项目实施方案模板、项目总体计划模板、客户单位的项目立项申请模板和项目立项评审报告模板。

（4）IT 工具：项目管理系统。

这个步骤用到的方法主要是项目管理中的项目策划、系统设计和管理评审。

13.1.2 A 阶段

分析阶段的目标是根据业务需求建立业务模型，根据知识需求设计知识体系。这个阶段的输入包括：项目可行性分析报告，项目总体计划书；输出包括：业务分析报告，知识源分析报告，知识体系框架设计，项目跟踪与监督报告，评审记录。这个阶段的重要里程碑是知识体系设计通过评审。

这个阶段的思路是围绕客户选定的业务范围，梳理业务模型，然后根据业务发展的需要，梳理知识模型，设计知识体系框架。包括三个步骤：A-4 分析业务模型，A-5 梳理知识来源，A-6 设计知识体系。

A-4：分析业务模型

这个步骤的目标是在本项目定义的实施范围内，对企业的业务运营及其过程中知识应用的场景进行调研与分析，确定企业的业务模型及相关的知识。它要解决的问题是：我们重点关注的业务是什么？需要的知识是什么？这个步骤的输入是项目总体计划中的业务范围定义，输出是业务分析报告，其中明确了客户的核心业务流程、流程中的关键业务活动及其知识状态。

　　这个步骤用到的方法主要是流程梳理和知识梳理。流程梳理的方法如戴明提出的组织流程图 SIPOC 模型。SIPOC 是简单的流程框架描述方法，如图 13-5 所示。它关注流程的几个方面：供应商（Supportor）、输入（Input）、流程（Process），输出（Output）及客户（Customer），其名称也是由这几项的英文单词首字母组成。可以按照 SIPOC 逐层分解企业的业务流程，按照一级流程、二级流程逐渐细分至合适的颗粒度。

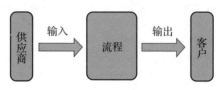

图 13-5　SIPOC 方法

　　在实践中，业务分析的过程是：业务流程梳理→业务活动梳理→业务知识梳理，如图 13-6 所示。企业业务运营总是遵循一定的流程，因此我们可以从业务流程入手，按照流程三要素来梳理其知识需求，包括过程、工具和人。

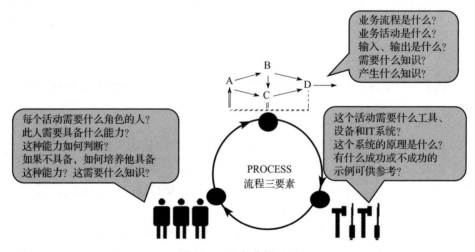

图 13-6　业务分析过程

　　企业的知识究竟是什么？需要提醒的是，业务分析的过程是与业务人员（也是知识工程系统未来的用户）密切沟通的过程，要更多地面对面了解业务人员对于知识的真正想法。不仅要听业务人员当前的诉求和抱怨，也要传递知识工程的理念，激发他们内心深处对于知识、智慧的深切渴望，这样才能挖掘到真正的需求：文档不是知识，案例不是知识，这些信息源要成为知识还需要提炼，需要加工。

这个步骤用到的工具如下所示。

（1）指导书：业务分析指导书。

（2）模板：业务分析报告模板，包含业务流程梳理模板、业务活动的知识状态模板。

（3）IT 工具：项目管理系统。

A-5 梳理知识来源

这个步骤的目标，是明确项目所需知识的来源，了解当前管理状态，为信息集成和知识挖掘定义需求。它要解决的问题包括：知识是什么？来自哪里？数量多少？如何管理？如何应用？其他系统如何获取这些信息？信息更新的频率？这些信息可以集成后直接使用，还是需要经过处理才能满足用户应用需求？这个步骤的输入是上个步骤的成果《业务分析报告》，输出是信息源调研报告，用到的方法是调查问卷、现场调研和系统使用。我们可以从 DIKW 模型来理解 DAPOSI 的各个步骤，把步骤 A-4 看作从 W 到 K 的转化，那么步骤 A-5 就是从 K 到 I 和 D，即寻找支撑知识的源头数据或信息。

企业的知识源多种多样，有的体现在产品设计与研发、项目管理、生产制造、销售服务等企业的业务运营活动中，有的体现在程序文件、标准和专利、操作手册等文档中，有的体现在专家和员工的经验和总结中。这些不同来源的信息管理方式不同，自身内容和特点也不同，这些都会影响到后续的知识挖掘和展现。

梳理知识来源的流程如下所示。

（1）根据业务对知识的需求，汇总本项目实现的业务系统的知识范围。

（2）梳理能够提供或产生这些知识的来源，包括企业内部、外部的信息系统、网络、人员等。

（3）通过调研这些信息来源，确认可用的信息源及其状态，形成系统集成的需求。

（4）初步分析知识需求与这些信息之间的关系，收集知识挖掘的需求。

这个步骤用到的工具如下所示。

（1）指导书：信息源调研与分析指导书。

（2）模板：信息源调研模板、信息源调研分析报告模板。

（3）IT 工具：项目管理系统。

A-6 设计知识体系

知识体系，即知识的系统化组织。知识工程系统以知识体系为核心，它的价值是独一无二的，如图 13-7 所示。对于知识工程系统而言，知识的组织方式影响了它的对外应用，如场景应用设计和门户个性化设计；也决定了内部的设计，如知识库设计和知识创建与加工；在知识工程系统上线运营后，又影响着知识运营的管理。因此，知识体系对内、对外、对未来，都很有价值，值得投入精力认真设计。

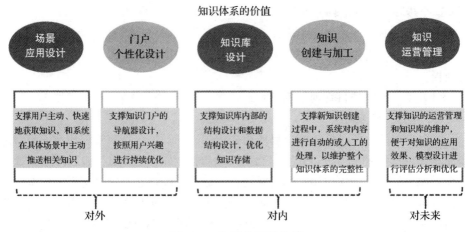

图 13-7 知识体系的价值

知识组织即知识的有序化，需要根据要管理的知识内容和特点，建立一个相对稳定和可扩展的结构来容纳它们。传统的知识组织方式是分类法，即围绕着同一个主题的知识，按照知识相互间的关系组成系统化的结构，并表现为许多类目按照一定的原则和关系组织起来的体系表，典型的分类体系是树形层次化结构。在知识体系中，通常会需要从多个角度来对知识进行组织，那么针对每个角度就需要设置一个维度的知识分类；每个维度的树形结构有多层，每一层有多个类目，每一个叶子节点称为分类项。伴随着用户个性化应用需求的发展，知识体系越来越复杂，分类体系也从单维发展到多维，当多维分类也不能满足要求时，就出现了超维（>16 维）分类体系。

每一个分类维度都可以形成一个层次分明的分类树，不同分类项的含义应该是完全不重叠的，各个分类项之间的关系主要是父子关系及其延伸的关系，如同父亲节点的关系。然而当分类维度越来越多之后，虽然单个维度的分类项之间仍然保持了独立和不相容的特点，但不同分类维度的分类项之间，会出现相关性。这种知识特征也需要表达，因此分类的知识组织方式已经不能满足应用需求了，于是出现了知识关联这种新兴的知识组织方式，其中多种知识间根据关联关系形成语义网、知识图谱。

因此，在 DAPOSI 中，知识体系的组成包括三个内容：知识分类、知识关联、知识模板，如图 13-8 所示。

知识体系设计的目标，是根据业务分析和知识源调研的成果，设计企业的知识体系框架，形成系统的 DIKW 模型。它的输入是 A-4 步骤的业务分析报告和 A-5 步骤的信息源调研报告；输出是企业知识体系设计说明书、企业知识应用的业务需求说明书和知识体系设计评审结论。

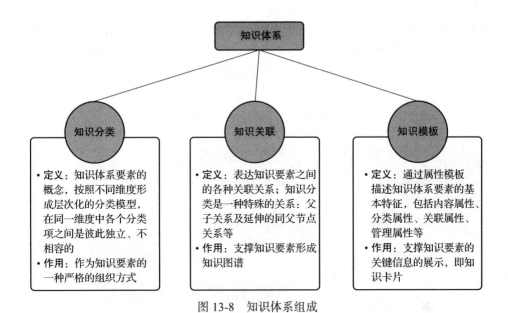

图 13-8　知识体系组成

知识体系设计的流程首先是与客户的业务专家沟通，在业务活动的场景中，以用户最期望的知识内容和应用方式，设计企业的知识体系：根据知识应用的需求，设计知识分类和知识关联；根据知识内容需求和分类以及关联的设计成果，设计具体的知识模板。然后项目经理组织业务专家组评审知识体系设计成果，因为知识体系是知识工程建设的重要基石，所以这个设计成果通常都需要经过业务专家组的正式评审。

这个步骤中用到的工具如下所示。

（1）指导书：知识体系设计指导书、知识应用场景分析指导书。

（2）模板：知识体系设计说明书模板（含知识模板、分类模板、关联模板）、知识应用的业务需求说明书模板。

（3）IT工具：项目管理系统。

常用的方法有：知识组织中的分类法、本体论，人工智能中的知识图谱，数据仓库中的多维分析，软件工程的需求分析等。

13.1.3　P 阶段

P 阶段的目标是设计从信息采集到知识挖掘的技术路线，并验证关键点。它的输入是业务分析成果、知识体系设计、项目总体计划书。输出是信息源集成总体策略说明书，信息源集成方案；语义系统设计，知识挖掘方案及技术路线验证报告；项目跟踪与监督报告，评审记录。这个阶段的里程碑是项目内部技术路线得到验证，集成方案评审通过。

这个阶段的流程是按照知识体系设计框架，梳理其信息源，设计相关的信息源集成方案；然后选择适当的知识挖掘方法，确保数据→信息→知识的正确转换，从而形成从信息源集成到知识挖掘的完整技术路线，如图 13-9 所示。

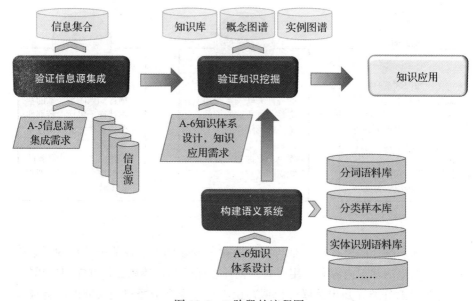

图 13-9   P 阶段的流程图

P-7 验证信息源集成

这个步骤的目标是完成信息系统集成的方案设计和技术实现方法的验证，确认可得信息，为知识挖掘做好准备工作。从 DIKW 逻辑上看，P-7 步骤做的正是从 I 到 D 的分解，再从 D 综合得到 I 的反馈环。这个步骤的输入是步骤 A-5 的信息源调研报告，信息源集成需求；输出是信息源集成总体策略说明书和每一个信息源的集成方案。操作流程如下所示。

（1）制定信息源集成的总体策略。

（2）为每一类 / 个信息源制定集成开发方案，包含信息集成接口设计和信息采集模板，以及安全集成设计。

（3）设计每一类集成开发方案的技术实现方法，用实际系统验证其可行性。

这个步骤用到的工具如下所示。

（1）指导书：信息源集成设计指导书，包括总体策略部分、单系统集成开发方案部分、小范围验证技术可行性的内容。

（2）模板：信息源集成方案模板、信息采集模板。在信息采集模板中，还要说明采集的数据与知识模板数据的对应关系，对于无法通过采集获得的知识模板属性，就需要通过知识挖掘得到，因此从这里可以获取知识挖掘的需求。

（3）IT 工具：项目管理系统。

知识工程项目的数据来源，往往包括了企业内部和外部，例如企业信息化系统的数据库、互联网的网页数据、个人电脑资料等；而且数据形式也各不相同，例如文本、纸质扫描件、图像、语音、结构化数据等。面对这样多源、异构、实时变化的大数据，信息源集成的转换处理中数据清洗就变得非常重要，例如数据消冗、数据一致性等。数据清洗的方法，除传统的基于规则的方法之外，当前也可以基于模糊规则和机器学习的方法开展。这些都需要依据项目的实际需要进行具体设计。

P-8 构建语义系统

在 P-8 这个步骤，要根据初步设计的知识挖掘技术路线，选择适合的算法、模型，建立相应的语料库、样本库、字典等，为下一步骤的技术路线验证做好准备。从 DIKW 的逻辑上看，就是从 D/I 回溯到 K。这个步骤的输入是 A-6 完成的知识体系设计说明书和 P-7 得到的信息源集成方案；输出是知识挖掘需求和初步方案、某些关键环节的技术路线设计，即相应的基础模型与种子语料库、字典库。

P-8 步骤的处理流程是如下所示。

（1）根据知识体系设计，梳理需要知识挖掘的内容，形成知识挖掘的业务需求说明书。

（2）设计知识挖掘总体方案和关键环节的具体技术路线。

（3）与客户的业务专家合作，为每一个挖掘模型建立种子语料库、字典库，准备开展技术预研和验证。

知识挖掘的方式，按照知识定义的层次化可以分为三种。

（1）抽取知识：就是从数据或信息素材中提炼精确内容，无论这些素材是文本、数据、图像还是语音，都需要把非结构化信息变成结构化的知识。

（2）关联知识：在信息之间建立关系，便提炼出了一种新的知识，即关系型知识。例如知识图谱就是关联知识的成果体现，如图 13-10 所示是某项目的实例图谱。

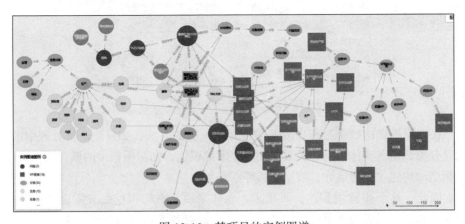

图 13-10　某项目的实例图谱

（3）模型化知识：就是从数据或信息中挖掘规律性知识，既包括完全量化的公式，也包括定性的模式。如图 13-11 所示为一个模型化知识实例，这是 TRIZ 进化规律中的分割路线，这就是定性的表达，而基于大数据归纳出的公式是典型的量化模型表达。

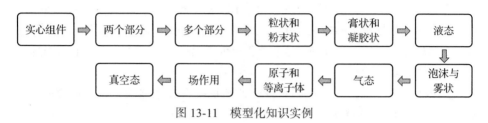

图 13-11　模型化知识实例

基于这样的三类知识挖掘方式，某项目设计的知识挖掘技术路线如图 13-12 所示。在信息集成之后，首先需要做一些预处理工作，例如针对文本信息需要进行文字识别、格式转换、文件分割等；然后针对中文进行分词处理，西文跳过此步骤；接下来按照信息分类找到对应的知识模板，填充采集得到的属性，并依次通过抽取、关联、模型化得到相应的知识。对所有的知识挖掘结果进行审核或抽检，通过后发布入库，可供应用。

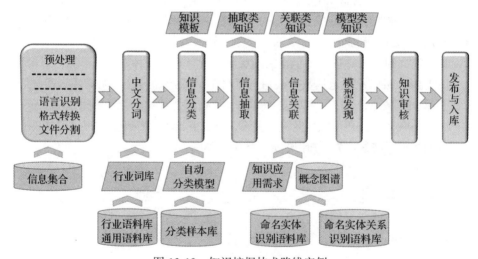

图 13-12　知识挖掘技术路线实例

在知识挖掘的整个过程中涉及多种知识挖掘的方法，如自然语言处理中的分词、分类、命名实体识别、关系识别等，图像识别，知识图谱中的概念图谱设计、实例图谱构建、图谱运算、数据分析等。

因此，这个步骤用到的工具很多。总体来说，有知识挖掘方案设计指导书、知识挖掘业务需求说明书模板和 IT 工具。而针对各项具体的挖掘任务，各自有其专业工具。以分词为例，用到的工具如下所示。

（1）指导书：行业词库构建与优化指导书，内容包括词库构建标准、语料选择标准、语料模板与示例、语料处理流程、新词识别模型与优化。

（2）模板：行业词表/词典模板、行业词库模板。

（3）IT 工具：行业词库构建工具，能够支撑分词语料录入、处理与确认，词库查看与导出。

其他的知识挖掘方法与分词的工具基本类似，都是需要相应的指导书、模板和 IT 工具，在此不一一赘述。

P-9 验证技术路线

这个步骤的目标，是根据 P-8 设计的技术路线、基础模型和种子语料库，验证其技术路线是否能够实现知识挖掘的目的。它的输入包括：步骤 A-6 的知识体系设计、知识应用需求，步骤 P-7 的可集成的信息集合，步骤 P-8 的知识挖掘需求、知识挖掘方案和初建的语义系统；输出包括：依据技术路线验证结果而修订过的知识挖掘方案设计说明书，相关的模型、语料库、字典库、实例图谱、知识卡片实例，技术路线验证测试报告。如果这个过程中涉及采购或协作开发的技术，那么还需要技术选型测试报告。

这个步骤的工作流程如下所述。

（1）根据项目需求明确总体及各分项知识挖掘的技术指标。

（2）与业务专家组合作，收集适量的样本，训练模型扩充样本库，优化技术路线，以确认各分项以及总体技术路线能否达到知识挖掘的要求。

（3）如果在项目给出的预研周期内，无法达到知识挖掘的要求，反馈给相关人员，调整业务分析和知识体系设计的内容，以平衡业务需求和技术实现。

（4）如果需要外包商参与，则开展相应的技术调研、测试或招标活动，之后按照正式的外包管理流程签订正式服务协议并进行技术集成开发。

这个步骤的工具用到的工具如下所述。

（1）规范：（可选）技术调研管理规范、选型测试管理规范、外包管理规范。

（2）指导书：知识挖掘方案设计指导书、（可选）技术选型指导书。

（3）模板：知识挖掘方案设计模板、技术路线验证测试报告模板、（可选）技术调研需求说明书模板、技术调研分析报告模板、选型测试的需求说明书模板、选型测试报告模板。

（4）IT 工具：项目管理系统、NLP 工具（如中文分词工具、自动分类工具、命名实体识别工具、命名实体关系识别工具等）、图像识别工具、知识图谱构建工具等。

这个过程中涉及的方法很多，如自然语言处理、知识图谱、机器学习、深度学习、图像处理、数据挖掘、大数据分析等。如果有外部采购，可以参照系统工程、软件工程中的供应商管理方法。

　　知识工程整个项目实践中的技术风险通常在 P 阶段，即使是将一鸣惊人的通用大模型应用到企业的具体业务环境中，也需要进行微调和强化训练，为此建议为模型的构建和优化准备充分的资源，如人员、算力和时间。

13.1.4　O 阶段

　　O 阶段的目标是设计和实现软件系统，并通过系统测试，以及设计运营保障体系。它的输入包括 D 阶段的项目总体计划书、项目实施方案，A 阶段的知识体系、业务模型，P 阶段的语义系统设计、信息源集成方案、知识挖掘方案；它的输出包括：软件需求规格说明书、系统架构设计说明书、信息系统集成设计说明书、知识挖掘模块设计说明书、知识库设计说明书、系统测试方案、软件代码、测试用例集、设计评审报告、系统测试报告、保障体系设计说明、运营方案、项目跟踪与监督报告、评审记录。这个阶段重要的里程碑是软件测试通过，运营保障体系方案评审通过。

　　这个阶段的思路是按照软件开发的流程和规范，完成软件系统的设计、开发和测试，并按照实施方案的要求，完成运营保障体系的方案设计和文档化开发。这个软件系统和运营保障体系是 DAPOSI 的三大成果之二。

　　此时，整个团队开始进入软件系统的开发。回顾整个 DAPOSI 流程，软件系统开发与 DAPOSI 的关系如图 13-13 所示。可见，DAP 三个阶段实际上完成的是软件开发的需求分析；O 阶段完成的是软件系统的知识库设计和模型设计，以及运营保障体系的设计和系统开发实现；之后，在 SI 两个阶段进行试运行和上线验收。

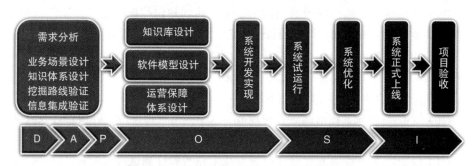

图 13-13　软件系统开发与 DAPOSI 的关系

O-10：软件模型设计

　　这个步骤就是设计软件系统，包括系统设计、功能设计、部署设计、测试设计。它的输入包括：D 阶段的项目总体计划书、项目实施方案，A 阶段的知识体系、知识应用需求，P 阶段的语义系统设计、信息源集成方案、知识挖掘方案。输出包括：软件需求规格说明书，页面原型，系统架构设计说明书，业务架构说明书，功能架构说明书，功能列表，系统部署架构说明书，XX 模块设计说明书

（如信息系统集成设计说明书、知识挖掘模块设计说明书、知识库设计说明书），共同模块说明书，系统单元测试方案，系统集成测试方案，系统性能测试方案，设计评审报告。

软件系统设计的方法，可以参照系统工程和软件工程。如 CMMI 的过程域，包括需求开发、需求管理、系统设计、技术解决方案、验证、原因分析与解决、配置管理、集成产品与过程管理、供应商管理等，CMMI 在过程域中介绍的方法都是由业界最佳实践提炼而来，因此很有借鉴意义。例如软件系统设计模型，对于需求明确的系统来说，客户对知识的理解、积累和运用能力都比较高，可以采用最简单的瀑布模型，按照需求分析→设计→实现→测试顺序开展，设计可以分为系统设计、概要设计、详细设计，有的系统还可以分为子系统设计、模块设计等；对于需求不明的系统，可以采用原型方法，模拟系统运行，挖掘和确认客户需求以降低风险；而针对客户要求迅速上线的系统，用得最多的是敏捷开发方法，例如采用 SCRUM 流程的迭代增量开发模型。

数据库设计也是软件系统设计的一个重要部分，通常遵循概念结构设计→逻辑结构设计→物理结构设计的思路。

这一个阶段用到的工具如下所示。

（1）规范：软件系统研制管理规范、软件设计规范、软件系统设计评审管理规范、软件系统研制的配置管理规范、（可选）外包管理规范、系统集成管理规范。

（2）指导书：软件系统设计指导书、软件系统验证指导书、知识库设计指导书、知识挖掘方案设计指导书、信息源集成设计指导书。

（3）模板：软件需求规格说明书模板、系统架构设计说明书模板、业务架构设计说明书模板、功能架构说明书模板、系统部署架构说明书模板、功能列表模板、XX 模块设计说明书模板、XX 信息源集成开发方案模板、知识库设计说明书模板、知识挖掘方案说明书模板、共同模块设计说明书模板、系统功能测试方案模板、系统单元测试方案模板、系统集成测试方案模板、系统性能测试方案模板、设计评审报告模板、问题横向展开记录模板。

（4）IT 工具：需求分析系统、系统设计系统，如 RaphSody；需求管理工具，如 DOORS，TFS 等；UML 建模工具，如 Visio、Rational Rose 等；原型设计工具，如 Axure；数据库管理系统，如 SQL SERVER、MongoDB、Mysql、Oracle、Neo4J 等；数据库设计工具，如 Visio、PowerDesigner 等；测试设计工具、配置管理系统、项目管理系统。

O-11 保障运营设计

企业或组织的知识工程运营保障体系可以分为保障系统和运营系统，也称为配套体系，如图 13-14 所示。

图 13-14   知识工程的配套体系

保障系统的设计包括三个方面。

1. 组织设计

建立知识运营团队，设立专职与兼职的岗位，明确职责分工与管理办法。例如：在业务应用场景中，帮助用户获取需要的知识，并创建新的知识（如案例经验）提交入库；在知识社交环境中，安排专人每天提炼精华内容，形成新知识入库。

2. 流程与制度设计

设计与知识活动匹配的制度，引导员工正确地理解与知识相关的权利和义务；设计与知识活动匹配的流程，明确知识管理平台与业务流程系统的关系，引导员工正确地应用系统，并为用户参与知识活动提供相应的支撑。

3. 激励设计

完善相关激励制度，支持定期或事件驱动的奖励，为知识运营筹集财务或非财务资源的支持，促进新知识的产生和共享复用；为知识运营的管理者提供相应的管理要求与绩效激励措施；为用户参与知识活动提供相应的激励措施，如贡献知识、应用知识。

知识工程的运营系统，实现了用户、内容和活动的一体化，并通过运营数据分析，驱动知识工程系统的持续优化，其设计思路如图 13-15 所示。

在 O-11 这个步骤，需要为客户长期运营知识工程而设计保障系统和运营方案。它的输入包括：项目实施方案、系统或模块设计说明书、客户单位的 IT 系统运营标准与规范、组织架构及职责说明、HR 激励与绩效考核办法、制度发布或条目更新管理要求等；输出包括：XX 企业实施知识工程的配套体系设计说明书和 XX 企业实施知识工程的运营方案设计说明书。采用的工具有：知识工程保障系统与运营方案设计指导书，知识工程系统配套体系设计模板、知识工程系统运营方案设计模板，项目管理系统。参照的方法主要是产品运营，内容包括用户运营、内容运营、活动运营、持续优化。

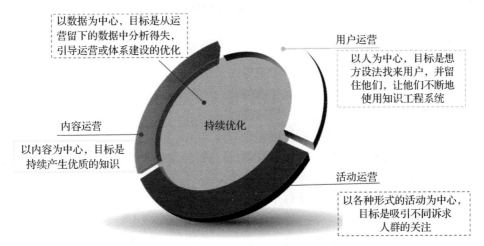

以数据为中心，目标是从运营留下的数据中分析得失，引导运营或体系建设的优化

用户运营

以人为中心，目标是想方设法找来用户，并留住他们，让他们不断地使用知识工程系统

内容运营

以内容为中心，目标是持续产生优质的知识

持续优化

活动运营

以各种形式的活动为中心，目标是吸引不同诉求人群的关注

图 13-15　知识工程的运营系统设计思路

O-12 系统开发实现

项目组要在这个步骤完成整个系统的开发实现，既包括软件系统也包括配套体系。具体任务是：开发软件系统和系统测试；按照保障体系与运营体系的设计，完成全套保障体系内容开发和运营方案开发；准备系统试运行。它的输入是O-10、11 步骤的设计说明书和方案；输出包括：软件系统的开发规范说明书、软件代码、系统测试报告（可选集成测试报告，性能测试报告，单元测试报告），系统初始化数据，保障体系的组织设计、流程设计、制度设计、激励设计、运营方案，以及项目跟踪与监督报告。

总体上分为两部分开展：一是软件系统开发→软件系统测试→准备试运行；二是保障体系开发、运营方案开发，这两部分共同为后续整个系统的试运行和交付做准备。

系统开发实现参照的方法，主要是软件工程的配置管理、验证、原因分析、供应商管理、集成产品与过程管理等方法，以及产品运营方法。

该阶段用到的工具比较多，如下所示。

（1）规范：软件编码规范、软件测试规范、软件系统研制的配置管理规范、（可选）外包管理规范。

（2）指导书：知识工程项目软件系统开发指导书、知识工程项目软件系统验证指导书，知识工程保障体系与运营方案设计指导书。

（3）模板：软件系统测试报告模板、BUG 处理记录模板、问题横向展开记录模板、代码评审模板、测试用例评审模板、知识工程保障体系设计模板、运营方案模板。

（4）IT工具：需求管理系统、配置管理系统、编码工具、代码自动检测系统、故障管理系统、自动化测试系统、项目管理系统等。

13.1.5　S阶段

这个阶段的目标是模拟客户使用软件系统的现场环境，以验证系统的功能与性能是否满足客户需求，不断优化以达到系统交付的标准；保障体系与运营方案通过客户评审。它的输入包括：O阶段的软件系统、初始化数据、保障体系设计与运营方案和D阶段的项目总体计划书；输出包括：系统试运行计划与系统初始化数据、系统试运行报告、系统交付计划、正式发布的软件系统及全套文档、保障体系与运营方案评审记录、项目跟踪与监督报告。这个阶段重要的里程碑是系统发布并通过评审。

这个阶段的流程如图13-16所示。

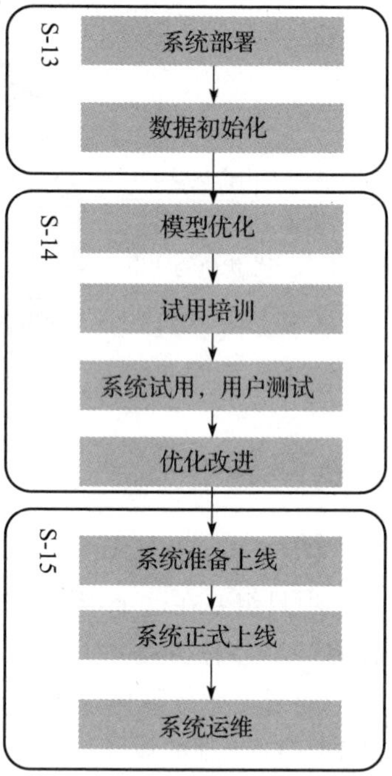

图 13-16　S 阶段的流程图

1. 策划试运行

在模拟现场的环境中部署系统，按照软件系统要求收集初始化数据，准备试运行。

2. 执行试运行

导入初始化数据，以验证知识处理逻辑的正确性，并训练智能化模型，适当地对大批量数据进行处理，以验证系统的各方面性能水平是否达到设计要求；选择部分目标用户，组织应用培训，以进行系统的试用，同时开展用户测试反馈调查；对系统中的不足进行优化调整，以使整个系统达到设计目标。

3. 系统上线

按照客户的系统交付要求，策划系统上线，制定相应的计划；完成交付用的全套软件相关的文档；完成保障体系与运营方案的客户评审；系统正式上线，并提供运维服务。

S-13 系统初始化

这个步骤的目标是为客户在模拟环境中运行系统制定计划，准备需要的文档资料、搭建环境，并导入已梳理好的语义系统初始数据和试验用的数据。它的输入包括：D 阶段的项目总体计划，O 阶段的软件系统、初始化数据、用户测试用例（功能＋性能）、保障体系、运营方案，以及客户单位的系统交付管理要求；输出包括：系统试运行计划，包含试运行范围、文档资料撰写计划、培训计划、参与人员与职责、重点验证的需求等，产品安装确认报告，系统初始化工作记录。

这个步骤采用的工具如下所示。

（1）规范：软件系统研制的配置管理规范、软件测试规范。

（2）指导书：系统试运行指导书、系统数据导入指导书。

（3）模板：系统试运行计划模板、产品安装确认报告模板、软件系统配置说明书模板、软件系统用户手册模板、软件系统管理员手册模板、软件系统安装手册模板、软件系统培训教材模板、BUG/ 需求处理记录模板、系统初始化工作报告模板、用户测试用例模板、用户测试记录模板、FAQ 模板。

（4）IT 工具：项目管理系统。

这个步骤依据的方法，可以参考软件工程，如 CMMI 的过程域"确认"（VAR）。其系统初始化流程如图 13-17 所示。

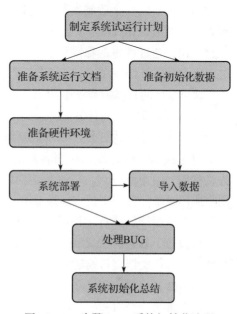

图 13-17　步骤 S-13 系统初始化流程

S-14 规则算法训练

这个步骤的目的是使用初始化数据验证关键的知识挖掘逻辑，并对需要训练的规则、算法进行调优，以达到最佳功能和性能指标；同时按照计划撰写软件齐套文档，准备系统正式上线。它的输入包括：P 阶段的知识挖掘方案、语义系统和 S 阶段的初始化软件系统、试验数据；输出包括软件系统的调优后算法、BUG 处理记录和软件的相关文档。

这个步骤采用的工具如下所示。

（1）规范：软件测试规范。

（2）指导书：知识图谱构建与优化的指导书、行业词库构建与优化指导书、自动分类构建与优化指导书、命名实体识别指导书、命名实体关系识别指导书、图像识别指导书。

（3）模板：BUG/ 需求处理记录模板。

（4）IT 工具：NLP 工具、项目管理系统、故障管理系统、需求管理系统。

该步骤可以参考的方法有：自然语言处理、机器学习、深度学习、图像处理、大数据分析、软件工程，如 CMMI 的过程域"验证"（VER）。

S-15 系统正式上线

这个步骤的目标是在模拟环境中确认系统能够达到交付标准后，正式上线运行，满足客户对于系统验收的要求，准备系统交付和项目验收。它的输入包括：D 阶段的项目总体计划（系统验收标准），O 阶段的保障体系与运营方案，步骤 S-13、S-14 的软件系统及文档，以及客户单位的 IT 系统运营标准与规范、系统交付的管理要求、企业制度与流程评审发布规范；输出包括：培训教材，培训签到表、考核表，BUG/ 需求处理记录，系统试运行报告，正式发布的软件系统及齐套文档，通过评审的保障体系设计与运营方案，系统交付计划，系统运行规范与工作标准，系统发布测试 / 评审报告。

这个步骤的具体流程如下所示。

（1）制定系统上线计划。

（2）按照计划执行软件系统的运维任务：软件系统经过试运行的优化，确保达到可上线运行的标准；按照客户的系统交付管理要求，组织发布测试或评审；为目标用户群组织培训，以确保他们能够应用系统达到项目的业务支撑目标；在用户应用系统的过程中提供运维服务。

（3）按照计划执行文档类交付物的审核任务：完成所有的文档资料，如系统试运行报告、软件齐套文档、系统运行规范与工作标准；按照文档验证标准，组织评审或确认文档交付物达到客户要求。

（4）准备验收：按照客户的系统交付管理要求，达到系统平稳运行的要求周期后，准备系统交付和项目验收。

这个步骤采用的工具如下所示。

（1）规范：（客户单位）IT 系统运营标准与规范、系统交付管理要求，培训实施管理规范。

（2）指导书：系统运行规范与工作标准制定指导书、系统验证指导书。

（3）模板：培训记录模板、培训反馈记录模板、BUG/ 需求处理记录模板、系统试运行报告模板、系统交付计划模板、系统运行规范与工作标准模板，（客户单位）软件系统正式上线申请模板、系统发布测试报告模板、系统发布评审报告模板。

（4）IT 工具：项目管理系统、故障管理系统、需求管理系统。

这个步骤依据的方法，可以参考软件工程，如 CMMI 的过程域"确认"（VAL）和"组织培训"（OT）。

13.1.6　I 阶段

I 阶段的目标是系统交付，项目验收，并约定系统维护的服务事宜；保障系统和运营方案正式发布并开始运行，以推动知识运营长期有效。它的输入包括正式发布的软件系统及齐套文件、系统交付计划、保障系统、运营方案、(客户单位)企业制度与流程评审发布规范、(客户单位)企业项目结项管理规范；输出有：系统验收报告、系统运维服务约定、企业知识工程系统保障体系与运营方案的发布公告、培训或宣贯材料、项目结项评审报告、项目复盘报告等。这个阶段的里程碑就是项目验收完成。

这个阶段的流程如下所述。

(1)系统正式交付客户，并引导用户在企业内使用，为长期维护约定服务内容与方式。

(2)提供知识管理、应用与创新的培训与引导服务，发布、运行并不断完善企业知识工程的保障体系和运营方案。

(3)项目验收，并组织复盘以积累经验。

I-16 系统验收与交付

这个步骤的目标是按照客户的系统验收、交付要求，组织客户的业务专家组对系统进行验收测试和交付评审。它的输入包括：系统交付计划、发布的软件系统及齐套文档、培训教材、系统运行规范与工作标准，(客户单位)系统交付管理要求。输出是系统交付评审报告。具体的任务包括：系统正式上线并运行、组织用户分期培训，并在系统运行期间做好辅导工作，使用户能够在业务实践中熟练操作系统。

这个步骤采用的工具如下所示。

(1)规范：(客户单位)IT 系统运营标准与规范、系统交付管理要求。

(2)指导书：系统验证指导书。

(3)模板：系统交付评审报告模板。

(4)IT 工具：项目管理系统。

这个步骤参考的方法是软件工程，如 CMMI 的过程域"确认"(VAL)。

I-17 发布保障系统

这个步骤的目标是发布保障体系，建立长效的知识继承与创新的企业文化与相应的管理支撑措施。它的输入是：S 阶段的企业知识工程的保障系统、评审结论、(客户单位)企业制度流程评审发布规范。输出有：发布公告、培训记录、培训反馈记录、沟通记录、(可选)更新条目记录。

该步骤实施流程包括：

(1)按照企业发布管理制度的流程，正式发布《企业知识工程的保障系统》和《系统运行规范与工作标准》。

(2)安排相应的培训，方便企业员工遵照执行。

(3)提供一段时期内的热线沟通，以解决实际操作中可能遇到的各种问题，适当时增补或修订此制度和标准。

这个步骤可采用的工具如下所示。

（1）规范：培训实施管理规范。

（2）模板：培训记录模板、培训反馈记录模板、（可选）制度更新条目模板。

（3）IT工具：项目管理系统。

这个步骤参考的方法是软件工程，如CMMI的过程域"组织培训"（OT）。

I-18 启动运营系统

这个步骤的目标是交付运营保障体系方案，并启动运行；项目结项，并开展复盘工作；按照与客户的约定，提供持续的服务。它的输入包括：项目的交付产品和齐套文件，以及项目的全部过程文件；输出包括：系统遗留问题列表及改进计划、系统运维及服务约定、项目复盘报告、用户项目总结报告、技术总结报告、项目结项评审报告。

这个步骤的实施流程如下所示。

（1）按照运营方案制定具体行动计划，开展相应的活动，以确保知识常用常新，知识工程系统永葆活力。

（2）组织客户方对验收项目进行正式评审。

（3）与客户约定后续服务的内容、形式、支付方式、周期等事项，形成正式的合约文件。

（4）组织项目复盘活动，为组织积累知识。

（5）组织内部的项目结项会议。

这个步骤可采用的工具如下所示。

（1）规范：（客户单位）企业项目结项管理规范。

（2）指导书：项目验收指导书、项目复盘指导书。

（3）模板：项目结项评审报告模板、系统遗留问题列表及改进计划模板、系统运维及服务约定书模板、项目复盘报告模板、用户项目总结报告模板、技术总结报告模板。

（4）IT工具：项目管理系统、故障管理系统、需求管理系统。

这个步骤参考的方法包括两类。

（1）产品运营：用户运营、内容运营、活动运营、持续优化。

（2）软件工程：如CMMI中的确认、项目管理。

13.2　面向知识图谱建设的DAPOSI

在这两年的实践中，我们发现知识图谱技术和应用得到了迅猛的发展。有业界人士甚至认为：知识图谱就是基于大数据的知识工程。我们也在应用中深刻体会到，将企业或组织的数据以图谱相连，能够为各种业务场景提供基于图谱的服务。如图 13-18 所示为人工智能技术发展曲线，由图可知知识图谱能够在"特定的应用场景引发市场风暴"。

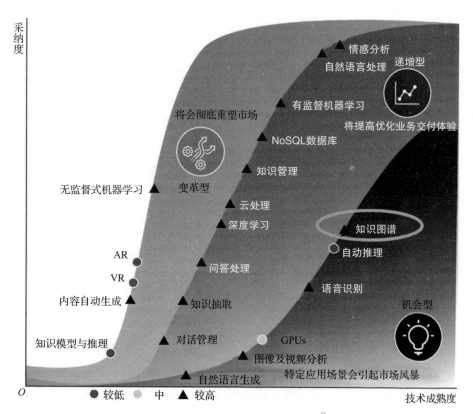

图 13-18　人工智能技术发展曲线⊖

以一张图支撑企业或组织的多样化业务应用，这种方式一本万利，理念非常受客户的欢迎。将知识图谱纳入数据治理、知识工程建设，势在必行。而在此前的 DAPOSI 相关书籍中，对知识图谱的构建描述都是一笔带过，因此本书中特意将这个部分补充完整，希望能够为读者在实践中提供参考价值。

13.2.1　知识图谱建设的总体思路

知识图谱分为通用知识图谱（General Knowledge Graph，GKG）和领域知识图谱（Domain Knowledge Graph，DKG）。我们面对具体客户为之构建的都是领域知识图谱，它具有以下特征：

⊖　摘自 IDC 2020 年的《2019 中国人工智能行业白皮书》

- 面向某一特定领域，基于行业数据构建；
- 数据模式多样复杂并需要融合，构建难度更大；
- 强调深度和完备性，关注实体的属性；
- 用于面向业务场景的问答、分析和决策支持。

与通用知识图谱相比，领域知识图谱在知识表示上更关注深度和细颗粒度，通用知识图谱更关注广度；在知识获取上领域知识图谱更需要领域专家的参与；在知识内容范围上，通用知识图谱比领域知识图谱更广泛；在知识应用方面，领域知识图谱更加强调场景化、个性化。当然二者之间也是有关系的，如图 13-19 所示，领域知识图谱可以基于通用知识图谱来构建。

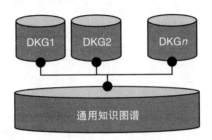

图 13-19   领域知识图谱与通用知识图谱的关系示意图

在领域知识图谱的设计过程中，我们总结了三条原则。

1.设计原则：业务驱动、业务验证

这个原则是知识图谱设计中最重要的原则，因为图谱用于描述世间万物的联系，企业或组织内部的关系也是无穷无尽的，但是投资是有限的，那么如何判断该做什么不该做什么？业务是检验一切的准绳。因此，领域知识图谱的设计要以业务应用来驱动，业务需要的才是我们要设计的，业务欠缺的就是我们要补充完善的；而业务不关注的，就是我们要停止设计的边界。所以，业务驱动能够为我们提供正确的方向和行为的界限，避免浪费精力和过度设计。

管理要闭环，图谱设计也是一样。因此，最终需要用业务应用来验证图谱的有效性。

这条原则看似非常简单，但是实施中坚持执行并不容易。当前很多处于数字化转型中的企业，也都在做数据治理，其中有一个环节就是完成数据关系的构建，其实也就是构建领域数据图谱。而中国目前的数据治理供应商绝大多数是以前的数据集成商，他们擅长处理的是数据库和表，有些长期合作的供应商甚至比客户更加熟悉他们的底层数据结构。这种情况是个双刃剑，隐性知识的掌握既能够为客户降低成本和风险，同时也带来了另一个问题：他们往往是在底层数据库表中

挖掘数据关系，构建知识图谱。这样对不对？对，这样可以充分利用此前数据库的 ER 关系设计和实际数据积累，建立起数据关系，但是却回答不了这样的问题：原数据库表中没有设计到的关系，怎么办呢？既发现不了，也解决不了。与此对照来看这个原则，就能理解它的珍贵了，所以它是图谱设计的第一原则。

2. 系统设计：总体框架→领域细化→系统综合

对于应用方，一定是希望不受拘束，能够基于自己的数据基础快速实现想做的应用，这要求企业数据能够实现最大程度地互联。这是个美好的愿景，但是它会吓倒一些原本向往领域知识图谱的人，因为千头万绪从哪里入手呢？又怎么样才能构建出不遗漏、不重复，既能够覆盖总体，又能够完善细节的图谱，并且既能满足当前数据应用的要求，又能在未来持续满足客户的业务需求呢？大而化之、分而治之是唯一的道路。所以在设计领域知识图谱时，我们按照系统工程的思路，需要遵循系统设计的原则：总体框架→领域细化→系统综合。

首先要有个总体框架来规范化所有更小领域的设计操作。领域知识图谱总是围绕着业务展开，再关联到相关的人和资源，这些就是领域知识图谱设计的最简化模型；在此基础上进而可以对业务、人、资源进行更细致的多维度刻画，如图 13-20 所示。不同企业或组织的管理思路总是有共性的，例如这些主要的本体节点通常已经存储在客户的主数据管理中，所以主数据可以作为图谱设计的起点。

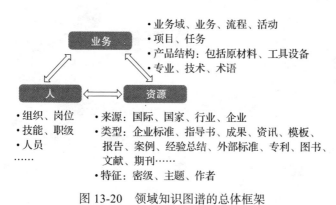

图 13-20　领域知识图谱的总体框架

之后按业务域逐步细化，直到其达到应用的颗粒度要求。最后，仍然要回到整体系统中来，通过不同领域的交互来验证总体框架设计的健壮性和兼容性。这样在宽度和深度上才能够达到平衡，满足客户对领域知识图谱设计的要求，并且在未来仍然能够满足客户的发展要求。

3. 具体设计：点→线→面→体

在具体领域的设计中，我们遵循 TRIZ 的一个进化路线：点→线→面→体。

如图 13-21 所示，概念图谱包括四个部分：对象、分类、关联和模板。

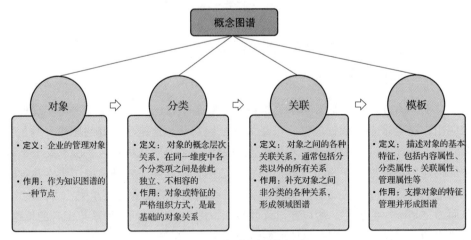

图 13-21　概念图谱的组成

其中，对象就是图谱中的一种节点，是"点"。每一类对象都会有自己的分类体系，通常会包括多个维度，每一个维度都是一个分类树，这是"线"，分类设计思路图如图 13-22 所示。

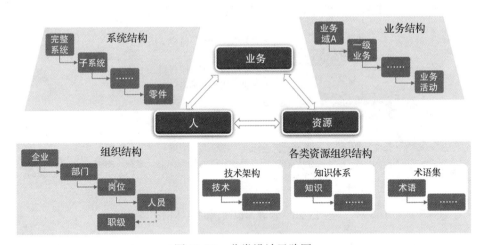

图 13-22　分类设计思路图

图谱节点之间会存在各种关系，对象的分类本身就是一种概念的层次化关系，这是最简单和清晰的关系，这些在企业或组织的信息化管理过程中建立，是分类的基础。除此之外，对象之间还会存在更多关系，这就是业务梳理最重要的目的和价值。把这些关系显式地定义出来，满足业务应用的需求，我们会发现设计的图谱呈现为网络状，这就是"面"，关系设计思路图如图 13-23 所示。

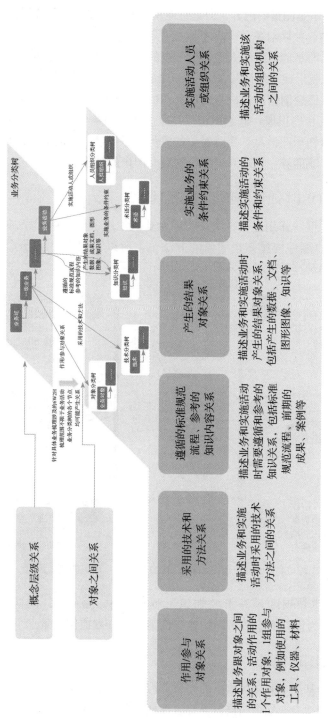

图 13-23　关系设计思路图

模板本身并不是图谱的内容，但是它能用于表达对象的各种特征，包括主要的信息、分类标签、关联对象等。有了模板我们在查看图谱对象的时候才不会只是看到一个名字，而是能够更深入地了解节点的各种信息。所以此前的对象、分类、关联加上模板，就形成了"体"，这才是一个完整的、立体的领域知识图谱设计。

此处我们将概念图谱的组成与前面介绍的 DAPOSI 中 A 阶段知识体系的组成相对比，会发现它们很像，概念图谱仅仅是多了"对象"，这是成图的必然要求。所以，此前没有知识图谱设计实践经历的人员，可以从熟悉的知识体系设计入手，补充对象设计，就能够完成从知识体系到概念图谱的转化。

13.2.2　DAPOSI（知识图谱）建设路线

知识图谱的枢纽作用显著，关注它的企业或组织实施知识工程，都需要一个明确为之设计的能够构建知识图谱的方法论，所以我们为此完善了 DAPOSI 流程，让它能够满足这种需求，如图 13-24 所示。

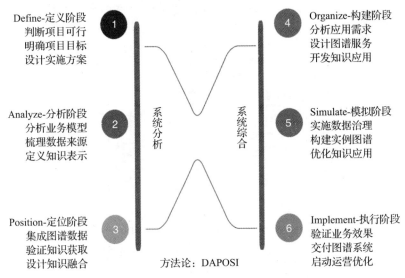

图 13-24　面向知识图谱构建的 DAPOSI（知识图谱）流程

在只有构建知识图谱需求的知识工程项目中，DAPOSI 的实施路线如图 13-25 所示，分为设计概念图谱、构建实例图谱和开发应用场景三个阶段。

13.2.3　概念图谱设计

知识图谱是基于多源异构数据的知识工程，能够实现以底层数据互联支撑业务的协同应用，构建专业知识图谱首先要进行概念图谱设计。概念图谱即图谱数据的概念化系统组织。在实施知识工程中，需要基于拟建项目有关的业务调研现状，明确业务对数据的内容和应用需求。概念图谱设计过程中，参考的方法主要是领域本体和面向对象的设计方法，加上行业权威数据或知识模型，结合行业专家的经验等，科学、系统化地设计企业的本体框架，为企业进行图谱构建、管理、应用奠定基础。

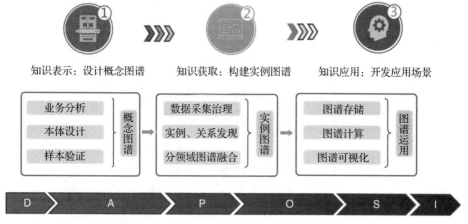

图 13-25　DAPOSI 构建知识图谱的实施路线

如图 13-25 所示，在设计概念图谱阶段，主要包括业务分析、本体设计和样本验证三个步骤。业务分析的主要活动是调研、分析业务需要的数据，进而设计业务需要的概念图谱；样本验证，即通过快速简单的方式按照本体设计提供小规模的数据，目的是验证概念图谱设计的正确性。

概念图谱设计的主要思路是先建立业务模型，明确参考的理论和方法，重点参考的数据 / 业务模型。结合业务分析成果，遵从概念图谱设计总体框架，从对象、分类和关系三个方面进行归纳总结，形成全局统一的领域概念图谱。

总而言之，概念图谱设计意义重大，它能够满足业务对于数据内容和应用的需求，引导业务应用的场景设计、专业数据库设计、知识挖掘模型与数据运营管理。概念图谱设计通常需要业务专家参与沟通、设计和评审。这个过程中的风险在于其周期和成本，与业务复杂度、业务逻辑梳理完成度相关。

1. 概念图谱设计方法

在我们构建的企业知识图谱中，所有的知识都以数字化形式出现，因此我们统称其为资源。以产品制造型企业为例，产品研发过程是典型的资源密集型活动，包括人机料法环测等要素，资源量多、类型多、交互多是多源异构数据典型的特征。如图 13-26 所示，为实现产品研制业务与知识资源的融合，为业务活动提供合适的资源，需要围绕各个业务活动梳理所需资源的输入输出、应用方式，从而形成概念图谱。

图 13-26　业务应用数字化资源交互图

概念图谱设计是对资源进行重组与有序化，通过对资源的结构化组织和清晰描述，实现资源的高度有序化，促进资源的共享和利用。

对象是指在业务应用中所有需要交互的管理对象，包括概念级和实例级对象，如业务过程、专业、项目、产品资源等。

分类是按照选定的特征（属性）区分对象，将具有某种共同特征（属性）的对象集合在一起。分类的目的是更好地挖掘分类项之间的关系。如对于产品设计类知识图谱，可将分类定义为：业务分类、专业分类、产品分类等，具体的分类可基于用户关注的重点进行设计。

关联是围绕业务开展，用于描述各对象之间的关系。例如针对某系统组件设计，可以梳理出系统组件与设计师之间的关系，系统组件与某产品的集成关系，系统与材料的输入物关系，系统与开发过程的输出物关系等。

最终，我们采用对象模板来作为对象属性的载体，可用于描述不同类型对象的基本特征、分类和关联特征。在构建图谱时实际上也是通过模板中的对象属性构建起对象之间千变万化的关联关系，从而形成实例图谱。

2. 概念图谱设计过程

概念图谱的设计源于业务分析，最终也需要在业务中进行验证。参照企业知识工程实施方法论 DAPOSI，将概念图谱设计的操作步骤细化为 5 步：业务分析→对象梳理→分类梳理→关系梳理→模板设计。遵照这个流程不仅能够规范化概念图谱设计，与数据库建设、图谱应用建设无缝衔接，而且也能降低图谱管理与应用系统设计与开发的风险和成本。

（1）业务分析。业务分析的流程如图 13-27 所示。

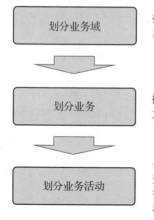

图 13-27　业务分析流程图

（2）对象梳理。针对关键的业务活动，对象梳理通常从 6W1H 这六个维度开展，如图 13-28 所示。

图 13-28　对象梳理维度

Which：指的是要梳理的业务活动，可以从业务分析的结果中得到。我们通常并不能把所有的业务活动都进行分析，因此可以选择一部分开展分析，例如某个业务流程中最关键、最增值或最复杂的业务活动。

Why：业务活动的目的，是用来指导我们不要偏离主题，把握分析的宽度和深度，取得进度、风险和投入的平衡。

What：业务活动的所有资源，包括输入、输出、中间产物、最终成果等，既可以是物质的，也可以是数字的。在设计过程中，典型的资源包括设计输入的需求、上级方案、参考资料、模板、工具、设计输出的成果报告、产品、经验总结等。

Who：谁参与到这个业务活动中了，是什么角色，例如负责人、审核人、参与者、提供某种输入资源的人、下一个环节的接收者等。

When：什么时候开展这个活动，找到合适的时机，进而可以识别出更多活动细节。如每个操作或步骤的顺序，输入物应该什么时候提供，输出物什么时候送出等。这些在未来应用设计中能够帮助我们设计出最符合用户操作习惯和处理逻辑的活动。

Where：地点，什么东西应该出现在什么地方，资源在哪里管理，材料从哪里来，输出物到哪里去等。

How：操作方式，最重要的是本活动是如何开展的，其次是获取资源的方式，输送产出的方式等。

我们围绕这些问题去寻找答案，实际上就是把这个业务活动从黑盒变成白盒，完全清楚它是如何工作的，信息流、物质流、控制流、能量流是如何在其中运转的，如何将原材料变成产品输出物的。

基于此，我们便可以提取此业务对象了，包括作用对象和参与对象。作用对象是本业务活动的工作目标，通常只有一个，很少数情况下会超过一个；其他都是参与对象。从我们前期分析的知识图谱总体框架可以看出，这些对象主要是业务、人、资源，围绕着它们继续细化或展开，还可以出现更多对象。对象的种类越多，对于业务的刻画越精细，当然随之而来的关系越复杂，图谱也更加复杂。

业务类对象包括业务、项目、课题、产品等；

人类对象包括人员、组织、岗位等；

资源类对象包括工具、材料、模板、标准、方案、试验数据、文献、报告、技术等。

（3）分类梳理。针对对象的组织方式，梳理业务场景中用到的分类方式。这些分类方式基本上都是已经存在的，要么在信息化系统中能够看到，要么是企业人员中不言自明的分类方式。

业务类的分类：按产品研制周期阶段、项目或课题类型、产品分类体系、专业、技术等划分。

人的分类：按组织、岗位、专业、技能、职级、合作状态等划分。

资源的分类：很多资源都会有自带的成熟分类体系，如图书分类法、专利分类法；还有一些资源提供商自带的，如CNKI的文献分类；企业内部也会有分类，如企业文件标准化要求的分类体系、编号体系。除此之外，资源还可以按来源、载体、格式、归口单位、内容主题、时间年代、归属国家、语种、保密等级或可见范围等划分。

所有的分类均需要经过甄别，确定业务是否需要，再决定是否纳入知识图谱的设计。在被识别为业务可用之后，应该尽可能地保留这些分类，以便为某些用户使用提供便利。毕竟我们在真正做资源处理时，对于成熟稳定且应用较好的分类体系，打上相对应的分类标签就比较容易，因此其应用价值和处理成本形成的性价比就比较高，这样更容易说服知识体系设计的评审人员。

分类设计的原则建议：

- 兼容当前各业务实际使用的分类体系和管理颗粒度；如有冲突，应尽量保留细颗粒度的分类；各个分类的颗粒度最终由业务决定。
- 新的分类设计，按照实际业务分工到岗位、子系统或模块即可，过细会增加系统自动化处理的复杂度和投入成本，降低经济效益；过粗则无法支撑精准推送，达不到业务赋能的目标。

（4）关系梳理。关联关系的梳理看起来更加复杂，实际上可以采用一种简单的方法来保障关系梳理快速有序进行，即排列组合法。我们将业务活动的所有对象顺序排列好，假设其依次命名为 X_1，X_2，X_3，$\cdots$，X_n，分析逻辑如图 13-29 所示。

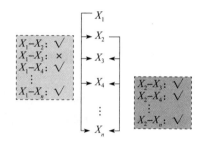

图 13-29　关联关系分析逻辑

- X_1 与 X_2 是否有直接关系？
- 如果有，它们是什么关系？是单向还是双向？
- 如果存在多重关系，应该一一识别，且命名为不同的名称。
- 回顾业务活动的目标，确认这些关系是否与本业务相关；如果不相关，去掉，否则保留。
- 完成之后，开始分析 X_1 与 X_3 的关系，同上述方法。
- 完成 X_1 到 X_n 的关系分析之后，开始 X_2 的分析，从 X_2 与 X_3 的关系开始，直至 X_2 与 X_n 的关系分析完成。
- 将上述所有直接关系绘制成这些对象的关系网络。
- 当所有的直接关系均已梳理完成，回到业务活动中，随机应用几个场景，来验证其需要的资源是否都能够由上述关系找到，可以不是直接关系，只要关系可达即可。
- 如果发现有不可达的情况，要分析是缺少了中间的对象，还是缺少了关系定义，并回到对象梳理或关系梳理中，进行补充或调整。

可能会出现这样的情况：概念图谱设计完全适应本业务活动，但不能覆盖其他活动，因此会有对象或关系在分析中被抛弃，但实际上从公司级看这些仍然是需要的。这种缺漏就背离了我们系统设计的原则，所以我们进行企业或组织的最高级概念图谱设计时，不能只选择单一的业务开展，需要做出均衡的选择。样本业务需要选择有典型代表意义、差异性足够的多个业务，才能达到互补的目的。

（5）模板设计。前述设计完成后，对象的模板设计便轻而易举、顺理成章，即为每一个对象设计一个模板，包括对象的基础属性，如名称、描述；除此之外，就是分类属性、关联属性；还可以为管理需要补充一些管理属性，如创建日期、人等。

在概念图谱设计中，对象的模板完全是服务于实例图谱构建的。因此和各业务系统或信息化系统的侧重点不同，不强调对象属性的完整或大而全，只要足够用于构建图谱即可。

3. 概念图谱设计成果

我们以某离散型制造企业的产品研制为例，其总体的概念图谱设计应该围绕设计活动展开，以图谱促进设计提效为目标，将设计活动与资源相融合，围绕着设计的资源输入、输出，构建知识图谱。其概念图谱设计草图如图 13-30 所示。

可见此草图中涉及的对象包括业务对象、资源对象和人员对象三类。

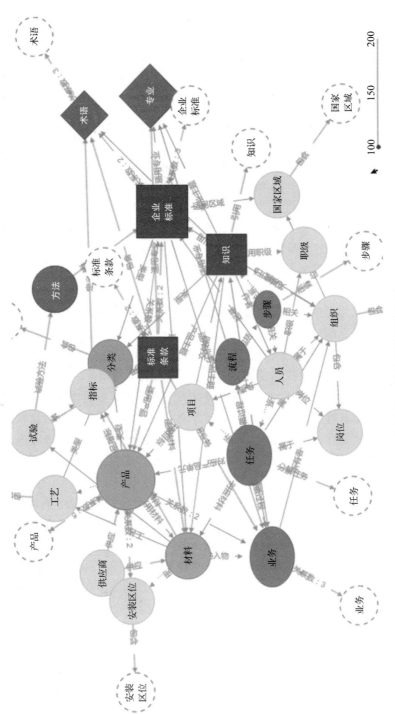

图 13-30 概念图谱设计草图

（1）业务对象：

1）业务活动类，包括过程类、过程域、过程、流程、步骤。

2）项目管理类，包括项目、任务。

3）产品结构类，包括整机、分系统、子系统、产品单元、材料、标准件、关键件。

4）其他专业对象类，包括专业（技术）、工艺、术语、试验、指标、方法、安装区位。

（2）资源对象：方案、文献、案例、标准、标准条款等。

（3）人员对象：人员、组织、岗位、职级、国家区域等。

之后按照知识体系设计的方法进行具体的分类设计、关联设计和模板设计，业务对象和知识对象的模板设计如表 13-1、表 13-2 所示。

表 13-1　业务对象的模板设计

概念名称	属性名称	属性格式	显示属性	唯一标识
业务	ID	数值	否	是
业务	名称	文本	是	否
业务	编号	文本	否	否
业务	目的	文本	否	否
业务	所有者	文本	否	否
业务	起点	文本	否	否
业务	终点	文本	否	否
业务	输入	文本	否	否
业务	输出	文本	否	否
业务	参考知识	文本	否	否
业务	上级过程	文本	否	否
业务	后序过程	文本	否	否
业务	相关过程	文本	否	否
业务	操作流程	文本	否	否
业务	KPI	文本	否	否

表 13-2　知识对象的模板设计

概念名称	属性名称	属性格式	显示属性	唯一标识
知识	ID	数值	否	是
知识	名称	文本	是	否
知识	摘要	文本	否	否
知识	创建时间	日期	否	否
知识	作者	文本	否	否
知识	归口单位	文本	否	否
知识	类型	文本	否	否
知识	引用知识	文本	否	否
知识	业务主题	文本	否	否

（续）

概念名称	属性名称	属性格式	显示属性	唯一标识
知识	专业主题	文本	否	否
知识	产品主题	文本	否	否
知识	术语	文本	否	否

13.2.4　实例图谱验证

　　数据是共享应用的基础，因此构建知识图谱必须具有大量的实例数据，并按照概念图谱加以组织，才能形成万物互联的一张网，支撑上层的各种应用。

　　构建实例图谱的过程，从本质上说是根据概念图谱开展数据源分析之后，进行数据采集、知识加工、图谱入库的过程，如图 13-31 所示。

图 13-31　实例图谱构建流程

　　实例图谱构建中，最重要的是数据的结构化，具体方法可参照 DAPOSI 在 P 阶段的知识挖掘技术路线，在此不做赘述。

　　实例图谱的构建是为了验证概念图谱的正确性，因此不必全部采集数据并构建实例图谱。可以根据调研现状选择性地采集部分数据，构建部分实例图谱，支撑后续的场景化应用以验证概念图谱设计的正确性。

13.2.5　典型场景的图谱服务示例

　　知识工程的目标是将知识融入业务活动中，那么场景化知识应用是如何通过概念图谱和实例图谱实现的呢？在此我们介绍几种典型应用场景的实现逻辑。

1. 应用场景 1：一站式搜索

　　知识应用的最典型场景是搜索知识库，基于图谱的知识搜索能够实现一站式搜索和按图谱的扩展推送。例如查阅标准，不仅能够看到标准的全文内容，还能够依据标准中提炼出的实体而查阅到标准的起草人、归口单位、适用产品、适用专业、适用区域、包括的术语以及碎片化后得到的具体条款。按照图谱关系还能够看到与它相关的其他对象，包括所属的标准、引用的标准、替代的标准等。

　　以此应用场景为目标的概念子图如图 13-32 所示，即原概念图谱中围绕标准对象的所有关联对象及其关系的集合。

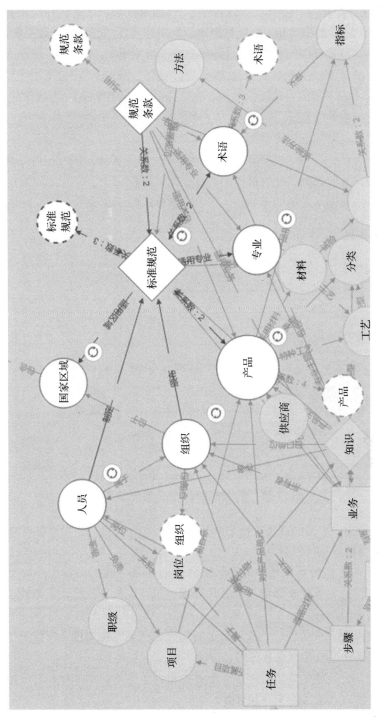

图 13-32　一站式搜索场景的概念子图

图谱路径为：标准→人员、组织、产品、国家区域、术语、标准条款等。按照此概念子图就能够得到相应的实例图谱，它能够支撑的应用场景如下所述。

- 用于在搜索框中输入标准的名称或编号（支持模糊搜索），系统搜索到匹配的标准，并推送此标准的起草人、起草单位、颁布单位、适用产品、适用专业、适用范围、包括的术语、具体条款、所属的标准、引用的标准、替代的标准等信息；
- 用户可查阅标准的详情和全文；
- 用户可以选择推送的资源，并系统展现资源的详情，同时也可以推送与之相关的其他资源，此时推送的起点是此资源；
- 如果出现标准之间的不一致，可以追溯标准的引文关系，定位根源所在。

2. 应用场景 2：主动推送知识

在业务活动中，按照识别出的人员主动推送任务及相关的流程、知识、标准等，其概念子图如图 13-33 所示。

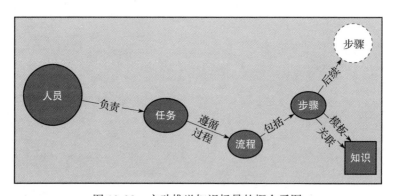

图 13-33　主动推送知识场景的概念子图

图谱路径为：人员→任务→流程→步骤→知识。
能够支撑的应用场景包括：

- 设计人员在做具体任务时，根据当前的任务，能够得到相应的流程和指引，包括完成此步骤需要的各种知识，包括模板、标准、类似的或相关的历史资料等；
- 自动识别人员的特征，推送合适的知识，例如专业属性、岗位属性、能力职级属性、安全保密权限等；
- 查看某个具体的知识在多少个业务中得到了应用，例如标准的应用率可以用这种方式的实例来自动计算。

3. 应用场景 3：产品相关材料数据推送

在业务活动中，主动向用户推送产品相关的材料及数据，包括性能数据和相关的详细试验数据，概念子图如图 13-34 所示。

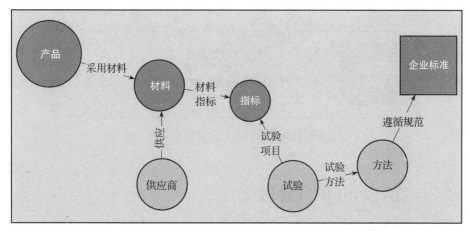

图 13-34　产品相关材料数据推送的概念子图

图谱路径为：产品→材料→指标→试验。

能够支撑的应用场景包括：

- 设计人员在设计产品时，需要查看产品采用的材料及相关的指标、试验数据等，由系统自动推送这些资源；
- 用户可以查阅产品相关的所有内容，例如采用的材料或标准件、供应商、专用规范等；
- 如果用户想查看材料数据，打开材料的详情即可查阅，包括材料标号、性能指标数据、试验数据等；
- 反之也可以推送，例如由材料（如质量事故中涉及的材料）追溯所有应用过的产品，以便全面召回。

4. 应用场景 4：单维度对象管理

借助知识图谱，很容易实现各种单维度的对象管理，包括产品结构关系图、任务分解体系、技术图谱等。

专业技术图谱的概念子图如图 13-35 所示，其实例图谱就是一棵专业技术树。

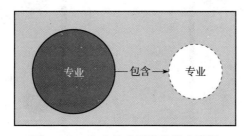

图 13-35　专业技术图谱的概念子图

标准碎片化的概念子图如图 13-36 所示，其实例图谱就是能够看到企业标准碎片化的层层扩展树。

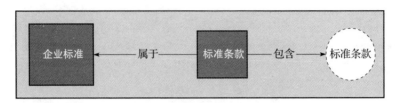

图 13-36　标准碎片化的概念子图

13.3　DAPOSI 的行业化

DAPOSI 建成之后，首先应用在油气行业的流程型制造企业中，之后在离散型制造业得到了应用。我们发现，虽然同样是处于中国制造的数字化转型、智能化迈进阶段，这两类企业的知识工程建设却是不一样的。例如对于以设备制造为主的组织来说，对设计图纸非常关注，认为这是最重要的企业知识；而流程制造业显然对图纸没那么关心。在实践中，客户也向我们提出了有益的建议，DAPOSI 方法论虽说是通用的，但是针对不同行业的特点应该有相应地变化。所以，基于 DAPOSI 方法论应用于油气行业的知识工程实施，形成了 DAPOSI-S 方法论，如图 13-37 所示，在书籍《石油企业知识中心构建之道》中有详细的介绍。我们可以将这个 DAPOSI-S 的流程图，与 DAPOSI 的标准流程图和面向知识图谱构建的 DAPOSI 流程图加以对比，能够发现它们大同小异。同的是总体逻辑和阶段，异的是个别步骤。

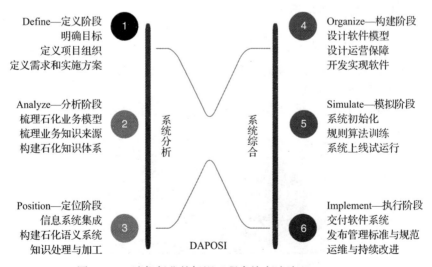

图 13-37　油气行业的知识工程实施方法论 DAPOSI-S

本节我们就探讨一下 DAPOSI 的行业化问题，以油气行业作为一个参考，将其他行业与之对比，看看知识工程实施的差异体现在什么地方。未来当我们需要为其他行业构建具体的知识工程实施方法论时，可以参考今天思考的内容。

13.3.1　业务组织的差异性影响知识体系设计

流程型制造业的业务复杂。以油气行业上游为例，开发业务具有相对明确和稳定的流程，标准化和规范化程度较好，可以以业务流程为牵引，围绕业务活动进行知识梳理和需求收集；而勘探业务就很不一样，没有稳定的业务流程，只有长期以来业界形成的一套相对明确的业务组织方式，即业务域、一级业务、二级业务等直至末级的业务活动。基本上所有的业务都可以由各级的业务活动组合而成，就像搭积木一样。因此，在业务活动之上去寻找所谓的规范业务流程是没有必要的，也确实是无法找到的，但是我们可以围绕业务活动来梳理知识和需求，这是相对稳定的业务单元。

离散型制造业的业务活动，则体现出了明显的流程相对稳定的特点，各种各级业务流程与产品密切相关。例如某飞机制造厂的任务分解结构中间层级，在产品研发阶段与产品分解结构几乎完全一致，例如客舱机舱门，这既是一个产品部件，又是一个业务活动的名称。当然在该层级之下，还有需求收集、设计、试制、试验等更细节的任务。显然，我们为此设计的知识体系，必须要考虑知识与产品结构和任务结构这两个维度的关系。

因此，不同行业的业务组织的差异性，会带来各自行业知识体系构建方式的差异性，必须围绕业务进行相适应的知识体系设计。

13.3.2　业务思维的差异性影响知识定义

以油气行业的勘探业务为例，业界有这样的说法："勘探是属于地质学家的认识"。这既是对于勘探业务的复杂性达成的共识，也代表了从业者的无奈。勘探业务分析综合性强，分析复杂，影响因子很多，没有统一标准、范式。当然这个过程也需要各种参考资料，但即使面对同样的东西，经验不同的人的解读也是不同的。况且对于地质类的研究，有些参数即使可以参考，但由于不同区域的参数具有差异性，再加上动态性，这个可参考性也是有折扣的。

所以在勘探研究中，最终起决定作用的往往是研究者个人的隐性知识。我们发现那些优秀的研究者往往更具有哲学思想和宏观的思维，他们是通过这种隐性认识来指导业务开展的，这就是不同级别研究人员认知水平的差异。这种认知具体是什么，怎么来的，目前还很难表达出来和调查清楚。那么有没有技术手段来挖掘出这样的知识，来提升我们所有业务人员的认知水平呢？我们看到国外一些专业组织已经进行了数十年的积累和尝试，例如斯伦贝谢公司提供的一些专业分析软件，其中最有价值的是它的模型，其模拟了专家思维，用这样的模型就相当于具备了一定程度的专家思维，这样就提升了业务人员的认知水平。我们国内的油气行业专业软件开发还处于初级阶段，当前还未出现具备这样水平的工具，不过据我们了解已经有多家单位开始了相关的探索。

与之相对的，离散制造业中产品设计是最关键的，其中在关键时刻起作用的是专家思维，因为产品的有形化产生了不同的研究方式，例如反向设计、仿真模拟。设计知识和专家经验经过多年的挖掘，部分体现在大量标准规范中，因此我们看到，无论是飞机制造、船舶制造，还是汽车制造，都很重视设计的合规性，一个型号产品要遵循的标准规范上万。那么，能够设计出完全满足各方面标准规范的产品或零部件，就是设计工程师成熟的表现了。由此，可以为不同行业建设标准规范的知识图谱和知识库，其中的知识就是标准的碎片化和结构化。

在合规的基础上要做到优秀会面临很多挑战，例如我们在前面介绍 DIKW 模型时讲过模型类知识的挖掘实例中铸网的小工具，这种类型的知识就是离散型制造业中设计专家的独有技能。这些聚焦在某些点上的专家经验的数字化、模块化、工具化的行业，需求和油气行业是一样的，但在专业性上差异很大。

所以，不同行业业务思维的差异性，带来了行业内知识定义的差异性。我们需要根据客户的发展阶段和需求，来确定需要什么层次的知识，采取相应的措施。

13.3.3　数据的差异性影响技术选择和实现

不同行业的数据差异性很大。油气业务与数据支撑密切相关，数据资源总量和数据类型均呈现快速增长的状态。在数据类型方面，除结构化数据外，还有实时数据、图形文档数据、音视频数据、GIS 数据、专业格式体数据等多种类型；在数据量方面，近年来设备实时数据、音视频数据以及图形文档数据的总量增长速度较快。除此以外，各种数据量差异也很大，例如体数据动辄多少 T；各种数据产生的速率差异也很大，有的一年产生一个，有的则每秒都在更新。

而这些数据的来源也是多种多样，除了油气企业或组织内部，研究类业务还需要大量国外资源。这些不同的数据源带来的不仅仅是知识内容需求的不同，也带来了数据集成的不同要求。

汽车、飞机、船舶研制过程中，设计图纸是非常重要的部分，因此知识挖掘必须要能够处理图纸；另外，设计模型有二维的、三维的，如果能够与三维模型直接对接，这样的知识应用将会体现出更大的优势，当然这个截至目前也是比较困难的。这是因为当前三维设计软件基本上都是国外的，数据接口始终是个问题。除此之外，非结构化数据中例如前面提到的标准规范，也是需要考虑的主要内容之一。

这几个行业中积累的结构化数据也非常多，因为它们的最终产品和过程产品都天然带着很多数据特征，如尺寸、性能等。这就带来了一种新情况，有的客户面对的问题是各种数据无法打通，他们认为只要能够实现这些结构化数据的互联互通，让上层业务之间实现协同，就是知识工程的效果体现。我们现在可知，这并不需要用到知识挖掘，应用知识图谱建设就能够做到；也许还有的人会把这个归为数据治理的范畴。无论如何，由于近两年多次遇到这样的需求，它促使我们加强了知识图谱的构建方法提炼，其成果如上一节所述。

数据来源方面，离散型制造业与流程型制造业一样，需要企业内外部的资源，因此知识工程实施都是先要进行数据集成。

凡此种种，要处理的数据类型不同，需要的数据采集和知识加工的技术就存在差异性。首先，将需要的各种数据从其源头汇聚，根据不同源的数据更新频率和知识产权要求，采取不同的商务方式和技术实现。然后，将非结构化数据转变为结构化数据，这才是知识挖掘的第一步：结构化；将结构化的数据进行关联，这是第二步，这能够支撑一些业务的协同和提效。最后，需要从数据中挖掘规律和模式，即实现模型化知识。如果按照时间线展开，各行业对于知识的根本诉求基本上都是这个模式，只是不同行业当前所处的发展阶段不同，所以面对的问题就是不一样的。

13.3.4　工具的差异性影响业务应用场景

通常知识的应用方式以搜索、推荐、问答最为普遍，这是所有知识工程系统都应该能够提供的应用和服务。然而用户更想要与业务融于一体的应用方式，一种是将知识服务嵌入业务场景或专业工具中，融知识于无形，时刻为业务人员提供适合的知识，同时也能做到无感地积累知识；另一种是提炼出规律、模型，开发专门的应用 App 解决专门的问题，促进业务的自动化、智能化，这是很有挑战的应用方式。

所以，知识应用建设可以分为三个层次进阶式实现。先是通用应用的实现，以全面知识汇聚、关联为基础，实现智能化的搜索、推荐和问答；进而为具体的业务场景设计知识融合，背后还是基于知识的搜索、推荐和问答服务；通过这样的长期数据积累和分析，实现规律与模式的挖掘，并融入业务场景指导业务开展，甚至实现一部分的推理和人机互动，进而实现业务自动化、智能化。如果一定要区分知识管理和知识工程的概念，那么第一种应用方式我们归为知识管理中的知识应用，后面两种就是知识工程中的知识应用。

我们知道不同行业的业务不同，其专业工具也大相径庭。如汽车、飞机、轮船设计中的三维设计软件，常见的有 CATIA、AutoCAD、Smart3D、Tribon 等，但这些专业工具在油气行业就不会使用；这几种工具即使在相同的行业应用情况也不同，例如汽车制造行业、飞机制造行业用 CATIA、AutoCAD 较多，但没有使用 Smart3D、Tribon。所以知识服务是类似的，但是知识的业务应用场景差异性很大。

13.3.5　组织的差异性影响实施和运营方式

知识运营的内容结构在各行业、各单位都基本一致，然而不同的企业特点需要设计相适应的实施和运营方式，才能有效推动实施，并在交付后让运营体系落地扎根，生机勃勃地存活下去。

例如，油气行业的企业或组织，都具有大规模、大投入、大产出的特点，以几个大型集团为支点，联合相关的行业、高校、研究机构和众多的服务单位共同组成这个生态圈。在知识运营建设中，要充分考虑本组织的特点进行设计。例如对于大型集团来说，知识运营的方式还是以总部推进、高层领导的持续支持最为有效。同时，在其下属的各级组织中，知识运营的设计仍然要因地制宜，以集团政策为基础，融入本地特点，才能发挥最佳效果。

而其他的制造业企业既有大型集团，也有中小企业，它们都可以实施知识工程，其推进方式要充分考虑自身特点，因地制宜地设计经济有效的实施和运营方式。例如，建设团队的内部协同，中小企业就会比大型集团容易得多。以需求分析为例，在大型集团进行需求调研、原型设计、需求确认，可能要花半年时间协调各方需求，最终还没有达成一致意见；而我们在一个中型企业仅需短短两个月就能全部完成。

因此，实施和运营的方式，要充分考虑行业差异、组织差异。

综上所述，对于不同行业来说，知识工程建设的差异性来源于业务的差异性，由此带来了知识的差异性、应用的差异性，自然也会带来知识工程实施的差异性。理解了这些差异性，未来我们有可能会为这些行业，单独设计出最适合它们的知识工程实施方法论。

13.4　知识工程实施的持续发展

企业或组织如果能够顺利完成知识工程的首期实施，就成功一半了。然而作为一场变革，后面还需要坚持数年，才能获得最终的成功。

在这个持续多年的过程中，可能会发生很多变化，国际的、国内的、行业的、企业或组织内部的，从长期来看知识工程不会一直保持企业或组织的焦点地位。当知识工程缺乏了强大的推动力，该如何推进？除前述已经讲过的在战略和执行层面，坚定决心、坚持执行、循序渐进之外，还要审时度势，保持对外界环境的敏感性，从企业或组织其他的变革或者新生动力中借势，这是一个可行且有效的办法，当然它需要精心设计。

同样，DAPOSI 也需要与时俱进，这也要求我们时刻保持开阔的视野，及时发现环境变化，并能够找到它们与知识工程的联系，这样就可以将它们变成有利的推进因素，尽可能为知识工程的持续实施找到有效的推动力。

13.4.1　知识经济时代知识工程恰逢其时

当今世界经济发展已经步入了知识经济时代，如图 13-38 所示。知识经济是 21 世纪的主要经济模式，如赵安顺在论文《论知识经济社会生产要素的转变》中所讲，知识成为最重要的生产要素。于是智力资本成为企业竞争的焦点，知识工程建设成为各企业信息化建设的热点。在美国《财富》杂志评出的世界 500 强中，80% 以上的企业正通过 IT 系统实施知识工程来帮助提高企业决策与经营质量。如道氏化学公司通过知识工程节约、改进和提高生产效率，英国石油公司通过改组"资产联邦"激发 42 家子公司的多样性和创造力，微软公司借助人员知识地图快速提升员工能力保持行业竞争力。

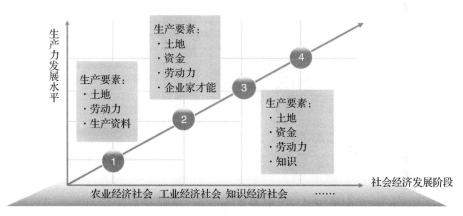

图 13-38　社会经济的发展

随着知识密集型行业的发展，知识经济已经逐步成为推动我国经济持续发展的关键动力之一，知识追赶的策略也是我国赶超世界经济先进水平的重要举措。可以说知识推动与创新驱动，已经成为中国经济的自主追求，中国企业的发展，必然要经历知识工程才能实现脱胎换骨、高质量的发展，现在就是知识工程发展的大好时机。

13.4.2　智能制造需要知识加持

中国作为制造业大国和全球唯一工业品类齐全的国家，正面临着巨大的转变。知识的加持对于行业和企业发展来说尤为重要。

"云大物智移"给各行各业带来了无限的想象空间。于是，各国都将发展智能制造作为其战略核心，借助信息化技术不断推动制造业向数字化、网络化、智能化发展，实现全面感知、实时分析、科学决策、精准执行、主动优化，向绿色化、服务化转型。在可以预见的未来，以智能制造为代表的新一轮产业革命，将是释放未来竞争力的关键，发展智能制造是制造业转型升级的必经之路。

中国电子技术标准化研究院发布的《中国智能制造能力成熟度模型白皮书》中，提出了中国智能制造能力成熟度模型，如图 13-39 所示。其中智能制造的数字化对应该模型的一级和二级，网络化对应三级和四级，智能化对应的是五级。企业知识工程的建设恰好着力在四级，能够帮助企业基于知识实现业务优化，推动中国的制造业迈向智能化。

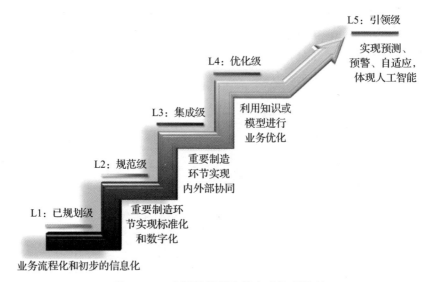

图 13-39　中国智能制造能力成熟度模型

13.4.3　工业互联网推动知识关联

近几年，智能制造领域出现了新的关注热点：工业互联网。如王建伟在《工业赋能：深度剖析工业互联网时代的机遇和挑战》一书中所讲："工业互联网是新型工业化的超级引擎。在经济高质量增长方面，工业互联网平台是工业资源集聚、管理与再配置的载体，能够通过软件定义的方式优化资源配置效率，降低企业信息化部署的成本和难度，实现集约、绿色和智能化生产，推动制造业走向体系重构、动力变革和范式迁移的新阶段。"按照工业互联网的思路，是要把全产业链、全价值链的全要素进行全面互联，挖掘价值，从而推动我国工业转型升级。

在这个形势下，对于大企业的工业互联网平台和小企业的云服务，最重要的就是实现从三不变三可，把不可见的要素使之可见，把不可联的要素使之可联接，把不可计算的要素使之可计算。与此对应，我们对 DAPOSI 的三个目标也有了新的理解，如图 13-40 所示，可见它的目标与工业互联网的目标是完全相容的。

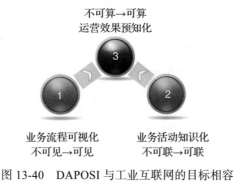

不可算→可算
运营效果预知化

业务流程可视化　　　　业务活动知识化
不可见→可见　　　　　　不可联→可联

图 13-40　DAPOSI 与工业互联网的目标相容

"业务流程可视化"关注在把不可见的要素使之可见，"业务活动知识化"关注在把不可联的要素使之可联接，"运营结果预知化"关注在把不可计算的要素使之可算。因此，建设工业互联网也可以参考 DAPOSI 方法论，在底层构建互联互通的数字化资源网络，支撑上层各种工业场景的应用。

13.4.4　基于模型的系统工程推动工业知识精准应用

传统的系统工程缺乏有效的技术手段支持复杂产品和系统的运行，例如在下面这些环节：

- 由需求到功能的转换和分解；
- 需求及设计变更的追踪管理；
- 涉及多学科领域团队和系统元素间交互指数级增长的设计方案表达；
- 权衡优化和沟通决策；
- 设计方案对涉众需求的验证确认（V&V）。

面对日益增长的产品或系统复杂性，已有的简单方法已无法应对复杂的研制要求，于是基于模型的系统工程（MBSE）诞生了。它采用规范化的应用建模技术来支持系统需求、设计、分析、验证与确认，从概念设计阶段直至生命周期的后期各个阶段，贯穿产品的整个开发过程。MBSE 能够替代系统工程师长久以来的以文件为中心的方法，将知识完全集成到系统工程流程的定义中，彻底改变系统工程的实践过程。

MBSE 的优势包括：

- 提升效率，改变以文本为基础的系统描述，极大地节省工程师的时间；
- 图形化的表示方式易于理解，不宜出错；
- 标准格式易于交换和传递，包括不同人员组织之间的传递和不同软件之间的传递；

- 易于重用标准化的模型，方便复制修改；
- 配合相应的工具，如应用数字孪生技术，减少实物验证的成本和周期，提升质量。

我们通过 DIKW 中层次化的知识定义来理解 MBSE：它直接把文档变成了模型，一步跨过非结构化数据的结构化、关联化和模型化，其可视化效果、数字化效果和规范化效果都与文本时代有天壤之别。而基于模型的知识关联和应用，也能够获得更精准的业务场景定位，从而提供最精准的知识服务。

当然如此理想的方式需要相应的工具作为支撑，由于投入较大，只有大企业才敢于尝试；也需要设计人员掌握相关的思想和方法，这要经过一段时间的培养和实践。虽然距离完全实现产品过程的模型化，仍存在一定差距，但是无论如何，MBSE 已经改变了系统工程的思路，假以时日未必不能够大范围应用。

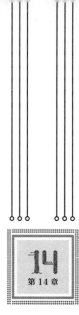

第 14 章

知识工程实施典型行业案例

　　本书在前面章节介绍了知识工程实施的一般方法论，同时也提出了该方法论在不同行业和企业落地时，是需要针对其业务现状、信息化现状等形成适合本行业、本组织的落地实践方案。本章提出了知识工程实施策略，以及在各行业落地的典型案例，以期能为读者提供一定的借鉴和参考。

14.1　知识工程实施策略

14.1.1　知识工程实施的管理思路

　　企业或组织实施知识工程是一场变革，最终会影响到整个企业或组织，因此需要谨慎对待，不能一蹴而就。关于如何启动一场变革，哈佛商学院教授、变革管理领域享誉世界的专家约翰·科特，在 1995 年出版的《领导变革》一书中介绍了经典的变革管理八步法。该方法能够帮助我们理解企业实施变革的关键环节，快速形成系统性的思路，提高变革的成功率。在笔者早年翻译的《实施六西格玛的第一个 90 天》一书中，原作者也引用了科特变革管理八步法。在本书第 12 章 DAPOSI 理论基础的创新方法介绍中，我们知道六西格玛和知识工程都是我国力推的三类创新方法之一，科特变革管理八步法对六西格玛管理变革行之有效，我们不妨参考借鉴并应用于知识工程变革中。

笔者在企业中推广六西格玛管理变革已有多年，所以在下面介绍科特的变革管理方法时，同时加入了一些个人的理解。

步骤一：建立紧迫感

当企业或组织内部产生对变革的强烈需求时，变革更容易发生。所以启动变革的第一步就是在组织内部创造变革的紧迫感，即选择天时地利人和的最佳时机。

步骤二：创建指导联盟

成功的变革离不开一支优秀的变革领导团队，作为企业或组织变革期间的指导联盟，其团队领导必须具备坚定的信念和卓越的领导力，其成员需要在组织中具备正向的影响力和良好的沟通能力。当人们对于未来感到迷茫，特别是面临变化犹豫不定的时候，他们更容易相信身边有信服力的人，特别是那些已经成功的人。

步骤三：创建愿景和战略

在企业或组织变革的实施初期，要在指导联盟内部建立统一思想。将变革与企业或组织发展的战略相关联，有助于联盟内部对变革目标、实施策略与路线等达成共识，形成统一的变革愿景和实施战略。这是在真正启动变革之前必须完成的事情，最好能够用清晰、简短、有力的语言或图像可视化，使之易表达、易理解、易传递。

步骤四：沟通变革愿景

即使有了易理解的宣传语言或图片，仍然不能期望变革自然而然就能够得到人们的理解。指导联盟的人员要明白，变革最重要的是人们思维的变化，这需要一而再、再而三地用语言、用行动、用事实来影响组织中的所有人。因此，必须通过合适的方式、借助各种合适的场合、反复地向员工传达变革愿景，使之深入人心。更重要的是，领导者要身体力行，以身作则，坚定不移。

步骤五：授权广泛基础的变革

自上而下的氛围渲染到一定程度，就需要用实际行动来证明变革的有效性。在任何一个组织中总会有一些人，愿意尝试新鲜事物，愿意打破固有窠臼。因此，组织适当地加以鼓励、引导和授权，就能够激发一些自下而上的行动。当然，同时也会有反对的声音，更多的应该是观望，然而只要变革愿景已经成为共识、领导能够坚定不移地支持，这些负面的声音并不重要，也不会影响大局。指导联盟此时应该聚焦在那些破冰行动上，帮助这些小团队破除障碍，达到团队既定的目标，哪怕只是一个小小的进步也值得鼓励。

步骤六：产生短期成果

不同的变革能够产生成果的周期是不一样的，数天、几周、几个月乃至多年，都有可能。为了持续地为组织变革产生正反馈的能量，那些见效快的行动当然是首选。此时指导联盟需要做的事情就是闭环管理，取得成果的行动要按照事先约定加以表彰，受到挫折的行动也要真心鼓励并认真分析，为组织的下一步行动总结经验。这样做的目的，不仅仅是感谢那些在反对和观望声中支持了变革的人们，也是坚定地表达了组织对于变革的决心。

步骤七：巩固收益并创造更多变革

科特认为，许多变革项目的失败是因为过早地宣布变革已经取得成功，而忽略了原企业文化中的黏性和隐藏的变革阻力。变革成功的最终体现是"润物细无声"，即融入了企业的日常行为，如流程、制度、文化等。这个过程需要持续保持谨慎的态度，在已经取得的短期成果基础上循序渐进，不断巩固既有成果，并创造出更多更大的变革活动，持续地为组织变革输入正向能量，这才是最稳妥的举措。

步骤八：让新方法植根于组织文化

最终，变革浸入到组织的每一个细胞中，包括业务流程、IT 系统、员工行为，这才是文化的转变。也许要持续数年，然而我们相信量变终会引起质变，前述正确的行为最终一定会带来理想的结果。在这数年中，最重要的是最高领导的坚定支持和指导联盟始终如一的连续性政策。

科特变革管理方法完全与企业或组织知识工程实施的完整过程相对应，如图 14-1 所示。我们把知识工程实施分成三个阶段：策划阶段、首期实施阶段、持续实施阶段。

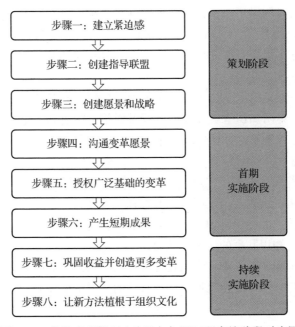

图 14-1 科特变革管理八步法与知识工程实施阶段对应图

14.1.2　知识工程实施的策划

在策划阶段，对于企业或组织来说，最重要的就是下定决心启动实施知识工程；其次要明确实施策略，即确定决策的原则，目的是能够确定先做什么后做什么；最后是制定实施路线图，明确首期实施阶段的具体建设目标、范围、内容，并初步规划一下后续每期实施如何基于首期实施成果巩固并拓展。

基于这些年的实践，我们总结了一些建议，供有兴趣要启动实施知识工程的企业或组织制定策略时参考。

建议一：因地制宜，量体裁衣

建议依据企业或组织的自身特点，构建具有企业特色、符合企业需求的知识工程体系，在其他企业或组织成功的办法并不一定适合本组织，没有一套知识工程体系是放之四海而皆准的。埃森哲认为人才是最宝贵的资产和核心竞争要素，于是设计了知识社区，来实现个人知识的组织化，并将组织智慧充分发挥出来。该企业取得的成就，不仅仅是企业的业绩提升，更是企业内部普遍对于知识促进企业业绩提升的认可。每一家企业的业务不同、痛点不同、需求不同，因此，知识工程的实施必须因地制宜，量体裁衣。

建议二：制定长期战略，并坚持执行

企业或组织实施知识工程，必须制定长期的知识工程战略规划，明确路线图和阶段里程碑，并坚持执行。

2018年笔者曾经为某企业做过知识工程规划，课题成果还获得了企业所在集团的一等奖。当时调研了一些优秀企业的知识工程实施案例并加以对比分析，除了华为其余企业均是MAKE/MIKE奖得主，鉴于华为当前在国内外企业界的地位，将它列入对比相信大家也是没有异议的。如图14-2所示，战略与执行是四家都强调的重要内容。

业界有很多研究知识工程实施的文献中也提到了战略与执行的重要性。如济钢集团的《企业集团知识管理存在的问题及对策》中讲到：企业集团，由于人员构成、组织结构、业务内容复杂，涉及的知识面广泛，开展知识管理的难度更大，其中突出的问题主要表现为：

1）对知识管理认识不足，缺乏高层的支持和必要的资源投入；

2）没有在组织结构、员工配置上确保知识管理有人负责；

3）找不到合适的知识管理切入点和突破口；

4）员工缺乏知识共享的压力和动力；

5）知识管理和业务管理、人力资源管理没有紧密结合；

6）企业信息技术、文化建设对知识管理的支撑不足等。

对比项	内容	埃森哲	华为	中石化	新东方
战略与执行	明确 KE 是企业发展的长期战略，并发布相应的战略规划	★★★	★★★	★★	★★
	企业领导长期坚持执行	★★★	★★	★	★
应用模式	业务场景的知识应用；与业务活动相结合的知识获取、积累、共享		★★★	★	★★★
	社区型知识应用：交流、共享、联系、活动、激励	★★★	★★★	★	★★
	专题型知识应用：汇聚、推送、交流、问答	★	★	★★★	★
知识库建设	按照企业业务特点构建多维知识分类	★★	★★	★★	★
	建立行业化的知识图谱，与知识库关联			★★★	
知识库建设	隐性知识：专家经验、过程知识、案例总结规范化管理	★★★	★★★	★	
	显性知识：集成内外部的多种信息源，构建统一知识库	★	★	★★	★
系统建设	以搜索为主要应用模式，以易用、准确、交互友好为目标	★★★	★★★	★	★
	知识服务：以 API 形式，嵌入其他系统提供搜索、推送			★	★
	知识挖掘：自动采集、知识加工、知识关联与智能推送			★★	
实施策略	局部试点，全面推广	★★★	★★★	★★	
运营保障	专职团队负责运营，制度流程保驾护航	★★★	★★★	★	★★
	知识工程的 KPI 与业务指标挂钩	★★★	★★★		

图 14-2　2018 年四家优秀企业的知识工程实施对比分析

其中第一条就是战略与执行的内容。可见，从知识工程实施的正面经验和反面教训来看，战略与执行都非常关键。特别是对于中国企业，高层领导者的影响力非常大，甚至有企业家说："企业的思维方式、行为习惯、制度流程就是企业家的 DNA 体现"。因此，如果一个组织决定要实施知识工程，必须在战略上明确其定位、方向、策略，并在长期的执行中坚决贯彻到底，否则将会功亏一篑，徒劳无功。

建议三：持续建设知识库，保障知识的生命力

知识工程的一个显著成果就是知识库的内容持续增长，宏观来看就是企业的智力资产体量增加。因此持续建设企业的专业知识库，将内外部相关的信息统一管理，并且保证能够实时更新，为业务绩效的持续提升提供充分的知识内容保障，这是知识工程建设必做的一项任务。

由图 14-2 可知，不同企业的关注点不同，埃森哲和华为特别强调隐性知识的共享和传承，中国石化则非常关注显性知识的汇聚和关联，它们都取得了不错的成绩。因此，只要能够与企业的痛点或发展方向协同，满足企业发展的需求，就选对了方向。

建议四：应用以业务协同为最重要目标

在 2012 年业界曾发布过中国企业实施知识管理面临的主要问题，其中提到了知识管理与业务两张皮是知识管理实施中的一个重要问题，这也是我们提出知识工程概念的出发点，即解决知识与业务的融合应用问题。

中石化将知识服务融入科研项目管理，每个阶段需要查阅什么资料，提交什么成果，通过知识图谱把业务场景、人和知识关联起来，不同的人就能看到不同的东西，实现个性化的知识服务；同时知识库与科研管理系统无缝连接，项目成果和过程知识随时沉淀，并纳入知识库和图谱，共享给组织的其他人员。新东方将知识与人才培养、教学、学习融为一体，这些都是知识与业务协同的好办法。某船舶企业将知识服务融入设计软件，让设计工具能够自动识别用户的背景和设计任务，主动推送需要的设计要点、案例、工艺、图纸、标准等。无论这些资料是从哪个业务活动中产生的，存储在哪里，都是知识与业务的协同。

建议五：系统建设追求极简极易

在知识工程的系统中，针对不同的用户类型应该设计不同的应用，因为这些用户的诉求本来就存在差异。其中不言而喻的功能是对于知识的全生命周期管理，应用此类操作的是知识管理员，他们与系统管理员的共同诉求是：希望能够不断结合新技术，持续提高系统的易用性、兼容性、运维可视化、自动化，并保障知识传播的安全性。而对于业务人员来说，最基本的应用方式是知识搜索，要不断提升搜索性能，帮助用户更快更全更准地找到期望的知识。最理想的方式是在业务活动中，用户不需要做任何多余的操作，就能获取和积累知识，这才是 TRIZ 中讲的最终理想解：功能具备、结构消失。例如上面讲的船舶企业案例，在应用专业化设计工具时，工具能主动识别设计人员的身份和设计任务，理解他想看什么图纸、案例，及时主动地为设计人员推送需要的、准确的知识。这样的自动化、智能化应用背后，起支撑作用的是知识图谱实现的数据广泛互联，以及 IT 团队对于业务场景精细化的设计。

在很多知识工程实施的企业中，经常会听到用户抱怨系统难用，等不及找到内容用户就已经放弃使用了。而新东方对知识好坏的评价标准就是"有人用，好用"，这个朴实且真实的标准，值得每一家知识工程实施的企业学习。

建议六：从局部组织试点，稳步前进和拓展

在一个大型组织中实施知识工程，比较稳妥且有效的策略是从局部组织试点，稳步前进和拓展。在业务范围上，首先从组织的核心业务出发，与业务场景相结

合，以确保整个体系建设的方向始终与业务发展保持一致；在组织范围上从局部开始，从示范应用到全面推广，由点及面稳健地推进组织变革。

而知识工程运营保障措施的建设，采用的实施策略更倾向于从一开始便全面规划，例如建立专职的知识运营组织机构，落实职责与考核；建立配套的管理制度与流程，规范化知识管理与应用。在实施的早期阶段，需要采取特殊的激励措施，用于辅助知识运营的启动和持续发展，只是在应用范围上，实施早期会与业务范围、组织范围保持一致；在后续推广中，业务会发生比较大的变化，涉及组织也会有大的变化，要求知识工程的内容体系、支撑系统也要随这些需求而有较大的变化，而运营保障措施在此时会体现出较强的稳定性和适应性。从四家企业的实施对比分析中可见，埃森哲、华为、中石化都是采用了这样的实施策略，它们都是大型集团企业，实际上对于中小型企业也可以采用同样谨慎的策略。

我们可以看出来，这些建议有一部分与科特的变革管理思想是一致的，例如建议一对应科特第三步，建议六对应科特第六步。

企业或组织定义好策略之后，就可以按照策略来制定更加具体的实施路线，尤其是首期实施的内容和范围，可以基本确定下来；而后面的每期实施，还可以依据首期实施后的效果进行总结和调整，在长期实施知识工程的周期内，有意识地保持这个动态的优化过程是必要的。

某油气集团型企业坚持实施了十年知识工程，其实施路线图如图 14-3 所示。图 14-4 是某船舶制造企业知识工程实施规划图，它在 2021 年启动并完成了首期实施。

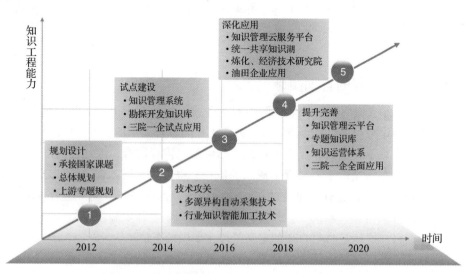

图 14-3　某油气集团型企业知识工程实施的路线图

图 14-4　某船舶制造企业知识工程实施的规划图

我们可以看到，该油气集团型企业知识工程实施显然是个自顶向下的推动过程，正式的规划就将近两年，之后又进行了技术验证，才逐步开展了试点、提升和深化应用，最终从系统的平台化建设逐渐走入各业务单位的具体应用。而船舶企业的规模比这家油气集团企业小得多，因此它有机会在管理和实施上一竿子扎到底。它的首期实施建设期为七个月，并将知识工程系统、知识库和图谱、业务应用全部囊括在内，这个实施效率和建设成果在业界令人吃惊。而且据我们了解的现场状况，企业高层领导对于应用效果相当满意。这个系统的 App 应用还获得了 2021 年度的工业和信息化部全国工业 App 大奖。这是典型的建议一的体现：因地制宜、量体裁衣。

14.1.3　知识工程的首期实施

DAPOSI 方法论用项目的形式推动着企业或组织的知识工程实施，然而在不同的阶段，知识工程项目在实施内容和方法上还是存在差别的。

首期实施对于供应商和业主来说都是新鲜的，需要磨合，因此它的准备工作就更加重要。多数情况下需要有个规划的流程，也许是在商务合同签订之前的售前交流阶段就完成，也许以单独的咨询合同体现，也许是与首期实施合并开展，但它们的内容基本是一致的：内外部调研，形成知识工程实施规划，特别是定义首期实施项目，这就是 DAPOSI 的定义阶段主要做的事情。

外部调研可以采用两种方式，第一种方式是文献分析，了解我国总体知识工程发展情况，其他行业、单位的优秀实践，本行业的知识工程发展与实践情况，从中掌握国家、行业和这个方向的大势，学习行业内外部企业的建设思路、建设内容和实践经验，以汲取精华、规避风险。第二种方式是到其他企业或组织参观交流，亲身感受其建设成果和学习如何解决实施过程中遇到的各种问题。这种方式中，选择好的标杆企业或组织是重要的，找到真正主持其实施工作的核心人员是更加重要的，否则只能了解到皮毛；而且当未来遇到困难的时候，这些先行者的经验和指导也是非常有帮助的。

内部调研的目的是了解业主的知识工程基础，包括知识的管理与应用现状，以及各单位、各级人员对于知识工程的需求和期望，为定义合理的首期实施项目、设计符合业务要求的系统等提供信息输入。内部调研的对象包括管理层和业务层，特别是高层管理者的访谈，能够为整个规划和实施指明方向，并提供资源支持的承诺。在管理层调研之后明确业务范围，继续进行典型业务和信息化基础的调研。

在首期实施项目中，知识工程的建设内容如图 14-5 所示。无论确定的业务范围有多大，各部分框架性的内容都需要在首期实施中建立起来，包括知识体系的框架设计和具体业务的详细设计，知识工程系统的知识全生命周期管理、一站式搜索应用、搜索服务等，以及基本完整的知识运营与保障系统。在后续实施项目中，根据目标业务范围的不同，需要详细设计其对应的知识体系、业务应用模式、运营活动。

知识体系建设

围绕核心业务设计专业知识体系，包括：分类设计、关联设计、模板设计；构建相应的专业知识库和知识图谱。

知识工程系统

实现内外部知识资源的统一汇聚和全生命周期管理，提供通用的应用模式和搜索、推送的知识服务，实现核心业务工具的知识化。

知识运营与保障

设计知识运营与保障方案，建立专兼职团队、制度流程规范、激励机制，开展多种运营活动促进员工积极参与业务知识的应用和积累。

图 14-5　首期实施项目中知识工程的建设内容

将运营保障系统作为知识工程实施的三大内容之一提出来，可能有的读者不以为然。然而实践告诉我们的是：知识工程实施，前半程看内容和系统建设，后半程看运营保障，它的比重至少占一半。所以本节接下来会着重介绍运营保障系统的内容。

1. 保障系统建设

知识工程不是少数人的工作，需要建立全员参与的共享文化，需要建立知识管理运行、考核等相关制度以及激励机制，来保证知识提供者和业务专家的投入时间和专注度，确保知识质量，提高个人和团队对知识贡献和共享的积极性。

　　知识工程首期实施项目需要建立知识工程管理的组织、流程、制度三位一体的保障系统，形成包含相应知识管理、运维职责的组织架构，明确知识采存管用流程，建立管理部门、信息部门、业务部门协作的管理制度，并形成个人、项目团队、部门的考核与激励办法，如图 14-6 所示。

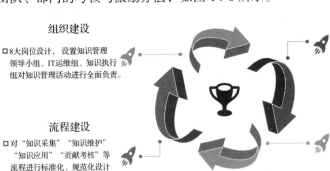

组织建设
□ 8大岗位设计，设置知识管理领导小组、IT运维组、知识执行组对知识管理活动进行全面负责。

制度建设
□ 制定研究院、部门、项目知识三大管理制度、知识应用制度，保障知识管理系统的高效运营。

流程建设
□ 对"知识采集""知识维护""知识应用""贡献考核"等流程进行标准化、规范化设计

考核与激励
□ 从发展激励、精神激励、物质激励进行激励机制设计；设计相对完善的个人、项目、部门三个维度的考核办法

图 14-6　知识工程保障系统图

（1）组织建设

　　遵循客户的组织机构与职能划分，建立适合知识工程的组织体系，包括建立知识工程组织架构、设置与知识活动相关的工作角色和职责范围等。

　　合理的组织机构是成功实施知识工程的必要条件，首期实施主要包括的岗位及职责如下所述。

- 领导组织：即知识工程实施的所在单位最高级组织，要明确其知识管理职能，负责在组织的最高层级做总体规划，从战略层面进行指导监督。
- 知识工程推进组织：落实各级组织的管理职能，保证知识工程的长期和持续建设。
- 知识管理员：专职或兼职岗位，负责本部门的知识工程管理工作，实现知识随业务产生并能够及时收集、整理和提交等。
- 系统管理员：配合建设知识工程系统，如知识采集；支持上线后的系统运行和确保应用。
- 业务专家：提供专家知识，审核员工提交的知识，建议在各业务部门选择在某领域有较丰富工作经验的人员，如业务主管、高级工程师等兼职担当。
- 使用人员：知识的主要贡献者和使用者，范围为组织的全体员工。

首期实施之后，知识工程还要持续实施，它需要的组织架构与首期实施略有不

同，但二者可以通过衔接实现顺利过渡。知识工程持续实施的组织架构如图 14-7
所示，从管理、运营、应用三个角度来设计岗位和职责。首期实施的领导组织和
知识工程推进组织，未来很大可能会转变为知识工程管理组；首期实施的系统管
理员、知识管理员将转变为运营组；而组织的全员都将成为系统的用户，属于知
识工程的应用组。

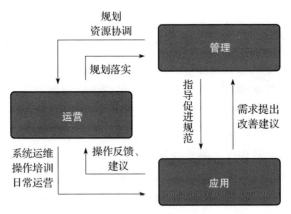

图 14-7　知识工程持续实施的组织架构

（2）制度建设

制定适合本企业或组织的知识工程实施管理细则和规范，并根据具体应用反
馈情况，进行总结和优化。例如：

- 制定知识梳理规范以及各种模板，如知识盘点模板、词库词表模板、分类
  设计模板、关系设计模板等。
- 制定知识评价规范，设计知识绩效体系以识别知识的不同价值。

知识绩效体系可以考虑下述指标：知识共享数量、知识访问数量、使用者驻
留时间、浏览路径分析、使用系统的用户比例等。通过多种评估方法，研究出最
适合客户特点的评估手段，从而对知识工程的效果及热门知识点进行有效评估，
并为知识贡献度的评定提供定量依据。

建议将定量指标和定性指标相结合，建立合理的知识贡献度考核体系，并建
立各种激励制度，为构建知识积累、共享和利用企业文化提供制度保障。

- 制定知识贡献规范，管理个人知识组织化、隐性知识显性化。

（3）流程建设

明确未来企业或组织长期实施知识工程的管理流程，通过知识识别、获取、
共享、复用等过程的规范化、标准化设计和信息化应用，探索最适合企业或组织
本身的管理流程。一般需要包括：

- 组织级知识工程规划流程

依据 PDCA（计划、行动、检查、处理）模型，在组织级规划知识工程的战略和总体推进。通常需要经过正式的评审后发布，并按照阶段进行审核。

- 部门级知识工程计划流程

依据 PDCA 模型，基于组织级规划和本部门的定位与需求，为本部门计划知识工程工作。通常以年度为单位，其计划、过程和成果需要接受组织级知识工程管理组的审核。

- 知识全生命周期管理流程

按照知识的全生命周期活动设计具体的管理流程，一般包括知识创建流程：根据企业或组织的业务、管理需要，个人在工作中创建新知识的过程；知识审核流程：按照知识工程的管理职责定位，相关负责人审核新知识的质量的过程；知识应用流程：在不同的场景中，用户如何使用知识的过程；知识修改流程：用户在应用中发现有问题的知识，发起并完成修改的过程。

通常大多数知识管理操作都是在知识工程系统中完成的，少数环节无法实现IT 化，需要线下操作进行辅助。典型的情况如创建个人涉密知识时，企业或组织更倾向于线下审批通过之后再上传到系统中。

（4）考核与激励

知识工程的考核与激励机制主要包括三个内容。

- 日常激励：每个用户在知识管理系统上的行为都会获得相应的激励积分，例如查阅、下载、共享新知识、回答问题等。
- 主要奖项：按季度或者年度，为突出的个人设置最佳贡献奖、最佳参与奖、最佳知识管理者奖项；为突出的组织设置最佳贡献组织奖、最佳参与组织奖；在有条件的情况下，还可以为这些获奖人员或组织安排旅游、休假或行政嘉奖。
- 发展激励：为优秀的个人提供培训交流机会；为其绩效加分，促使其得到晋升发展的机会；由专家对其贡献进行认可，扩大专业知名度等。

2. 运营系统建设

在知识工程实施中，知识运营是非常重要的内容。《知识＋实践的秘密》中讲到："IT 技术不是知识管理的全部，它是知识管理的支撑，要深度结合业务，通过有效的运营才能构成新东方整个知识管理一体化的体系。"

运营系统与保障系统相比，如果把保障系统看做是静态的，则运营系统是动态的。如果希望知识工程在企业或组织中可持续发展，始终保持活力，保障系统是基本条件，而运营系统是建立在保障系统之上、并让它真正发挥作用的部分，二者相辅相成。

运营的目标是在知识工程系统上线之后，通过增加用户黏性的运营活动，使系统的知识内容不断丰富、用户活跃度持续提升，让越来越多的用户爱用知识。只要有人用，就能够发现新的需求、改进的要求，就会有新的知识产生，整个体系就能步入良性循环，实现"让知识创造价值"的核心目的。

运营系统的内容如图 14-8 所示，该系统从四个角度来解析运营，它们之间是互相关联和支撑的。用户运营以人为中心，目标是想方设法寻找用户，并通过各种方式留住用户，提升用户日常使用知识管理系统的频率；内容运营以内容为中心，目标是持续产生优质的知识；活动运营以各种形式的活动为中心，目标是吸引不同诉求人群的关注；持续优化以数据为中心，目标是通过总结运营过程，借助数据分析得失，促进运营或体系建设的进一步优化。

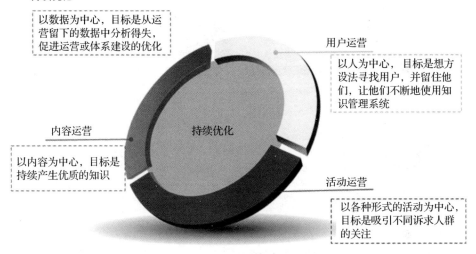

持续优化
以数据为中心，目标是从运营留下的数据中分析得失，促进运营或体系建设的优化

用户运营
以人为中心，目标是想方设法寻找用户，并留住他们，让他们不断地使用知识管理系统

内容运营
以内容为中心，目标是持续产生优质的知识

持续优化

活动运营
以各种形式的活动为中心，目标是吸引不同诉求人群的关注

图 14-8　运营系统的内容

（1）内容运营

不同的业务活动会产生不同的知识，其产生的时机、知识的特点可能千差万别，因此需要为不同的业务设计不同的内容运营方案。例如针对科研的协同研究，运营重在积累团队交流中产生的隐性知识，并依据用户的研究目的推荐相关的知识；而针对企业或组织重点关注的技术领域，可以设置知识专题，将相关内容重新组织，并制定实时更新和通知的功能，让关注此专题的用户能够实时获取最新知识。

内容运营的关键在于积累原创、优质的内容，设置酷炫、吸引力的标题，然后通过各种渠道将内容推广出去。

（2）用户运营

用户运营以人为中心，想方设法寻找用户，并留住他们，让他们不断地使用知识管理系统。用户运营主要有三种：拉新、留存、促活。拉新，即"引流"新用户；留存，即让新用户变成老用户；促活，是让沉默的用户重新活跃起来。

针对不同的用户群体需要设计不同的运营方案，如图14-9所示是某企业的运营系统设计内容。例如针对知识管理员和系统管理员，在保障体系发布时，他们已知个人的职责，这类人群只需要安排培训，他们就会因工作需要而自然成为知识工程系统的用户，而且是稳定的老用户。针对应用功能，例如智能搜索、项目空间、活动空间等，分析哪一些用户最关心这些应用。当应用上线时，就要及时通知他们，并且进行培训，以便他们更好地去使用系统。为此需要设计相应的活动，如新应用上线之前就做出类似精准营销的广告推广，甚至在试上线时可以有偿征集体验者等。

图 14-9　某企业的运营系统设计内容

（3）活动运营

通过各种形式的活动，能够吸引到不同诉求人群的关注，这是知识运营中的一种重要手段。内容运营和用户运营的实施，往往需要设计不同的活动。

针对不同的目标，需要进行有针对性的活动设计。例如在新系统或应用上线之前，策划的活动一定是紧紧围绕这个应用展开的，因此要考虑此应用的特点，目标用户群是谁，在哪里，培训什么，如何培训，有什么激励措施，如何判断应用的效果等。当知识库新增加一类知识内容时，组织相关的知识交流会，不仅能够挖掘出相关的知识专家，而且还能够营造知识共享的氛围，扩大知识管理体系的影响力，达到宣传推广的目的。如图14-10所示是某企业培训学院的一个专题活动的运营设计方案。

该运营活动设计方案具有代表意义，我们可以看到活动运营的步骤是：首先要策划，然后实施，之后分析其效果，以便优化改进。因此在前期预热、中期推广、后期总结中，需要关注其经验教训，这些也是很有价值的隐性知识。

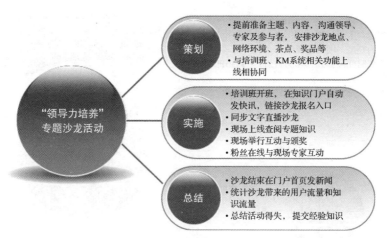

图 14-10　某企业培训学院的专题活动运营设计方案

　　在活动运营中，文案工作很重要，如宣传广告、新闻报道、焦点透视等，既能够宣传，又能够提炼精华内容，再次吸引更多用户关注，达到二次营销的目的。

（4）持续优化

　　在一些运营策划中这也称为"数字化运营"，即从运营留下的数据中分析得失，促进运营或体系建设的优化。

　　在知识工程实施过程中，重点关注的数据包括知识资产量、用户数量、知识被应用量、系统不同应用的点击量、对其他系统知识服务需求的响应量等。不同的组织关注重点不同，不同的知识运营阶段关注重点也不同，因此要分阶段设计持续优化的指标。例如，在知识工程系统上线初期，需要重点关注知识资产增量、用户数，它们体现的是知识工程的扩展范围，而且量胜于质；而在知识工程系统应用一段时间后，就需要重点关注用户留存率、知识被应用量，它们能够体现出系统的内容质量、应用质量对于用户的吸引度。

　　数字化运营对于知识工程实施的精细化管理和持续优化都很重要，需要在实施中融会贯通。例如内容运营需要针对不同业务领域的用户分别开展，需要设计一系列的活动来推动；内容运营、用户运营和活动运营的持续开展，会不断产生相应的运营数据和用户反馈，分析后便可以得到对知识内容、管理系统、保障系统以及运营系统本身的改进建议和方向。如图 14-11 所示是某企业知识工程的数字化运营汇报示例。

　　总而言之，对于知识工程的长期实施来说，运营不停，优化不止。在变革初期，为了取得短期效果以顺利地推动长期建设，我们认为对于它的重要性强调再强调也不为过。

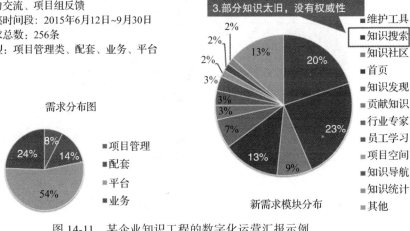

- 需求来源：上线培训、周例会、汇报评审、与客户的交流、项目组反馈
- 需求收集时间段：2015年6月12日~9月30日
- 收集需求总数：256条
- 需求类型：项目管理类、配套、业务、平台

需求分布图

1. 功能的用户体验需提升
2. 知识库中的知识要有独特价值
3. 部分知识太旧，没有权威性

新需求模块分布

图 14-11   某企业知识工程的数字化运营汇报示例

14.2   石油化工领域应用案例：搭建集团统一的知识中心

14.2.1   建设背景

某能源集团公司是一家上中下游一体化、石油石化主业突出、拥有比较完备销售网络、境内外上市的集团企业。主营业务主要分为四大业务板块，即油气勘探开发板块、油气储存运输板块、炼化销售板块、工程建设板块，如图 14-12 所示。

油气勘探开发板块

油气储存运输板块

炼化销售板块

工程建设板块

图 14-12   案例企业的主营业务板块示意图

油气需求持续增长、油气资源丰富、石油科技进步、国家政策支持和"一带一路"倡议等因素为中国油气工业的发展提供了良好的机遇,但原油价格难以回升高位、油气资源品位变差、油气市场主体多元化、环保与气候变化要求提高等因素也给油气工业带来了巨大的挑战。

在此背景下,该公司提出了"建设成为人民满意的世界一流能源化工公司"的战略目标,也对信息化工作提出了新的更高要求:信息化的发展要坚持"十六字方针",即"集中集成、创新提升、共享服务、协同智能"。集中集成,就是坚持以集中部署方式建设全局性的信息系统,实现业务透明、数据共享、集中管控;创新提升,加快云计算、物联网、新一代移动通信等信息技术在勘探开发、物流管理、节能环保等方面的应用,完善和提升"三大平台"功能,促进公司加快发展方式的转变;共享服务,就是通过积极推进建设具有国际水平的共享服务中心,用信息技术为集团化管理下的快速反应、战略决策提供支持,实现资源共享、知识共享、服务共享,支撑公司业务全球化发展;协同智能,就是通过开展智能工厂、智能物流建设,逐步实现生产和服务的智能化,提升资源优化、低碳节能、安全生产管控水平,提高公司科学发展的质量。可见,资源共享、知识共享是公司创新发展的重要工作,也是信息化建设的重要工作。

该公司在信息化发展规划中将知识资产的建设与共享应用作为重点内容进行部署。在"十二五"规划中,重点部署了以下工作:一是全面梳理不同业务板块的知识源,界定管理的知识内容,明确知识采集、组织、管理的流程,完成知识存储、管理架构设计;二是基本完成管理系统的研发,为知识的采集、存储提供支撑手段;三是选择不同板块的科研单位进行试点应用,完善系统功能。

在"十三五"规划中,该公司将知识管理作为经营管理层面的重要建设内容之一进行了专题部署,目标是在勘探开发、炼化生产、科研、工程设计与建设及各职能管理部门全面推进知识管理应用。知识管理是公司的信息化架构中经营管理平台的一部分,它承担了公司所有知识全生命周期管理的职能,并且要为其他的业务系统提供知识服务。因此,知识共享应用是公司推进两化融合,实现增效升级的重要工作,是"十三五"信息化建设的重要任务之一。

在此背景下,2012 年,该公司启动了面向集团范围 104 家企业知识管理现状的在线调研,以及油气勘探开发板块十余家企业的现场调研工作。在对现状和需求进行深入调研与剖析的基础上,完成了知识管理总体规划、上游(以油气勘探开发为核心)专题规划,绘制了知识管理蓝图,并制定了推进路线图。

如图 14-13 所示,该公司知识管理蓝图分为"知"平台和"识"平台两层。

(1)知平台:汇聚内外部已有知识资源,为个人提供个性化知识门户配置、精准化知识服务、便捷化知识贡献工具,服务于知识高效获取与及时沉淀;为组织提供协同工作、共享交流、构筑人脉的空间，服务于知识高效共享交流。

（2）识平台：开发相应的智能知识助手，对已有知识资源进行分析挖掘，实现趋势预测与知识发现；通过业务融合、流程嵌入、系统集成，实现场景感知与智能服务，辅助业务过程中的分析决策。

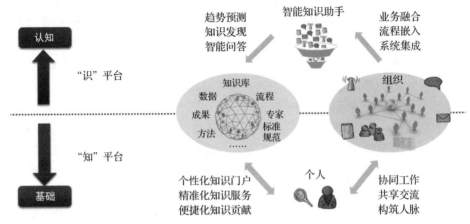

图 14-13   知识管理蓝图示意图

在该蓝图指导下，知识管理体系建设采用总部统筹、分步实施的策略，其推进路线如图 14-14 所示。首先在上游（勘探开发领域）进行试点建设，然后向中游（以炼化为主要业务）、下游拓展（以销售为主要业务），最终实现推广应用。

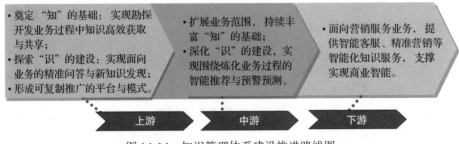

图 14-14   知识管理体系建设推进路线图

试点建设：该公司在上游的试点建设中，要达到三个目标。首先，奠定"知"平台的基础，形成业务知识资源的汇聚，并提供高效的知识获取与共享交流的方式，提高知识资产的使用效率；其次，在知识资源"量"的积累基础上，探索"识"的建设，一方面，在应用模式上更加智能化，解决油田精准、知识获取及时的需求，另一方面，在知识挖掘上，更加深入化，能够在已有"量"的基础上，发现"新知识"；最后，通过试点建设，形成可进行复制推广的平台和模式，为后续在更大范围的推广应用奠定基础。

拓展提升：该公司知识管理体系建设推进的第二阶段为拓展提升阶段，业务范围从上游向中游拓展，知识范围也进一步扩大。同时，深化"识"的建设，在应用模式上，更为主动与智能，实现伴随业务过程的知识推荐；在知识挖掘上，能够融合专家经验发现规律，实现智能推荐与预测预警等应用。

全面推广：该公司知识管理体系建设推进的第三个阶段为全面推广应用阶段。融合大数据、云计算、人工智能等技术，面向营销服务业务，提供智能客服、精准营销等智能化知识服务，支撑实现商业智能。

2013 年，在知识管理规划指导下，该公司选择了勘探开发板块的三个研究院和一个油田公司作为试点，率先开展知识管理体系建设。目前，该公司知识管理体系建设处于拓展提升阶段。其目标为：按照集团公司知识管理整体规划部署，构建知识管理云服务平台，不断提升知识治理、应用服务能力，并建立共享知识库，在勘探开发、炼油、化工、经济技术研究等领域开展示范应用，推动各单位实现知识积累与共享应用，支撑业务创新和提质增效。

14.2.2　建设内容

经过调研，试点单位的知识管理需求主要如下：

（1）了解相关领域研究进展、跟踪研究热点，并从各种数据库、文献库以及外部海量网络资讯中全面、快速地获取相关信息。

（2）要充分利用开发生产产生的海量数据的价值，实现对开发生产问题的及时发现与快速处理。

（3）项目管理系统要重点跟踪项目流程、项目过程及最终成果，实现知识的有效积累与复用。

（4）随着专家退休，大量宝贵经验可能随之丢失，希望做到"人走知识留"。

面向以上需求，该公司开展了知识中心建设，如图 14-15 所示。该知识中心以油气领域业务需求和目标为始终，围绕业务活动的知识需求，实现油气生产数据、科研成果、文献等内外部数据挖掘与知识发现，形成以知识图谱为核心的行业大脑。通过与业务场景的紧密结合，为总部、油田公司、研究院所等业务人员提供智能化服务。

知识中心主要包括业务知识体系、知识库与知识图谱、知识管理平台和配套体系四个方面的建设内容，如图 14-16 所示。

（1）业务知识体系：在油气勘探、开发生产、炼化业务分析的基础上，以业务（如勘探、开发）、对象（如油藏、井）、知识（如成果、案例等）为核心要素，设计梳理知识体系，构建起知识间多维分类与关联关系，如图 14-17 所示。

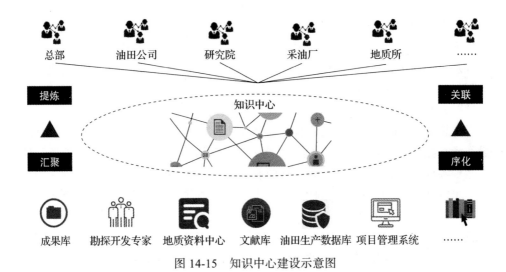

图 14-15 知识中心建设示意图

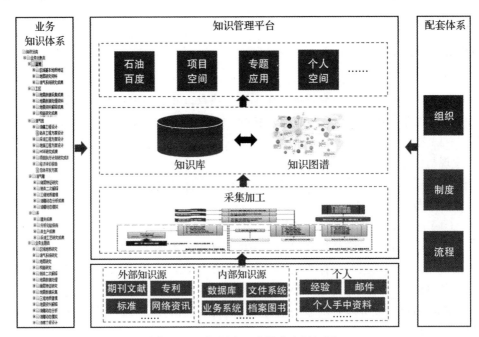

图 14-16 知识中心建设内容框架图

（2）知识库与知识图谱：以知识体系为基础，依托自然语言处理、机器学习等技术对内外部不同来源的文档、数据等进行知识点凝练，形成知识卡片（如表 14-1 所示），从而构建知识间的关联图谱，知识图谱构建路线图如图 14-18 所示。

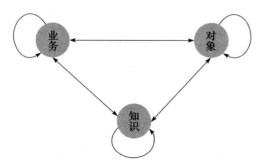

图 14-17 知识体系构成示意图

表 14-1 知识卡片

属性名称	描述
标题	辽河西部凹陷南段沙河街组致密砂岩储层特征分析及优质储层预测
摘要	在辽河西部凹陷南段沙河街组中已发现了致密砂岩气,具有良好的勘探前景。但致密砂岩气属于一种非常规油气,其成藏机理异常复杂,有别于传统的石油地质学原理。有关致密砂岩气的研究,不仅具有理论价值,而且具有实际意义。本项目从研究致密砂岩的微观特征和成岩作用入手,探讨致密砂岩的形成机理,划分成岩阶段,研究区域成岩规律及其对物性和含油气性的影响。应用成岩作用数值模拟技术,进行成岩场分析,在平面上更精确地预测了致密砂岩所处的成岩阶段和成岩相的展布,结合沉积相的研究成果,预测了优质储层的分布
关键词	西部凹陷南段,致密砂岩,成岩模拟,优质储层预测,孔隙度演化史模拟
研究任务	（1）辽河西部凹陷南段沙河街组致密砂岩储层的微观特征研究,包括岩性、孔隙类型、孔隙结构、物性特征及其影响因素; （2）致密砂岩异常高孔带纵向分布特征与形成机理研究; （3）成岩作用研究,成岩阶段划分,研究成岩规律; （4）建立成岩场分析模型,建立区域成岩格架; （5）定量研究沉积相和成岩作用对储层物性的影响; （6）恢复成岩史和孔隙度演化史,确定储层致密化的具体时间; （7）预测致密砂岩优质储层的分布和有利的勘探区域
主要成果	（1）辽河西部凹陷南段地温梯度在 $2.5 \sim 3.28℃/100m$ 之间,在纵向上呈三段式,平面上凹陷区地温梯度较低,隆起区地温梯度较高,地温梯度的高低主要受区域构造和地下水的活动控制。地下水活跃的区域和层段地温梯度较低,在致密砂岩发育层段,岩石热导率较高,地温梯度较低。 （2）致密砂岩储层发育异常低压,异常低压顶界深度与基底埋深呈正相关,其成因主要为"水冷减压"、抬升剥蚀、天然气扩散、储层致密岩石骨架承受过剩的地应力
创新点	
成果报告分类	最终成果
所属的项目	辽河坳陷致密砂岩气藏高效勘探开发示范工程
报告编写人	×××

（续）

属性名称	描述
研究对象	沙河街组
知识分类	储层研究
术语标签	

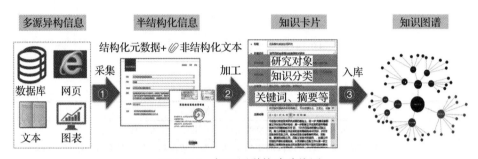

图 14-18   知识图谱构建路线图

（3）知识管理平台：通过融合大数据、云计算、移动应用、人工智能等技术，形成覆盖知识采—存—管—用全生命周期的知识管理平台，支撑伴随业务过程的知识共享、交流与沉淀，平台界面如图 14-19 所示。

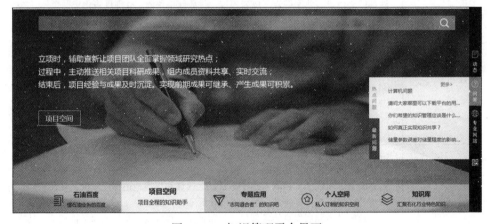

图 14-19   知识管理平台界面

在本案例中，从用户知识应用的场景看，形成了三大知识应用模式，即项目型、专题型和个人型，并通过 App 商店支撑上述三种应用模式。从知识管理平台提供功能的方式看，除了 App 快速应用模式外，知识管理平台同时提供组件服务嵌入业务系统应用，以及平台应用模式，如图 14-20 所示。

下面介绍几种典型的 App 应用。

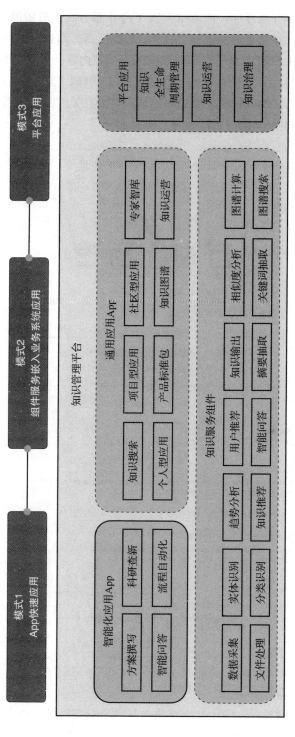

图 14-20　知识管理平台应用模式

a）知识搜索/石油百度：该 App 实现了内外部不同来源知识的一站式获取，消除了信息孤岛；而且能够提供基于语义的智能搜索，即识别用户搜索词句中的业务内容，理解用户搜索意图，全面准确匹配知识内容，提供更好的搜索体验，让用户拥有更懂自己、更懂业务的"内部百度"。例如"库车凹陷"是"塔里木盆地"的构造之一，所以搜索"塔里木盆地"时，有关"库车凹陷"的内容也会搜索出来，如图 14-21 和图 14-22 所示。

图 14-21　石油百度界面图

图 14-22　石油百度搜索结果示例

b）智能问答：通过问答的形式，对科研及油田、炼化现场生产人员获取信息、掌握异常情况、寻求原因和解决方案等知识需求，直接给出答案，如图 14-23 所示。

图 14-23 智能问答界面示意图

c）项目空间：立项时，App 向业务人员推送项目流程、规范、模板以供参考，如图 14-24 所示为该公司为某业务建立的产品标准包界面图，其中包括完成这个业务活动的标准、模板、流程、案例等知识；项目开展过程中，App 能够将前期类似项目的阶段性成果一键推送，供项目成员随时参阅，如图 14-25 所示；还能提供团队成员实时交流的空间，交流的内容也都有记录；项目结束后，App 能够将所有的过程资料、项目经验、最终成果及时提炼沉淀，纳入知识库和知识图谱，使得公司的知识资产得以积累和持续增值。

d）知识社区：基于专题进行相关知识的灵活组织，促进虚拟团队的互动交流，实现面向问题、专业技术、业务方向的知识汇聚与共享，全面感知领域热点与动态，实现全集团公司领域人才的学习交流，促进专业能力提升。如图 14-26 所示为该公司的知识管理系统的知识社区专题空间首页界面图，图 14-27 是某专题界面图。

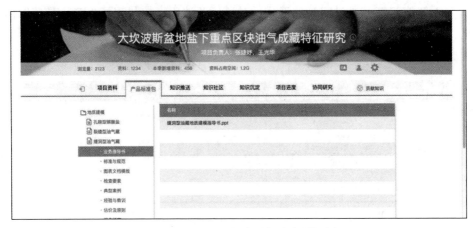

图 14-24　项目空间产品标准包界面图

图 14-25　项目空间知识推送界面图

e）个人空间：实现用户个人关注的专题、知识类型最新动态的及时获取与学习；实现"我"与其他用户的知识分享，互帮互助；实现基于网络的专家快速查询与问题请教，促进经验传承。如图 14-28 所示为个人空间界面示意图。

f）方案辅助编写：辅助典型科研方案的编写，在指定主题的情况下，基于大数据及机器学习等技术按模板自动进行组稿形成可供编辑的初稿；同时，编辑过程中，基于知识推荐技术自动推送相关内容供用户快速引用，辅助进行方案编写。方案辅助编写 App 界面如图 14-29 所示。

g）热点与趋势分析：依托知识库中的专利、文献等各类内容，对用户所关心的领域进行行业热点或新颖性分析。针对具体热点分析其在时间维度的发展趋势，在科研立项、确立研究课题等科研活动过程中为用户提供辅助决策。热点与趋势分析 App 界面如图 14-30 所示。

图 14-26　知识社区专题空间首页界面图

图 14-27　某专题界面图

图 14-28   个人空间界面示意图[一]

图 14-29   方案辅助编写 App 界面

图 14-30   热点与趋势分析 App 界面

─   图片来源：该单位知识工程项目原型设计图

　　h）经济研究分析：以能源资源、能源供应、能源价格等结构化数据为基础，自动采集外部机构发布的能源研究报告和能源规划政策等非结构化数据；结合研究人员常用的方法模型，对各种能源的供需和中长期发展进行分析，实现多来源、多年度、多单位的数据调用；提供油气贸易进出口流向图等复杂数据的可视化展示。经济研究分析 App 界面如图 14-31 所示。

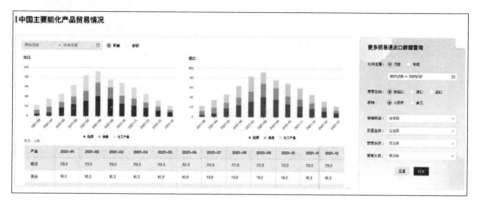

图 14-31　经济研究分析 App 界面

　　i）专家智库：汇聚了石化勘探开发、石油炼化、经济研究等领域专家资源，能够基于用户画像和专家网络自动推荐相关专家，一键可达，及时请教。专家智库 App 界面如图 14-32 所示。

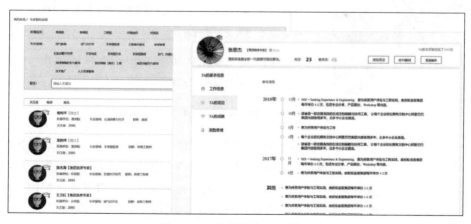

图 14-32　专家智库 App 界面

　　（4）配套体系：通过配套体系建设明确知识运营组织、制度、流程，形成利于知识共享的文化，为知识资产持续保值增值提供支撑。

　　该公司在开展知识工程体系建设与推广应用的过程中，总公司以及各试点单位领导非常重视，并给予了很大的支持，形成了知识运营的组织、制度、流程，策划并开展了丰富的知识运营活动，这也是该公司知识共建共享取得良好成效的原因之一。例如"我的平台我做主，知识管理系统 LOGO 征集活动""知识舞台不做隐形人——个人信息完善活动""专题建设评比活动"等，有效地调动了业务人员的积极性，营造了知识共享的氛围。

2018 年，该公司在最具创新力知识型组织（MIKE）大奖评比中，获得了中国区卓越大奖，以及最佳知识运营专项奖，2019 年代表中国角逐并最终获得全球大奖，也是国内能源企业唯一获得过该奖项的企业。

14.2.3　建设成效

该公司的知识工程实施的主要建设成果包括五项。

（1）知识体系：知识体系实现了油田勘探开发业务的全覆盖，包括 1000 多个业务活动，奠定了全生命周期统一管理的基础，能够有效支撑伴随业务过程的知识组织和应用。知识体系成果示意图如图 14-33 所示。

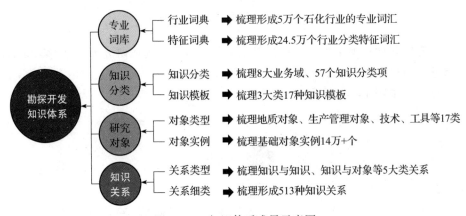

图 14-33　知识体系成果示意图

（2）知识管理平台：融合大数据、云计算、移动应用等技术，打造知识管理平台，实现知识全生命周期管理。根据集团公司信息化管理要求，知识管理平台需要与公司工业互联网平台进行融合，形成组件化、模块化、微服务化架构。如图 14-34 所示为平台形成的十余个知识服务组件示意图。

（3）知识图谱：在试点项目内外部近 60 个知识源基础上，目前正在进一步扩展知识源，最终将构建亿级节点的行业知识图谱；经过细粒度加工，构建千万量级的专业知识图谱，涵盖物化探、井筒工程、油气开发生产等 8 大业务域。知识图谱示意图如图 14-35 所示。

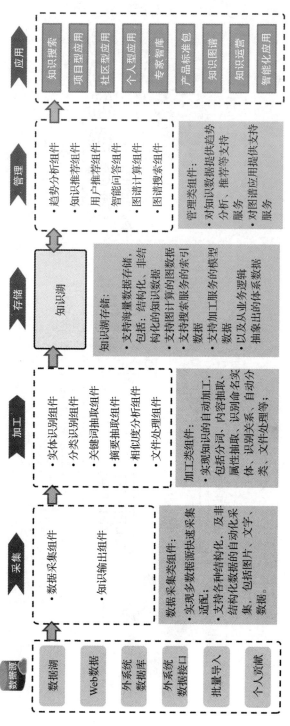

图 14-34　知识服务组件示意图

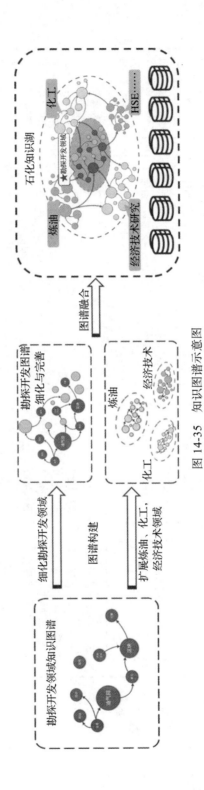

图 14-35   知识图谱示意图

（4）知识库：梳理入库 867 名领域专家，建设形成石化上游专家资源库，涵盖了 22 个专业领域，关联了各领域业务专家的基本信息、主持或参与过的项目、发表过的论文 / 专著、主要成果 / 学术成就等。专家领域分布示意图如图 14-36 所示。

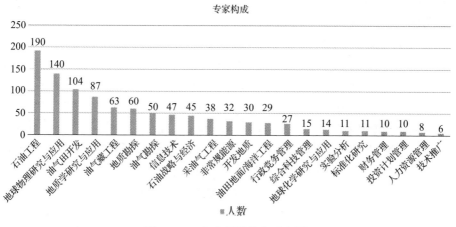

图 14-36　专家领域分布示意图

（5）配套体系：设计形成包含八大组织、五大流程、三大制度的知识管理运行的配套保障机制和运营体系，并与平台功能有机结合，有效促进知识共建共享。

通过推广应用，已有近万名业务人员、数千个项目、800 多名专家在知识管理平台汇聚与分享，对业务效率与个人能力提升起到了积极推动作用。实施效果可从以下几个方面来看：

- 科研人员有更多时间用于攻关：通过知识资源一站式获取，大大节省了资料收集与归档时间，科研时间分配从 80%（收集）+20%（攻关）转变为 30%（收集）+70%（攻关），极大提高了科研效率。
- 新员工更快进入工作状态：通过标准包学习，节省新员工培训时间，指导其流程化、规范化开展相关工作，帮助新员工更快胜任岗位工作。
- 专家经验传承效率更高：通过科研过程中知识的及时积累和沉淀，以及基于专家网络迅速获取相关知识，实现隐性知识显性化，显著降低知识流失率。

14.3　船舶领域应用案例：设计场景智能感知、主动推送

14.3.1　建设背景

某船舶设计建造公司是业内最具规模化、现代化、专业化和影响力的造船企业之一。该公司主要经营范围覆盖民用船舶、海洋工程、船用配套等领域，在大型邮轮、好望角型散货船、大中型原油船、超大型集装箱船、超大型液化气船、海上浮式生产

储油船、半潜式／自升式钻井平台等船海产品领域的设计建造能力突出。2019 年，根据中国船舶集团的统一部署，该公司全面开展国内首制大型邮轮的设计和建造工作。

2019 年 10 月，我国首艘国产大型邮轮在该公司正式开工点火钢板切割，标志着中国船舶工业正式跨入大型邮轮建造新时代。大型邮轮被誉为造船业"皇冠上的明珠"，和液化天然气（LNG）船、大型航母并称为世界三大最难建造的船舶。其设计建造是一项极为庞大复杂的系统工程，此前国内没有先例。大型邮轮有 2500 万个零部件，尺寸、排水量等均超过航母，设计建造涉及上千种专业知识，每种专业知识都浩如烟海。当知识海洋汇聚成知识汪洋，对知识的准确查询、有效利用成为了一项巨大挑战。与此同时，大型邮轮在工时、零件数、吨位等方面比其他产品要复杂数倍或数十倍，其设计模式、建造工艺具有跨专业、跨阶段、跨组织、跨地域、多学科知识融合等特点。在设计建造过程中各专业间的设计变更需要及时协同解决，各设计阶段的数据与知识需要进行协同交互，不同地域的船东船级社、分包商、供应商需要进行协同沟通，各专业的建造工艺需要在邮轮设计建造过程中协同制定。

如何将国外大型邮轮设计建造经验进行更好地引进、消化、吸收和再创新？如何实现协同知识共享应用，提高设计效率与质量？如何基于 20 年积累，以知识驱动公司业务改善和决策，迈向智能制造？该公司领导决定启动知识工程体系建设，认为这是中船集团一号工程"豪华邮轮建造项目"与培养新员工的必然要求，并为后续豪华邮轮的独立建造与国产化打下基础，也是公司推动数字化转型的重要手段。

2020 年 10 月，该公司开展了涉及 9 个业务部门的业务痛点、知识管理与应用需求等的调研工作。调研发现，该公司业务需求主要源于豪华邮轮建造中的风险未知和不可控，希望借助知识工程建设规范化学习新船建造的知识体系，并借助其 20 年的造船经验和知识减少风险。

大型邮轮设计的主要问题和知识共享应用的痛点如图 14-37 所示，主要内容如下所述。

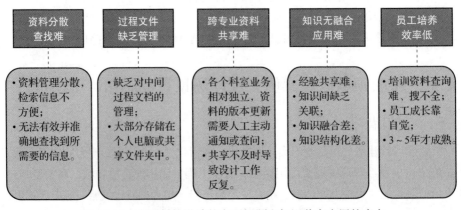

图 14-37   大型邮轮设计的主要问题和知识共享应用的痛点

（1）资料分散查找难：设计过程中涉及多个业务系统，但资料管理分散，检索信息不方便，无法有效并准确地查找到所需要的信息。

（2）过程文件缺乏管理：目前图纸、模型等文件都是对结果的管理，缺乏对中间过程文档的管理，中间过程文档大部分存储在个人电脑或共享文件夹中。

（3）跨专业资料共享难：各个科室业务相对独立，产生的过程资料大多是通过共享文件夹进行管理，每次资料的版本更新，相关设计工作的人员都需要主动去查、去问，共享不及时导致设计工作反复。

（4）知识无融合应用难：一是经验共享难，对于相关的质量案例，涉及的相关设计图纸、标准等大多是靠个人主动去查，不易共享和参考使用，重复犯错现象存在；二是知识间缺乏关联，大多数文件都是独立存在，无相关性，文件的组织按照工作包或者产品分解结构，彼此间无关联，检索方式唯一，无法快速、自由查阅；三是知识融合差，设计的检查单来源太多，检查的过程也不尽相同，未将检查单条目与设计活动融合关联，可操作性差；四是知识结构化差，对于新人而言有些资料太多、太厚，未将关键条目整合、结构化、卡片化，查阅效率低。

（5）员工培养效率低：虽有完善的员工培养手册，但对于培训资料依然存在查询难、搜不全的情况，新员工的成长主要靠自己主动学习历史经验，一般从上岗到技术成熟需要 3 ～ 5 年，培养效率偏低。

该公司按照理念宣贯、业务调研、蓝图设计与路径规划、分步实施的策略进行知识工程体系建设，各阶段实施内容如图 14-38 所示。目前已初步完成局部试点。

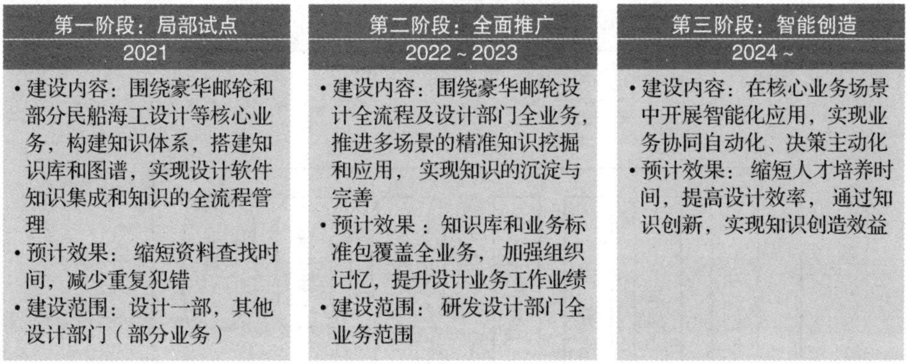

图 14-38　知识工程体系建设各阶段实施内容

14.3.2　建设内容

局部试点阶段主要面向豪华邮轮和部分民船海工设计等核心业务，旨在通过知识体系设计、知识库和知识图谱构建，以及与设计软件等业务系统的集成与智能知识供给，促进公司的设计、传承生产知识经验、提升业务效率与质量、减少设计变更、缩短建造周期，从而提升运营效率，如图 14-39 所示。

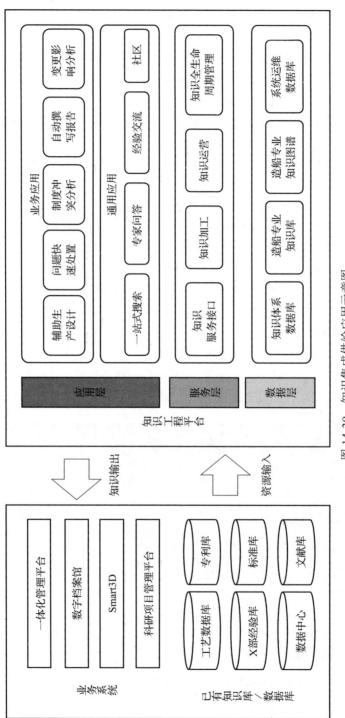

图 14-39 知识集成供给应用示意图

　　该公司形成了比较有特色的嵌入式服务的知识应用方式，即知识管理系统提供知识服务接口，通过嵌入各业务系统，实现在业务系统的流程和界面上的知识交互，如主动推送当前活动所需要的知识、提交的成果自动转化为知识入库等。

　　在业务环境中实现知识的主动推送，即协同应用，其目的是在船舶设计过程中进行知识的自动推送和智能化推荐，让合适的知识在合适的时间和场合出现在需要它的人面前。以 Smart3D 为例，该设计软件能够在不同设计活动中，根据不同的人员、不同的业务场景推送相应的知识，实现设计前指导、设计中提醒、设计后核查。Smart3D 是近 20 年来较先进的海洋资产和船舶设计软件，也是新一代数据中心规则驱动型解决方案，能在保护现有数据并提高现有数据的可用性和再用性的同时简化海洋资产的设计流程，是目前邮轮设计领域常用的备选三维建模设计软件之一。

　　在嵌入设计软件的智能推送场景中，合适的知识内容包括设计要点，校审检查点，要遵循的标准规范，可参照的设计惯例、工艺和相关图纸，可能出现的常见问题，曾出现过的质量案例等；合适的时间和场合信息包括当前任务的背景信息（包括船东、船型船号、项目信息、设备信息）、所处的设计阶段（如详细设计、生产设计等设计阶段）、专业（结构设计、机装、电装、船装等各个专业）、具体设计任务（以船装设计为例，有甲装、管系等不同的设计任务）、设计区域（包括艏部、艉部、机舱等）。

　　以船装设计室的设计人员在 Smart3D 设计软件中进行艉部管系详细设计为例。图 14-40 是 Smart3D 设计软件中设计人员的工作面板示意图，Smart3D 界面中会有一个知识服务的提示菜单，例如图 14-40 左上角的白色灯泡提醒图标。

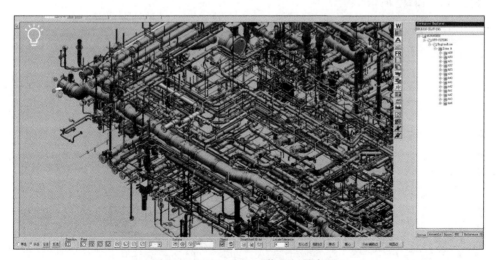

图 14-40　Smart3D 工作面板示意图 1

　　设计人员在设计过程中可以随时点击该白色灯泡提醒图标以展示和查看知识服务推送的内容，如图 14-41 所示。推送内容以悬浮面板方式呈现在工作面板上，设计人员可以查看其中的任意一条或者选择隐藏该面板。

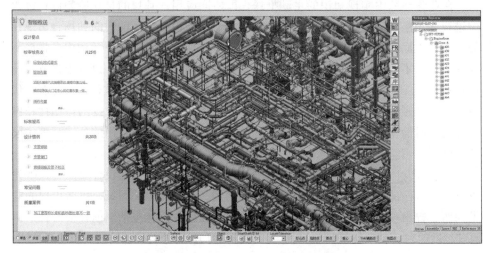

图 14-41　Smart3D 工作面板示意图 2

　　智能推送的内容，如前述所说，是与当前的设计背景和设计任务相匹配的设计要点，校审检查点，要遵循的标准规范，可参照的设计惯例、工艺和相关图纸，可能出现的常见问题，曾出现过的质量案例等内容。智能推送中的每一块内容都可以展开详细清单，以设计惯例为例，可以选择其中的"支管坡口"查看具体内容，如图 14-42 所示。

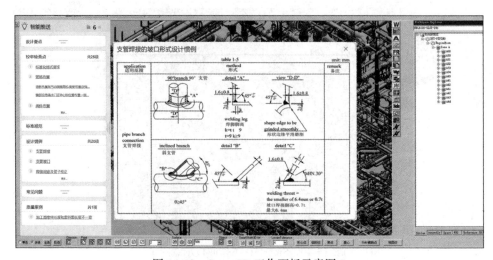

图 14-42　Smart3D 工作面板示意图 3

14.3.3 建设成效

1. 业务赋能

重点解决船舶设计中各种信息资源无关联、不全面的问题。基于该公司已有的数据资源，建成统一的知识管理系统，构建船舶设计、制造专业的知识库和知识图谱，支撑知识全生命周期管理、通用知识应用（如一站式搜索和共享交流）和 Smart3D 的知识融合应用，实现显性资源与经验知识的统一管理，缩短 80% 查找资料时间，促进人员成长，减少重复犯错。

2. 业务优化

重点解决业务知识不全面问题，实现内外部知识的全面汇聚、提炼和融合，支撑业务活动中知识的自动获取、无痕积累、精准问答、查新和检核，显著提升业务运行效率。

3. 业务创新

重点解决业务模式、规律不清楚的问题。融合智能化技术持续提升知识加工与服务能力，挖掘业务智能化的模式与规律，实现业务活动的自动适应和优化，如需求规格书自动审核、变更影响自动分析、设计成果自动审核、预知性维修等，全面促成业务模式创新。

14.4 航空领域应用案例：伴随业务流程的封装式知识包

14.4.1 建设背景

某飞机设计研究院是集歼击轰炸机、民用飞机、运输机和特种飞机等设计研究于一体的大中型军民用飞机设计研究院。在历史发展过程中，该研究院先后成功研制了我国第一代支线客机、第一架空中预警机、第一架大型喷气客机、第一代歼击轰炸机、中国第一架轻型公务机等十多种军民用飞机，为国防建设和民用飞机发展做出了重大贡献。

在我国航空工业快速发展的大好形势下，该研究院同时也面临着新的挑战，承担着多项国家重点型号的飞机研制任务。高精尖产品的研制任务对该院研发设计队伍提出了更高的要求。

在新时期新挑战下，该院也遇到了新问题，在人员更替过程中，设计队伍逐渐呈现年轻化趋势，随着老一批技术专家的退休，新一代技术人员需要承担起技术骨干和工作主力的角色。但是，年轻人无法顺利上手顶尖的研发项目，"有样子的活会干，没样子的活不会干"，这种情况普遍存在。

在此背景下，该研究院进行了知识工程体系建设。

在现状调研基础上，该院知识工程体系建设以"高效、规范、融合、积累、创新"为总体目标，以"能力上台阶、系统上台阶、管理上台阶"为具体目标，如图 14-43、图 14-44 所示。

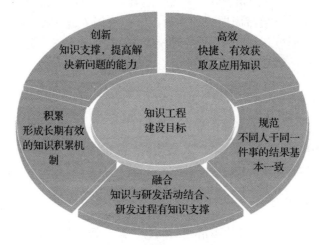

图 14-43　知识工程体系建设的总体目标

图 14-44　知识工程体系建设的具体目标

高效：即实现快捷、有效的知识获取及应用；

规范：即通过知识共享实现不同人干同一件事的结果基本一致，规定动作不走样；

融合：即实现知识与研发活动的深度融合，实现对研发活动的有力支撑；

积累：即形成长期有效的知识积累机制；

创新：即实现知识驱动的创新，提高员工和组织解决新问题的能力。

14.4.2　建设内容

基于以上目标，该研究院知识工程体系建设内容包括知识聚集、知识关联、知识应用和知识创新四大部分，如图 14-45 所示。

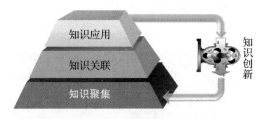

图 14-45　知识工程体系建设内容

1. 知识聚集

如图 14-46 所示，知识聚集围绕研发设计任务的知识需求，盘点该院知识资源，主要包括人才、流程工具及科研资料三类。按照模板采集、结构化转换、系统集成、工具算法封装等方式进行聚集，并将研发知识进行分类，建立工具、数据、参考、标准、经验、专家等六大类知识库，再按照专业、所属研发阶段等进行辅助分类，形成多维分类体系，最终实现知识的统一存储和分类管理。

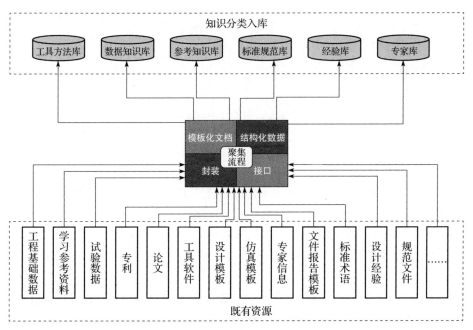

图 14-46　知识聚集示意图

2. 知识关联

如图 14-47 所示，知识关联通过选取试点工作项目，深入梳理其关联知识（包括工具方法、数据、参考知识、标准规范、经验等）、输入、输出、约束等，在平台中实现业务梳理功能及知识自动与手动关联功能，在使用中不断扩展、深化关联应用的范围和准确性。

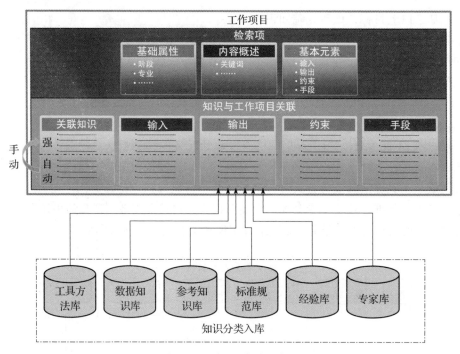

图 14-47   知识关联示意图

3. 知识应用

将业务需求进一步落地到具体平台的系统需求，进行平台本地化开发，最终提供包含 96 项子功能的知识工程平台，可提供知识基础应用和高级应用。基础应用以知识地图、专家地图与问答、知识搜索为主，同时根据需求开发利于员工学习和成长的个性化功能；高级应用即知识推送，可结合业务活动进行知识包推送。

其中，知识包是该案例的一个特色建设内容，如图 14-48 所示。知识包是按照工作的 WBS 分解，将研发设计业务划分为不同的子阶段、子任务，明确单个业务活动的输入、输出、资源、约束，以及需要的伴随知识。

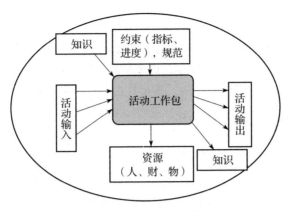

图 14-48　知识包示意图

该研究所初步梳理了 420 余个 WBS 工作单元，深度梳理了知识包 100 余个，建设 WBS 工作单元关联各类"知识"约 1500 余条。通过知识包封装，实现与 CATIA（Computer Aided Tri-dimensional Interactive Application，计算机辅助三维交互应用）产品的融合应用。模块化的 CATIA 系列产品能够提供产品的风格和外型设计、机械设计、设备与系统工程、管理数字样机、机械加工、分析和模拟，使企业能够重用产品设计知识，缩短开发周期。CATIA 解决方案加快了企业对市场需求的反应，是目前最常用的产品开发系统。在该应用中，业务人员可以查看与自身任务相关的知识内容，如图 14-49 所示。

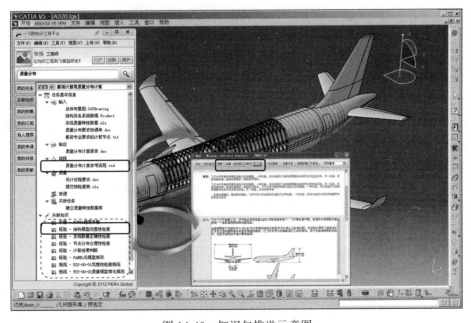

图 14-49　知识包推送示意图

4.知识创新

该实践的另一个特色就是引入了计算机辅助创新平台，与知识工程平台进行集成，应用国际先进创新方法 TRIZ，借鉴企业内外部各类知识成果，实现知识创新；同时，及时沉淀汇聚创新成果，进一步支撑研发设计任务。

14.4.3 建设成效

1.流程可视化，加速员工成长

设置流程可视化看板，员工通过该看板可了解工作全貌，并可通过关联知识进行流程节点的知识学习；设置学习频道，以项目为中心，由指导人与学员互动交流，帮助新员工快速成长。

2.基于方法引导的高效创新

飞机等复杂产品研发过程中常会面临新的问题和挑战，该项目中将创新方法 TRIZ 与知识工程实现融合，形成了方法与知识驱动的高效创新模式。同时，创新的成果又进一步在知识工程平台进行沉淀积累，为后续共享复用奠定基础。该院将知识积累与创新进行融合，形成完整闭环，为可持续发展奠定了基础。

3.知识与任务融合形成的知识包服务

该院在业务流程梳理的基础上，设计了"活动工作包"，并将该业务活动需要的知识与活动工作包结合形成"知识包"，在知识工程平台以及业务系统中通过推送、封装等形式实现多种知识包服务，提高了知识应用的效率。

通过知识工程平台的实施，该研究所受益颇丰。如已入库资料的查阅时间缩短为原来的1/6，对于有模板的工作，工作效率提升了五倍，工作报告撰写时间缩短了2/3，人员上岗和转岗时间缩短了1/3，返工率降低了1/3，工作标准化程度显著提升。该院的知识工程项目取得的成果也受到了国家、地方以及集团的肯定，先后获得了以下奖励：

（1）第十九届全国企业管理现代化创新成果二等奖（国家级）。

（2）军工企业管理创新成果二等奖（国家级）。

（3）首届陕西省航空学会管理创新成果二等奖（省级）。

（4）中航工业西北片区第四届管理创新成果一等奖（省级）。

（5）集团公司第四届管理创新成果一等奖（集团级）。

14.5 汽车领域应用案例：KBE 实现知识高效复用

14.5.1 建设背景

某汽车有限公司是中国汽车工业的重要领军企业之一。该公司坚持以"客户为中心、以市场为导向"的经营理念，不断打造优质的产品和服务，目前已拥有三十多个系列的产品阵容，覆盖了从高端豪华车到经济型轿车各梯度市场，以及MPV、SUV、混合动力和电动车等细分市场。

在该公司，对于知识的沉淀与共享应用更多的是部门行为，如共享盘、研讨会等，是其最初的知识管理行为。随着时间的推移，由于各部门知识沉淀缺乏有力推进和统筹规划，且部门间知识共享程度差，因此在 2013 年年初该公司成立了以人力资源部为总牵头、各业务部门参与的知识管理工作推进组，从而有效地在全公司推进知识管理工作。

知识管理的目标，是在公司战略高度对公司的资源进行规划、梳理、整合和管理，包括 5 个内容：1）知识沉淀平台，传承公司优质的知识资产，不断开创新知识资产；2）知识共享平台，建立部门之间知识共享的平台，推进公司的知识共享和融合，建立长效机制，激励员工内部分享知识；3）专家协助平台，公司专家的统一管理协助；4）员工互助平台，不同业务线员工的有效协同，非体系化知识的有效沉淀和共享；5）管理推进机制，通过项目逐步建立相对稳定有效的管理推进机制。

14.5.2 建设内容

在推进路线上，该公司同样采用了先试点再推广的方式，试点项目的建设范围是整合大制造、产品工程、采购的三方需求，分步实施，建立公司级的知识管理系统。试点项目于 2014 年启动，2015 年交付，完成了现状调研及分析评估、知识体系梳理及配套管理机制、电子化、数字化方案规划设计、后期推广策划和系统应用，并按照规划完成了试点应用。

之后该公司持续推进知识管理建设，形成了聚焦业务、以人为本的长业务链模式的知识管理特色。如面向研发体系，传播新知识、新技术，使隐性知识显性化、显性知识价值化；面向项目管理，实现阶段性成果自动归档、沉淀大数据，为智能化项目管理奠定基础；面向经销商售后，通过售后技术智能信息库、Servicenow 系统盘活经验与知识；面向供应链，提升知识管理的规范性，提高跨功能块横向交流效率。

在推进过程中，该公司的知识应用与业务结合程度也愈发紧密，并通过基于知识工程的（Knowledge Based Engineering，KBE）理念和方法，面向整车设计开发自动化工具并进行应用。

整车制造工程的核心业务是根据产品设计输入及生产制造需求完成新产品同步工程、制造工艺开发、工艺验证、生产线工装设备规划实施和新产品生产启动。全生命周期产品数字化模型及生产线制造资源数字化模型为产品和工艺开发提供了虚拟验证的手段。经过对产品开发过程多轮仿真优化，最大程度地减少了对实物验证的依赖，大大缩短了开发周期。但产品本身数字化建模分析的过程中仍存在需要花费大量时间的人机交互活动，如三维数模中的特征提取、参数设定、尺寸测量、规则判断、结果输出等。

该公司在知识工程实践中，尝试对建模分析过程中需要人机交互的子环节进行拆解，把其中可以标准化的流程步骤、逻辑判断和运算方法抽象提取出来，再通过特定的编程开发语言对原有三维数字化系统进行二次开发，形成基于知识工程的 CAX（计算机辅助 X）相关系统工具。研发人员只需使用该插件即可由系统自动完成一系列的分析过程，直接输出定义好的分析结果，从而进一步提高研发工作效率。

知识工程体系下的业务活动架构图如图 14-50 所示，以分析业务流程为起点，从任务单元出发，逐步梳理每个节点的任务描述、角色分工、输入/输出、作业指导、规范准则、检验标准、参考模板、经验教训等，建立与完成此任务关联的任务节点知识库。

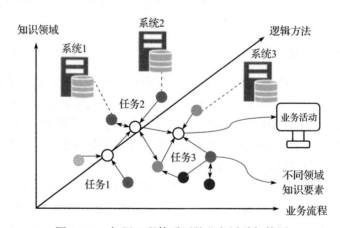

图 14-50　知识工程体系下的业务活动架构图

在建立任务节点知识库后，任务单元进一步从信息系统需求分析的角度定义每一项任务输入、输出的数据属性、数据结构、数据关联以及执行此任务的判断逻辑、算法模型，从而开发出对应每一项任务所需的 IT 支持系统或自动化工具。各类知识以业务流程中的细化任务节点为载体并以软件、工具进行逻辑、算法封装，工程技术人员在各项业务活动中可以方便地获取并利用所需知识，从而大大提升工作效率和交付物的质量。

当工程研发人员需要启动产品同步工程工作任务时，他可以在一个工作任务系统中得到产品可制造性评估相关的完整制造要求知识库，包含装配顺序要求、尺寸定位要求、焊接可达性要求、板材成型性要求等原来分散在多个专业领域知识文档中的知识内容，而不需要去多个文档知识库中逐一查找。

14.5.3　建设成效

通过一站式知识获取，以及自动化工具的开发，该公司研发设计效率得到了很大的提升。目前，已经完成了 265 项自动化研发工具的开发。如在冲压工艺产品同步工程流程中评估车身外覆盖件（以前盖为例）特征线上的圆角大小，以判断工艺实现可行性。传统的方法是靠工程师目视识别数模中的特征分界点，并使用 UG（Unigraphics NX）软件命令在分界点处测量弧长和夹角，手工记录测量结果并输入报告，根据工艺准则判断并在报告中标识红（特殊工艺）、黄（过渡）、绿（常规工艺）状态；而该公司通过使用 Visual Studio 编程语言开发的棱线连接、棱线和圆弧面的匹配、曲面识别、求交线、求交点、符合性判断、输出报告设置等标准函数来实现 KBE 插件的自动识别，使用 KBE 插件后的每个零件的识别过程从原来的平均 45 分钟缩短到 5 分钟，使工作效率得到了大大提升。

展望

基于工业本身所积累的数据和信息，实现工业技术的软件化是工业技术的常规软件化过程。本质上，它通过不断地反馈和优化物质体系所生产的准确数据，建立更准确的工业化模型，从而实现提升工业化能力的过程。

从所包含的研究对象上看，基于知识工程的工业技术软件化，不仅仅只对产品进行工业的、物质测量的基础上，还要加入更广阔的机床之外、工厂之外的人的认识，甚至人所知的全域知识对加工结果的认知。这样，一个小小的机床就融为一个世界大工厂的一部分了，这也是工业互联网的含义。

由于人是知识最后的载体，所以在知识的加入，也就是人的加入之后，原来一个纯粹的机械结构的简单系统，就变成了一个有人这一要素的复杂系统了。因此，工业软件就需要升级为智能化的工业软件，也就是能理解人的想法的软件，由一个固定的软件变成一个灵活的软件。

鉴于基于知识工程的工业技术软件化的基本模式的变化，它的发展未来有多种趋势。但本书认为主要有三大发展趋势：知识向真发展，知识向善发展，知识向大发展。

趋势一：知识向真发展

知识向真发展的含义是，知识要有物质的度量工具，也就是知识所描述的内容和物质世界所体现的内容要一致。

然而，要将知识应用在工业领域，就必须解决它与物质之间的对应关系。最简单的方法是需要一个物质的度量单位。但知识难以成为一门科学，其难点也在于知识的成色无法用物质的米尺、公斤进行衡量。知识是由原子组件信息构成的，信息有自己的测量单位 bit。它的物质含义是排线的位数，只要信息排线能刚好排完，那么排线的根数就是这一对信息的 bit 数，也就是信息的大小。

随着大数据、云计算、人工智能等数字化、智能化技术的发展，人们现在能很容易地获得来自多个渠道的数据。因此，现在有一个趋势，通过多个数据源之间的相互校对，实现对真相的判断。比如要判断塔里木盆地是否有水，可以将世界上所有的相关数据源都收集起来。如果有 1 万个数据源都说塔里木盆地有水，就可以证明塔里木盆地真的有水。这种思想是 Jim Gray 提出的基于数据的第四范式（The Fourth Paradigm），也称为搜索范式。只要搜不到，就否定了原假设。但是前提条件是，搜索库里包含所有的知识。这就是三段论中的大前提。然而这个穷举的要求对于人类有限的认识而言是不切实际的，因此第四范式还只是一种设想，是三段论的另一种表述方式。它并没有解决大前提成立的问题，更没有因此降低证明大前提成立的难度。

从数学上看，维度再多都只是处于极限的左边。在信息或者知识领域，它可能无限接近真理，但是并不是真理本身。只有等号才能将信息世界和物质世界联系起来。信息再多也不能证明信息就是正确的，否则就是自说自话，违背了哥德尔不完备性定律。也就是说，定律不能自证，医不自治。知识的正确性不能由另一个知识来证明，而必须由知识以外的物质领域的响应来证明。

信息世界要突破自己的边界进入物质领域是不可能的，但是按照技术点→线→面→体的进化原则，在面→体的过程中有很多不同的方式，比如网络和图像，尤其是在现实生活领域，图像已经基本上取代了人实体的作用，比如人脸识别办理银行业务、刷脸付款等，原来需要人到现场即物质领域才能解决的问题，在日常生活中也被图像识别或者视频取代了。

图像因为其巨大的数据量，加之它是通过摄像这个物质手段对实物进行相互作用获得的，这和用实物的尺子去量实物的长度是同一个原理，因此摄像头就成了物质的测量工具。摄像头具有物质和信息的双重性质，就和尺子一样，尺子本是物质的，但其上的刻度却是信息的。因此，摄像头具有了测量工具的基本要素。那么摄像头能否成为公认的测量工具呢？其未来的发展应该是建立一个可信的图像校对机构，就和国家的计量机构一样。用机构里的图像识别结果去标定摄像机的识别结果，否则，摄像头还是只是一个玩具。

在工业领域利用图像代替实物的例子比比皆是，如无人工厂、无人码头都采用了大量的图像处理设备。这些设备能完美无缺地、比人的指挥还有效地执行任务，证明图像识别技术是一种很有前景的接近真实的技术。但是图像就是图像，并不是物质本身。

未来也许还有很多无限接近实体世界的技术产生，这些技术也都将极大地改善人类的生存质量。但是如何实现两个世界的关联，使得知识向真发展，将是一个难以终结的话题。

趋势二：知识向善发展

知识真不真的问题比较好解决，因为有物质这个唯一性的锚点在那里，大家容易达成共识。但是知识向善发展，这个最难以定义，因为善恶的标准不同。

任何一门新技术在刚开始发展的时候都有好的一面，也可能有恶的一面。比如，电力在刚开始发展的时候经常触发人身安全事故，但是人们找到了绝缘橡胶这个方法克服了技术上的恶，从而让电力造福人类社会。

工业技术软件化对基因技术将产生巨大的影响。工业技术的介入极大地提高了基因技术的能力。例如，制造一款新药一般需要几十亿美元和几十年的时间，但现在在超级计算的支持下，也许一年就能找到几种有效的候选药品，这将极大地节省成本和时间。

所以，基于知识工程的工业技术软件化，能够使得人类的生活水平提高，增加人的幸福感，这就是知识向着最大的善在发展。

随着生产力的发展，生产关系即社会形态也会发生根本的改变，人们的生活状态以及幸福指数都将有质的提升。

趋势三：知识向大发展

基于知识工程的工业技术软件化，需要有一个更大的目标，要有探索宇宙知识的理想。

人类一直在不断地对地外发射太空探测器，主要原因就在于我们人类目前所掌握的一切知识都来自对宇宙的思考和探索。以人类对太阳系的认知为例，在最开始的时候，人们普遍认为地球是宇宙的中心。哥白尼的《天体运行论》发表以后，人们才开始思考太阳是否才是宇宙的中心，地球只不过是围绕太阳旋转的一颗行星。时至今日，人类对太阳系的认知再一次发生改变，我们终于明白，太阳系其实也只不过是宇宙之中无比渺小的一处存在而已。

知识要往大的方向发展，并不是说就不发展小知识了。恰恰相反，要实现大的目标，最终还是要靠小的技术，比如通信技术就要靠硅原子技术，飞船核动力要靠原子能技术。因此，只有发展原子级、原子核级、质子级的技术，才有可能实现探索宇宙的目标。

总之，基于知识工程的工业技术软件化，其核心是知识要是真的、善的，是具有远大目标的。承载这样知识的工业技术才能为人类创造更美好的未来。